U0169465

大数据背景下计算机信息技术实践研究

谌　倩　孔晓荣　吴成茂◎著

中国商务出版社
·北京·

图书在版编目（CIP）数据

大数据背景下计算机信息技术实践研究 / 谌倩，孔晓荣，吴成茂著. -- 北京 : 中国商务出版社，2023.10
ISBN 978-7-5103-4907-2

Ⅰ．①大… Ⅱ．①谌… ②孔… ③吴… Ⅲ．①电子计算机－研究 Ⅳ．①TP3

中国国家版本馆CIP数据核字(2023)第 220867 号

大数据背景下计算机信息技术实践研究
DASHUJU BEIJINGXIA JISUANJI XINXI JISHU SHIJIAN YANJIU

谌倩 孔晓荣 吴成茂 著

出 版：中国商务出版社
地 址：北京市东城区安外东后巷28号 邮 编： 100710
责任部门：外语事业部（010-64283818）
责任编辑：李自满
直销客服：010-64283818
总 发 行：中国商务出版社发行部 （010-64208388 64515150 ）
网购零售：中国商务出版社淘宝店 （010-64286917）
网 址：http://www.cctpress.com
网 店：https://shop595663922.taobao.com
邮 箱：347675974@qq.com
印 刷：北京四海锦诚印刷技术有限公司
开 本：787毫米×1092毫米 1/16
印 张：15.5 字 数：320千字
版 次：2024年4月第1版 印 次：2024年4月第1次印刷
书 号：ISBN 978-7-5103-4907-2
定 价：62.00元

前　言

目前，随着经济建设和社会发展的不断进步，计算机普及率在快速增长，计算机信息技术的发展也日新月异。科技是第一生产力，计算机信息技术则是现代先进科学技术体系中要素之一，它在农业、工业、商业、国防、科学研究、文化教育、医疗卫生等众多领域得到较为广泛的应用，并在这些领域产生了积极且深远的影响。小至家庭生活，大到社会服务，都有计算机信息技术应用的例子。可以说，信息技术已经渗透到我们日常生活的方方面面，与我们息息相关。在信息化发展的推动下，社会的不断发展也将成为必然趋势。计算机信息技术在市场中的普及程度也会越来越高，大数据时代的到来已成为定势。在这样一个背景下，我们更应该充分做好准备，不断优化计算机信息处理技术，应对好迎面而来的机遇与挑战。

大数据具有数据信息庞大、信息多元化等特点。生活中我们通过多种网络设备浏览信息，这些信息做数字化处理储存信息，由此形成了庞大的信息库，大数据技术应运而生。以计算机信息技术为例，在如今的大数据时代，社会各行各业对这一技术水平的信赖程度逐渐加深，依赖性逐渐提高。

基于此，本书从大数据的背景出发，对大数据进行专业的分析与探索，接着对网络数据库、数据加密技术、对媒体与大数据安全、计算机网络与信息系统安全等进行系统专业的解读与分析，最后从人工智能与传感技术的方面对全书进行总结与剖析，本书旨在抛砖引玉，希望计算机信息技术在不断的探索中继续向前发展。

在本书写作的过程中，参考了许多参考资料，以及其他学者的相关研究成果，在此表示由衷的感谢。鉴于时间较为仓促，水平有限，书中难免出现一些谬误之处，因此恳请广大读者、专家学者能够予以谅解并及时进行指正，以便后续对本书做进一步的修改与完善。

目　录

第一章　大数据的简要认知

第一节　大数据概论

一、大数据的基本概念

随着进入 21 世纪，尤其是互联网和移动互联网技术的发展，使得人与人之间的联系日益密切，社会结构日趋复杂，生产力水平得到极大提升，人类创造性活力得到充分释放，与之相应的数据规模和处理系统发生了巨大改变，从而催生了当下众人热议的大数据局面。

当下大数据的产生主要与人类社会生活网络结构的复杂化、生产活动的数字化、科学研究的信息化相关，其意义和价值在于可帮助人们解释复杂的社会行为和结构，以及提高生产力，进而丰富人们发现自然规律的手段。本质上，大数据具有以下 3 方面的内涵，即大数据的"深度"、大数据的"广度"，以及大数据的"密度"。所谓"深度"是指单一领域数据汇聚的规模，可以进一步理解为数据内容的"维度"；"广度"则是指多领域数据汇聚的规模，侧重体现在数据的关联、交叉和融合等方面；"密度"是指时空维上数据汇聚的规模，即数据积累的"厚度"，以及数据产生的"速度"。

面对不断涌现的大数据应用，数据库乃至数据管理技术面临新的挑战。传统的数据库技术侧重考虑数据的"深度"问题，主要解决数据的组织、存储、查询和简单分析等问题。其后，数据管理技术在一定程度上考虑了数据的"广度"和"密度"问题，主要解决数据的集成、流处理、图结构等问题。这里提出的大数据管理是要综合考虑数据的"广度""深度""密度"等问题，主要解决数据的获取、抽取、集成、复杂分析、解释等技术难点。因此，与传统数据管理技术相比，大数据管理技术难度更高，处理数据的"战线"更长。

二、大数据的生态环境

大数据是人类活动的产物，它来自人们改造客观世界的过程中，是生产与生活在网络空间的投影。信息爆炸是对信息快速发展的一种逼真的描述，形容信息发展的速度如同爆炸一般席卷整个空间。在20世纪四五十年代，信息爆炸主要指的是科学文献的快速增长。而经过50年的发展，到20世纪90年代，由于计算机和通信技术的广泛应用，信息爆炸主要指的是所有社会信息快速增长，包括正式交流过程和非正式交流过程所产生的电子式的和非电子式的信息。而到21世纪的今天，信息爆炸是由于数据洪流的产生和发展所造成的。在技术方面，新型的硬件与数据中心、分布式计算、云计算、高性能计算、大容量数据存储与处理技术、社会化网络、移动终端设备、多样化的数据采集方式使大数据的产生和记录成为可能。在用户方面，日益人性化的用户界面、信息行为模式等都容易作为数据量化而被记录，用户既可以成为数据的制造者，又可以成为数据的使用者。可以看出，随着云计算、物联网计算和移动计算的发展，世界上所产生的新数据，包括位置、状态、思考、过程和行动等数据都能够汇入数据洪流，互联网的广泛应用，尤其是"互联网+"的出现，促进了数据洪流的发展。

归纳起来，大数据主要来自互联网世界与物理世界。

（一）互联网世界

大数据是计算机和互联网相结合的产物，计算机实现了数据的数字化，互联网实现了数据的网络化，两者结合起来之后，赋予了大数据强大的生命力。随着互联网如同空气、水、电一样无处不在地渗透人们的工作和生活，以及移动互联网、物联网、可穿戴联网设备的普及，新的数据正在以指数级加速产生，目前世界上90%的数据是互联网出现之后迅速产生的。来自互联网的网络大数据是指"人、机、物"三元世界在网络空间（Cyberspace）中交互、融合所产生并可在互联网上获得的大数据，网络大数据的规模和复杂度的增长超出了硬件能力增长的摩尔定律。

大数据来自人类社会，尤其是互联网的发展为数据的存储、传输与应用创造了基础与环境。依据基于唯象假设的六度分隔理论而建立的社交网络服务（Social Network Service, SNS），以认识朋友的朋友为基础，扩展自己的人脉。基于Web 2.0交互网站建立的社交网络，用户既是网站信息的使用者，也是网站信息的制作者。社交网站记录人们之间的交互，搜索引擎记录人们的搜索行为和搜索结果，电子商务网站记录人们购买商品的喜好，微博网站记录人们所产生的即时的想法和意见，图片视频分享网站记录人们的视觉观察，百科全书网站记录人们对抽象概念的认识，幻灯片分享网站记录人们的各种正式和非正式的演讲发言，机构知识库和期刊记录学术研究成果等。

（二）物理世界

来自物理世界的大数据又被称为科学大数据，科学大数据主要来自大型国际实验：跨实验室、单一实验室或个人观察实验所得到的科学实验数据或传感数据。最早提出大数据概念的学科是天文学和基因学，这两个学科从诞生之日起就依赖于基于海量数据的分析方法。由于科学实验是科技人员设计的，数据采集和数据处理也是事先设计的，所以不管是检索还是模式识别，都有科学规律可循。例如希格斯粒子，又称为"上帝粒子"的寻找，采用了大型强子对撞机实验。这是一个典型的基于大数据的科学实验，至少要在1万亿个事例中才可能找出一个希格斯粒子。从这一实验可以看出，科学实验的大数据处理是整个实验的一个预定步骤，这是一个有规律的设计，发现有价值的信息可在预料之中。大型强子对撞机每秒生成的数据量约为1PB。建设中的下一代巨型射电望远镜阵每天生成的数据量大约在1EB。波音发动机上的传感器每小时产生20TB左右的数据量。

随着科研人员获取数据方法与手段的变化，科研活动产生的数据量激增，科学研究已成为数据密集型活动。科研数据因其数据规模大、类型复杂多样、分析处理方法复杂等特征，已成为大数据的一个典型代表。大数据所带来的新的科学研究方法反映了未来科学的行为研究方式，数据密集型科学研究将成为科学研究的普遍范式。

利用互联网可以将所有的科学大数据与文献联系在一起，创建一个文献与数据能够交互操作的系统，即在线科学数据系统。

对于在线科学数据，由于各个领域互相交叉，不可避免地需要使用其他领域的数据。利用互联网能够将所有文献与数据集成在一起，可以实现从文献计算到数据的整合。这样可以提高科技信息的检索速度，进而大幅度地提高生产力。也就是说，在线阅读某人的论文时，可以查看他们的原始数据，甚至可以重新分析，也可以在查看某些数据时查看所有关于这一数据的文献。

三、大数据的性质

从大数据的定义中可以看出，大数据具有规模大、种类多、速度快、价值密度低和真实性差等特点，在数据增长、分布和处理等方面具有更多复杂的性质，如下所述。

（一）非结构性

结构化数据可以在结构数据库中存储与管理，并可用二维表来表达实现的数据。这类数据是先定义结构，然后才有数据。结构化数据在大数据中所占比例较小，占15%左右，现已应用广泛，当前的数据库系统以关系数据库系统为主导，例如银行财务系统、股票与证券系统、信用卡系统等。

非结构化数据是指在获得数据之前无法预知其结构的数据，目前所获得的数据85%以上是非结构化数据，而不再是纯粹的结构化数据。传统的系统无法对这些数据完成处理，从应用角度来看，非结构化数据的计算是计算机科学的前沿。大数据的高度异构也导致抽取语义信息的困难。如何将数据组织成合理的结构是大数据管理中的一个重要问题。大量出现的各种数据本身是非结构化的或半结构化的数据，如图片、照片、日志和视频数据等是非结构化数据，而网页等是半结构化数据。大数据大量存在于社交网络、互联网和电子商务等领域。另外，也许有90%的数据来自开源数据，其余的被存储在数据库中。大数据的不确定性表现在高维、多变和强随机性等方面。

大数据产生了大量研究问题。非结构化和半结构化数据的个体表现、一般性特征和基本原理尚不清晰，这些需要通过数学、经济学、社会学、计算机科学和管理科学在内的多学科交叉研究。对于半结构化或非结构化数据，例如图像，需要研究如何将它转化成多维数据表、面向对象的数据模型或者直接基于图像的数据模型。还应说明的是，大数据每一种表示形式都仅呈现数据本身的一个侧面表现，并非其全貌。

由于现存的计算机科学与技术架构和路线，已经无法高效处理如此大的数据，如何将这些大数据转化成一个结构化的格式是一项重大挑战，如何将数据组织成合理的结构也是大数据管理中的一个重要问题。

（二）不完备性

数据的不完备性是指在大数据条件下所获取的数据常常包含一些不完整的信息和错误，即脏数据。在数据分析阶段之前，需要进行抽取、清洗、集成，得到高质量的数据之后，再进行挖掘和分析。

（三）时效性

数据规模越大，分析处理的时间就会越长，所以高速进行大数据处理非常重要。如果设计一个专门处理固定大小数据量的数据系统，其处理速度可能会非常快，但并不能适应大数据的要求。因为在许多情况下，用户要求立即得到数据的分析结果，需要在处理速度与规模间折中考虑，并寻求新的方法。

（四）安全性

由于大数据高度依赖数据存储与共享，必须考虑寻找更好的方法来消除各种隐患与漏洞，才能有效地管控安全风险。数据的隐私保护是大数据分析和处理的一个重要问题，对个人数据使用不当，尤其是有一定关联的多组数据泄露，将导致用户的隐私泄露。因此，大数据安全性问题是一个重要的研究方向。

（五）可靠性

通过数据清洗、去冗等技术来提取有价值的数据，实现数据质量高效管理，以及对数据的安全访问和隐私保护已成为大数据可靠性的关键需求。因此，针对互联网大规模真实运行数据的高效处理和持续服务需求，以及出现的数据异质异构、非结构乃至不可信特征，数据的表示、处理和质量已经成为互联网环境中大数据管理和处理的重要问题。

第二节　大数据关键技术

一、大数据存储技术

（一）大数据存储

数据的海量化和快速增长是大数据对存储技术提出的首要挑战。以前数据被集中存储在一个大的磁盘阵列中，现在需要将它们以分布式的方式存储在多台计算机上，以使数据不仅被存储起来，还可以随时被使用。

1. 结构化数据存储

结构化数据通常是人们所熟悉的数据库中的数据，它本身就是一种对现实已发生事项的关键要素进行抽取的有价信息。现在各类企业和组织都有自己的管理信息系统，随着时间的推移，数据库中积累的结构化数据越来越多，一些问题也显现出来，这些问题可以分为以下4类。

（1）历史数据和当前数据都存储在一个数据库中，导致系统处理速度越来越慢。

（2）历史数据与当前数据的期限如何界定。

（3）历史数据应如何存储。

（4）历史数据的二次增值如何解决。

问题（1）和问题（2）可以一起处理。导致系统处理速度越来越慢的原因除了传统的技术架构和当初建设系统的技术滞后于业务发展之外，最主要的是对于系统作用的定位问题。从管理信息系统发展的历史来看，随着信息技术的发展和信息系统领域的不断细分，信息系统可以被分为两类：一类是基于目前的数据生产管理信息系统；另一类是基于历史的数据应用管理信息系统。

数据生产管理信息系统是管理在一段时间内频繁变化的数据的系统，这个"一段时间"可以根据数据增长速度进行界定。比如，银行的数据在当前生产系统中一般保留储户一年的存取款记录。数据应用管理信息系统是将数据生产管理系统的数据作为处理对象，是数据生产管理信息系统各阶段数据的累加存储的数据应用系统，它用于对历史数据进行查询、统计、分析和挖掘。

问题（3）和问题（4）可以放在一起处理。由于历史数据量规模庞大，相对稳定，其存储和加工处理与数据生产管理系统的思路应有很大不同。结构化数据存储是为了分析而存储，采用分布式方式，其目标有两个：一是在海量的数据库中快速查询历史数据；二是在海量的数据库中分析和挖掘有价值的信息。

分布式数据库系统是数据库技术和网络技术相结合的产物。它通常使用体积较小的计算机系统，每台计算机可单独放在一个地方，每台计算机中都有 DBMS 的一份完整的副本，并具有自己局部的数据库。位于不同地点的许多计算机通过网络互相连接，共同组成一个完整的、全局的大型数据库。

分布式数据库系统具有以下主要特点。

第一，物理分布性：数据不是存储在一个场地上，而是存储在计算机网络的多个场地上。

第二，逻辑整体性：数据物理分布在各个场地上，但逻辑上是一个整体，它们被所有的用户（全局用户）共享，并由一个主节点统一管理。

第三，具有灵活的体系结构，适应分布式的管理和控制机构。

第四，系统的经济性能优越，可靠性高，可用性好。

第五，可扩展性好，易于集成现有的系统。

2. 非结构化数据存储

常见的非结构化数据包括文件、图片、视频、语音、邮件和聊天记录等。

和结构化数据相比，这些数据是未被抽象出有价值信息的数据，需要经过二次加工才能得到有价值的信息。由于非结构化数据的生产不受格式约束、不受主题约束，人人随时都可以根据自己的视角和观点进行创作生产，数据量比结构化数据大。

非结构化数据具有形式多样、体量大、来源广、维度多、有价内容密度低、分析意义大等特点，所以要为了分析而存储，而不是为了存储而存储，即存储工作是分析的前置工作。当前针对非结构化数据的特点均采用分布式文件系统方式来存储这些数据。

分布式文件系统将数据存储在物理上分散的多个存储节点上，然后对这些节点的资源进行统一管理和分配，并向用户提供文件系统访问接口，主要解决本地文件系统在文件大小、文件数量、打开文件数等的限制问题。目前比较主流的分布式文件系统通常包括主控服务器（或称元数据服务器、名字服务器等，通常会配置备用主控服务器，以便在出故障时接管服务，也可以两个都为主模式）、多个数据服务器（或称存储服务器、存储节点等）及多个客户端（客户端可以是各种应用服务器，也可以是终端用户）。

分布式文件系统的数据存储解决方案归根结底是将大问题划分为小问题。将大量文件均匀分布到多个数据服务器上后，每个数据库服务器存储的文件数量就少了。此外，还能将单个服务器上存储的文件数降到单机能解决的规模；对于很大的文件，可以将大文件划分成多个相对较小的片段，存储在多个数据服务器上。

3. 半结构化数据存储

半结构化数据是指数据中既有结构化数据，也有非结构化数据。比如，摄像头回转给后端的数据中有位置、时间等结构化数据，还有图片等非结构化数据。这些数据是以数据流的形式传递的，所以半结构化数据也叫作流数据。对流数据进行处理的系统叫作数据流系统。

数据流的特点是数据不是永久存储在数据库中的静态数据，而是瞬时处理的源源不断的连续数据流。在大量的数据流应用系统中，数据流来自地理上不同位置的数据源，非常适合分布式查询处理。

分布式处理是数据流管理系统发展的必然趋势，而查询处理技术是数据流处理的关键技术之一。在数据流应用系统中，系统运行环境和数据流本身的一些特征不断发生变化，因此对分布式数据流自适应查询处理技术的研究就成为数据流查询处理技术研究的热门领域之一。

（二）大数据存储的问题

大数据存储对底层硬件架构和文件系统在性价比上的要求要远远高于传统技术，同时要求能够弹性扩展存储容量。但以往网络附着存储系统（NAS）和存储区域网络（SAN）等体系，存储和计算的物理设备分离，它们之间要通过网络接口连接，这导致在进行数据密集型计算时 I/O 容易成为瓶颈。同时，传统的单机文件系统（如 NTFS）和网络文件系统（如 NFS）要求一个文件系统的数据必须只存储在一台物理机器上，并且不提供数据冗余性、可扩展性、容错能力和并发读写能力，难以满足大数据需求。因此，对于大数据存储，以下问题不能忽视。

1. 容量问题

要求数据容量通常可达 PB 级，因此海量数据存储系统一定要有相应等级的扩展能力。同时，存储系统的扩展一定要简便，可以通过增加模块或磁盘组来增加容量，扩展时甚至不需要停机。

2. 延迟问题

大数据应用存在实时性问题，特别涉及与网上交易或者金融类相关的应用。为了应对这样的挑战，各种模式的固态存储设备应运而生，小到简单地在服务器内部做高速缓存，大到通过高性能闪存存储的全固态介质可扩展存储系统，以及自动、智能地对热点数据进行读/写高速缓存的系列产品。

3. 安全问题

某些特殊行业的应用，如金融数据、医疗信息及政府情报等都有自己的安全标准和保密性要求。同时，大数据分析往往需要多类数据相互参考，因此会催生出一些新的需要考虑的安全问题。

4. 成本问题

对于需要使用大数据环境的企业来说，成本控制是关键问题。想控制成本，就意味着需要让每一台设备实现更高效率，同时尽量减少昂贵的部件。目前，重复数据删除技术已进入主存储市场。

5. 数据的积累

任何数据都是历史记录的一部分，而且数据的分析大多是基于时间段进行的。要实现长期的数据保存，就要求存储厂商开发出能够持续进行数据一致性检测和保持长期高可用特性的产品，同时要满足数据直接在原位更新的功能需求。

6. 灵活性

大数据存储系统的基础设施规模通常很大，因此必须经过仔细设计才能保证存储系统的灵活性，使其能够随着应用分析软件一起扩容及扩展。在大数据存储环境中，数据会同时保存在多个部署站点，已不需要再做数据迁移。一个大型的数据存储基础设施投入使用后就很难再调整，因此它必须能适应不同的应用类型和数据场景。

7. 应用感知

最早的一批大数据用户已经开发出针对应用的订制化的基础设施，在主流存储系统领域，应用感知技术的使用越来越普遍，它是改善系统效率和性能的重要手段。

8. 针对小用户

依赖大数据的不仅仅是特殊的大型用户群体，作为一种商业需求，小型企业也会用到大数据。目前，一些存储厂商已经在开发一些小型的大数据存储系统，以吸引那些对成本比较敏感的用户。

二、大数据处理技术

根据数据源的信息和分析目标不同，大数据的处理可以分为离线/批量和在线/实时两种模式。所谓离线/批量，是指数据积累到一定程度后再对其进行批量处理，这多用于事后分析，如分析用户的消费模式；所谓在线/实时处理，是指数据产生后立刻进行分析，如用户在网络中发布的微博或其他消息。这两种模式的处理技术完全不一样。比如，离线模式需要强大的存储能力配合，分析先前积累的大量数据时所容许的分析时间也相对较宽；在线分析要求实时计算能力非常强大，容许的分析时间也相对较窄，基本要求在新的数据到达前处理完前期的数据。这两种分析模式催生了目前两种主流的平台：Hadoop 和 Storm，前者是强大的离线数据处理平台，后者是强大的在线数据处理平台。

三、大数据分析技术

大数据分析已日益成为企业利润必不可少的支撑点。根据 TDWI（中商业智能网）对大数据分析的报告，企业已经不满足于对现有数据的分析和监测，而是希望能对未来趋势有更多的分析和预测。大数据分析技术的发展需要在两个方面取得突破：一是能够对体量庞大的结构化和半结构化数据进行高效率的深度分析，挖掘隐性知识，如从自然语言构成的文本网页中理解和识别语义、情感、意图等；二是能够对非结构化数据进行分析，将海量复杂多源的语音、图像和视频数据转化为机器可识别的、具有明确语义的信息，进而从中提取有用的知识。

（一）大数据分析过程

数据分析过程的主要活动由识别信息需求、收集数据、分析数据、评价并改进数据分析的有效性组成。

1. 识别信息需求

识别信息需求是确保数据分析过程有效性的首要条件，可以为收集数据、分析数据提供清晰的目标。识别信息需求是管理者的职责，管理者应根据决策和过程控制的需求提出对信息的需求。就过程控制而言，管理者应识别需求要利用哪些信息支持评审过程输入、过程输出、资源配置的合理性、过程活动的优化方案和过程异常变异的发现。

2. 收集数据

有目的地收集数据是确保数据分析过程有效性的基础。组织需要对收集数据的内容、渠道、方法进行策划，策划注意事项有以下几个：将识别的需求转化为具体的要求，如评价供方时，需要收集的数据可能包括其过程能力、测量系统不确定度等相关数据；明确由谁在何时何处、通过何种渠道和方法收集数据；记录表应便于使用；采取有效措施，防止数据丢失和虚假数据对系统的干扰。

3. 分析数据

分析数据是将收集的数据通过加工、整理和分析使其转化为信息，通常用到的方法如下：老 7 种工具，即排列图、因果图、分层法、调查表、散布图、直方图、控制图；新 7 种工具，即关联图、系统图、矩阵图、KJ 法、计划评审技术、PDPC 法、矩阵数据图。下面重点说明 PDPC 法。

PDPC 法是英文 Process Decision Program Chart 的缩写，中文称之为过程决策程序图。所谓 PDPC 法，就是针对为了达到目标，尽量导向预期理想状态的一种手法。该方法在制订计划阶段或进行系统设计时事先预测可能发生的障碍（不理想事态或结果），从而设计出一系列对策措施，以最大的可能引向最终目标（达到理想结果）。该法可用于防止重大事故的发生，因此也称为重大事故预测图法。

4. 评价并改进数据分析的有效性

数据分析是质量管理体系的基础，组织的管理者应在适当的时候，通过对以下问题的分析，评估其有效性。

第一，提供决策的信息是否充分、可信，是否存在因信息不足、失准、滞后而导致决策失误的问题。

第二，信息对持续改进质量管理体系、过程、产品所发挥的作用是否与期望值一致，是否在产品实现过程中有效运用数据分析。

第三，收集数据的目的是否明确，收集的数据是否真实和充分，信息渠道是否畅通。

第四，数据分析方法是否合理，是否将风险控制在可接受的范围。

第五，数据分析所需资源是否得到保障。

（二）大数据分析方法

数据分析是指用适当的统计分析方法对收集来的大量数据进行分析，将它们加以汇总后理解并消化，以求最大限度地开发数据的功能，发挥数据的作用。数据分析是为了提取有用信息和形成结论而对数据加以详细研究和概括总结的过程。数据也称为观测值，是实验、测量、观察、调查等的结果。数据分析中所处理的数据分为定性数据和定量数据。只能归入某一类而不能用数值进行测度的数据称为定性数据。定性数据中表现为类别但不区分顺序的是定类数据，如性别、品牌等；定性数据中表现为类别但区分顺序的是定序数据，如学历、商品的质量等级等。

大数据分析的研究对象是大数据，侧重于在海量数据中分析挖掘出有用的信息。统计分析属于大数据分析，其分析方法如下。

1. 描述性统计分析

描述性统计分析是通过图表或数学方法对数据资料进行整理、分析，并对数据的发布状态、数字特征和随机变量之间的关系进行估计和描述的方法。描述性统计分析分为集中趋势分析、离中趋势分析和相关分析。

集中趋势分析主要靠平均数、中数、众数等统计指标来表示数据的集中趋势。例如，所测试班级的平均成绩是多少？是正偏分布还是负偏分布？

离中趋势分析主要靠全距、四分差、平均差、方差、标准差等统计指标来研究数据的离中趋势。例如，当你想知道两个教学班哪个班级的语文成绩分布更分散时，可以用两个班级成绩的四分差或百分点来比较。

相关分析是研究现象之间是否存在某种依存关系，并对具体依存关系的现象进行其相关方向及相关程度的研究。这种关系既可以包括两个数据之间的单一相关关系——如年龄与个人领域空间之间的关系，也包括多个数据之间的多重相关关系——如年龄、抑郁症发生率和个人领域空间之间的关系；既可以是 A、B 变量同时增大的正相关关系，也可以是 A 变量增大时 B 变量减少的负相关关系，还包括两变量同时变化的紧密程度——相关系数。实际上，相关关系唯一不研究的数据关系就是数据系统变化的内在根据——因果关系。

2. 回归分析

回归分析是确定两种以上变数之间相互依赖的定量关系的一种统计分析方法，或者说是研究一个随机变量 Y 对另一个变量 X 或一组变量（X_1，X_2，…，X_k）的相依关系的统计分析方法。回归分析运用十分广泛，按照涉及的自变量的多少，可将其分为一元回归分析和多元回归分析；按照自变量和因变量之间的关系类型，可将其分为线性回归分析和非线性回归分析。

3. 因子分析

因子分析是指研究从变量群中提取共性因子的统计技术。其目的就是用少数几个因子去描述许多指标或因素之间的联系。将密切相关的几个变量归在同一类中，每一类变量就成为一个因子，以较少的几个因子反映原资料的大部分信息能减少决策的困难。

因此，因子分析中因子变量的数量远远少于原始变量的个数；因子变量并非原始变量的简单取舍，而是一种新的综合；因子变量之间没有线性关系；因子变量具有可解释性，可以最大限度地发挥专业分析的作用。

因子分析的方法有很多，如重心法、影像分析法、最大似然法、最小平方法、阿尔发抽因法、拉奥典型抽因法等。这些方法本质上大都属近似方法，是以相关系数矩阵为基础的，所不同的是相关系数矩阵对角线上的值。

4. 方差分析

方差分析又称"变异数分析"或"F 检验"，是 R. A. Fisher 发明的，用于两个以上样本均数差别的显著性检验。由于各种因素的影响，研究所得的数据呈现波动状。造成波动的原因可以分成两类：一是不可控的随机因素；二是研究中施加的对结果造成影响的可控因素。方差分析就是从观测变量的方差入手，研究诸多控制变量中哪些变量是对观测变量有显著影响的变量。

四、大数据挖掘技术

数据挖掘是数据库知识发现过程中的一个步骤，数据挖掘通常与计算机科学有关，并通过统计、在线分析处理、情报检索、机器学习、专家系统（依靠过去的经验法则）和模式识别等诸多方法来实现目标。

（一）数据挖掘的概念

数据挖掘是指从数据库的大量数据中揭示出隐含的、先前未知的且有潜在价值的信息的非平凡过程。数据挖掘是一种决策支持过程，它主要基于人工智能、机器学习、模式识别、统计学、数据库、可视化技术等高度自动化地分析企业的数据，做出归纳性的推理，从中挖掘出潜在的模式，帮助决策者调整市场策略，减少风险，做出正确决策。

数据挖掘是通过分析每个数据从大量数据中寻找其规律的技术，主要包括数据准备、规律寻找和规律表示 3 个步骤。数据准备是从相关的数据源中选取所需的数据并整合成用于数据挖掘的数据集；规律寻找是用某种方法将数据集所含的规律找出来；规律表示是尽可能以用户可理解的方式（如可视化）将找出的规律表示出来。

数据挖掘引起了信息产业界的极大关注，其主要原因是存在可以广泛使用的大量数据，并且信息产业界迫切需要将这些数据转换成有用的信息和知识。所获取的信息和知识可以广泛用于各种应用，包括商务管理、生产控制、市场分析、工程设计和科学探索等。

数据挖掘利用了来自如下一些领域的思想：统计学的抽样、估计和假设检验；人工智能、模式识别和机器学习的搜索算法、建模技术和学习理论。此外，数据挖掘也迅速接纳了来自其他领域的思想，这些领域包括最优化、进化计算、信息论、信号处理、可视化和信息检索。一些其他领域也对其起到了重要的支撑作用，尤其需要数据库系统提供有效的存储、索引和查询处理支持。源于高性能（并行）计算的技术在处理海量数据集方面常常是重要的。分布式技术也能帮助处理海量数据，并且当数据不能集中到一起处理时，此技术更是至关重要。

（二）数据挖掘的任务与过程

1. 数据挖掘的任务

利用计算机技术与数据库技术可以支持建立能够快速存储与检索的各类数据库，但传统的数据处理与分析的方法、手段难以对海量数据进行有效的处理与分析。使用传统的数据分析方法一般只能获得数据的表层信息，难以揭示数据属性的内在关系和隐含信息。飞速产生的海量数据和传统数据分析方法的不适用性带来了对更有效的数据分析理论与技术的需求。

将快速增长的海量数据收集并存放在大型数据库中，使之成为访问困难、无法有效利用的数据档案是一种极大的浪费。当需要从这些海量数据中找到人们可以理解和认识的信息与知识，使这些数据成为有用的数据时，就需要有更有效的分析理论、技术与相应工具。将智能技术与数据库技术结合起来，从这些数据中自动挖掘出有价值的信息是解决问题的一个有效途径。

对海量数据和信息的分析与处理可以帮助人们获得更丰富的知识和科学认识，在理论技术及实践上获得更为有效且实用的成果。能否从海量数据中获得有用信息与知识的关键之一是决策者是否拥有从海量数据中提取有价值知识的方法与工具。如何从海量数据中提取有用的信息与知识是当前人工智能、模式识别、机器学习等领域中一个重要的研究课题。

对于海量数据，可以利用数据库管理系统来进行存储管理。对于数据中隐含的有用信息与知识，可以利用人工智能与机器学习等方法来分析和挖掘。这些技术的结合导致了数据挖掘技术的产生。

数据挖掘技术与数据库技术有着密切的关系。数据库技术解决了数据存储、查询与访问等问题，包括对数据库中数据的遍历。数据库技术未涉及对数据集中隐含信息的发现，而数据挖掘技术的主要目标就是挖掘出数据集中隐含的信息和知识。

数据挖掘技术产生的基本条件：海量数据的产生与管理技术、高性能的计算机系统、数据挖掘算法。激发数据挖掘技术研究与应用的 4 个主要技术因素如下：

第一，超大规模数据库的产生。

如商业数据仓库和计算机系统自动收集的各类数据记录。商业数据库正在以空前的速度增长，并且数据仓库已经被广泛地应用于各行各业。

第二，先进的计算机技术。

如具有更高效的计算能力和并行体系结构。复杂的数据处理与计算对计算机硬件性能的要求逐步提高，而并行多处理机在一定程度上满足了这种需求。

第三，对海量数据的快速访问需求。

如人们需要了解与获取海量数据中的有用信息。

第四，对海量数据应用统一方法计算的能力。

数据挖掘技术已获得广泛的研究与应用，并且已经成为一种易于理解和操作的有效技术。

数据挖掘从 1989 年第十一届国际联合人工智能学术会议上正式被提出以来，学术界就没有中断过对它的研究。数据挖掘在学术界和工业界的影响越来越大。数据挖掘技术被认为是一个新兴的、非常重要的、具有广阔应用前景且富有挑战性的研究领域，并引起了众多学科研究者的广泛注意。经过数十年的努力，数据挖掘技术的研究已经取得了丰硕的成果。

数据挖掘作为一种"发现驱动型"的知识发现技术，被定义为找出数据中的模式的过程。这个过程必须是自动的或半自动的。数据的总量是相当可观的，但从中发现的模式必须是有意义的，并且能产生出一些效益，效益通常是指经济上的效益。数据挖掘技术是数据库、信息检索、统计学、算法和机器学习等多个学科多年影响的结果。

数据挖掘从作用上可以分为预言性挖掘和描述性挖掘两大类。预言性挖掘是建立一个或一组模型，并根据模型产生关于数据的预测，可以根据数据项的值精确确定某种结果，所使用的也都是可以明确知道结果的数据。描述性挖掘是对数据中存在的规则做一种概要的描述，或者根据数据的相似性把数据分组。描述型模式不能直接用于预测。

2. 数据挖掘的过程

首先，定义问题，将业务问题转换为数据挖掘问题；其次，选取合适的数据，并对数据进行分析理解；再次，根据目标对数据属性进行转换和选择，使用数据对模型进行训练以建立模型；最后，在评价确定模型对解决业务问题有效之后，部署模型。要弄清每一个步骤的先后顺序，虽然与实际操作可能不符。

尽管如此，最好把实际中的数据挖掘过程视为网状循环，而不是一条直线。各步骤之间确实存在一个自然顺序，但是没有必要或苛求完全结束某个步骤后才进行下一步。后面几步中获取的信息可能要求重新考察前面的步骤。

（1）定义问题

数据挖掘的目的是在大量数据中发现有用的、令人感兴趣的信息。因此，发现何种知识就成为整个过程中第一个重要的阶段，这就要求对一系列问题进行定义，将业务问题转换为数据挖掘问题。

（2）选取合适的数据

数据挖掘需要数据。在所有可能的情况里，最好是所需数据已经存储在共同的数据仓库中，经过数据预处理后数据可用，历史精确且经常更新。

（3）理解数据后准备建模数据

在开始建立模型之前，需要花费一定的时间对数据进行研究，检查数据的分布情况，比较变量值及其描述，从而对数据属性进行选择，并对某些数据进行衍生处理。

（4）建立模型

针对特定业务需求及数据的特点来选择最合适的挖掘算法。在定向数据挖掘中，根据独立或输入的变量，训练集用于产生对独立的或者目标的变量的解释。这个解释可能采用神经网络、决策树、链接表或者其他表示数据库中的目标和其他字段之间关系的表达方式。在非定向数据挖掘中就没有目标变量了。模型发现记录之间的关系，并使用关联规则或者聚类方式将这些关系表达出来。

（5）评价模型

要判断数据挖掘的结果是否有价值，就需要对结果进行评价。如果发现模型不能满足业务需求，则需要返回前一个阶段，如重新选择数据，采用其他数据转换方法，给定新的参数值，甚至采用其他挖掘算法。

（6）部署模型

部署模型就是将模型从数据挖掘的环境转移到真实的业务评分环境。

（三）数据挖掘的算法

1. 分类方法

首先从数据中选出已经分好类的训练集，在该训练集上运用数据挖掘分类的技术建立分类模型，对没有分类的数据进行分类。

从大的方面可以把分类分为机器学习方法、统计方法、神经网络方法等。其中，机器学习方法包括决策树法和规则归纳法，统计方法包括贝叶斯法等，神经网络方法主要是BP算法。分类算法根据训练集数据找到可以描述并区分数据类别的分类模型，使之可以预测未知数据的类别。

（1）决策树分类算法

决策树分类算法典型的有ID3、C4.5等算法。ID3算法的过程是利用信息论中的信息增益寻找数据库中具有最大信息量的字段，建立决策树的一个节点，并根据字段的不同取值建立树的分枝，再在每个分枝子集中重复建树的下层节点和分枝，最终建成决策树。C4.5算法是ID3算法的后继版本。

（2）贝叶斯分类算法

贝叶斯分类算法是在贝叶斯定理的基础上发展起来的，它有几个分支，例如，朴素贝叶斯分类算法和贝叶斯信念网络算法。朴素贝叶斯分类算法假定一个属性值对给定类的影响独立于其他属性的值。贝叶斯信念网络算法是网状图形，能表示属性子集间的依赖关系。

（3）BP算法

BP（Error Back Propagation，误差反向传播）算法构建的模型是指在前向反馈神经网络上学习得到的模型，它本质上是一种非线性判别函数，适合于在那些普通方法无法解决、需要用复杂的多元函数进行非线性映照的数据挖掘环境下用于完成半结构化和非结构化的辅助决策支持过程，但是在使用过程中要注意避开局部极小的问题。

2. 关联方法

相关性分组或关联规则（Affinity Grouping Or Association Rules）决定哪些产品应该一起处理或者哪些事情将一起发生。

在关联规则发现算法中典型的是Apriori算法，它是挖掘顾客交易数据库中项集间的关联规则的重要方法，其核心是基于两阶段频集思想的递推算法。

所有支持度大于最小支持度的项集称为频繁项集，简称频集。基本思想是先找出所有频集，这些项集出现的频繁性至少和预定义的最小支持度一样；然后由频集产生强关联规则，这些规则必须满足最小支持度和最小可信度。它的缺点是容易在挖掘过程中产生瓶颈，需要重复扫描代价较高的数据库。

在多值属性关联算法中典型的是 MAGA 算法，它是将多值关联规则问题转化为布尔型关联规则问题，然后利用已有的挖掘布尔型关联规则的方法得到有价值的规则。若属性为类别属性，则先将属性值映射为连续的整数，并将意义相近的取值相邻编号。

3. 聚类方法

聚类是对记录进行分组，把相似的记录放在一个聚集里。聚类和分类的区别是聚集不依赖预先定义好的类，不需要训练集。例如，一些特定症状的聚集可能预示了一个特定的疾病，租 VCD 类型不相似的客户聚集可能暗示成员属于不同的亚文化群。

聚集通常作为数据挖掘的第一步而使用。例如，对于"哪一种类的促销对客户响应最好"这一类问题，先对所有客户做聚集，将客户分组在各自的聚集里，然后针对每个不同的聚集回答问题，可能效果更好。

聚类方法包括统计分析算法、机器学习算法、神经网络算法等。在统计分析算法中，聚类分析是基于距离的聚类，如欧氏距离、海明距离等。这种聚类分析方法是一种基于全局比较的聚类，它需要考察所有个体后才能决定类的划分。

在机器学习算法中，聚类是无监督的学习。在这里，距离是根据概念的描述来确定的，故此聚类也称概念聚类。当聚类对象动态增加时，概念聚类则转变为概念形成。

在神经网络算法中，自组织神经网络方法可用于聚类，如 ART 模型、Kohonen 模型等，它是一种无监督的学习方法，即当给定距离阈值后，各个样本按阈值进行聚类。它的优点是能非线性学习和联想记忆，但也存在一些问题，如不能观察中间的学习过程，最后的输出结果就较难解释，从而影响结果的可信度及可接受程度。而且神经网络需要较长的学习时间，大数据量会使其性能出现严重问题。

4. 预测序列方法

常见的预测序列方法有简易平均法、移动平均法、指数平滑法、线性回归法、灰色预测法等。

指数平滑法是在移动平均法的基础上发展起来的一种时间序列分析预测法，是通过计算指数平滑值再配合一定的时间序列预测模型对现象的未来进行预测的。它能减少随机因素引起的波动和检测器错误。

灰色预测法是建立在灰色预测理论的基础上的。在灰色预测理论看来，系统的发展有其内在的一致性和连续性。该理论认为，将系统发展的历史数据进行若干次累加和累减处理后所得到的数据序列将呈现某种特定的模式（如指数增长模式等），挖掘该模式，然后对数据进行还原，就可以预测系统的发展变化。灰色预测法是一种对含有不确定因素的系统进行预测的常用定量方法。通常来说，在宏观经济的各行业中，由于受客观政策及市场经济等各方面因素的影响，可以认为这些系统都是灰色系统，均可以用灰色预测法来描述其发展和变化的趋势。灰色预测是对既含有确定信息又含有不确定信息的系统进行预测，也就是对在一定范围内变化的、与时间序列有关的灰色过程进行预测。尽管灰色过程中所显示的现象是随机的，但毕竟是有序的，因此我们得到的数据集合具备潜在的规律。灰色预测通过鉴别系统因素之间发展趋势的相异程度，即进行关联分析，并对原始数据进行生成处理来寻找系统变动的规律，生成有较强规律性的数据序列，然后建立相应的微分方程模型，以此来预测事物未来的发展趋势的状况。

回归技术中，线性回归模型是通过处理数据变量之间的关系找出合理的数学表达式，并结合历史数据来对将来的数据进行预测的。

5. 估计

估计与分类相似，不同之处在于分类描述的是离散型变量的输出，而估计处理连续值的输出；分类的类别是确定数目的，估计的量是不确定的。例如，根据购买模式，估计一个家庭的孩子个数；根据购买模式，估计一个家庭的收入；估计房产的价值。

一般来说，估计可以作为分类的前一步工作。给定一些输入数据，通过估计得到未知的连续变量的值，然后根据预先设定的阈值进行分类。例如，银行对家庭贷款业务运用估计给各个客户记分（score 0~1），然后根据阈值将贷款级别分类。

6. 预测

通常预测是通过分类或估计起作用的，也就是说，通过分类或估计得出模型，该模型用于对未知变量的预测。从这种意义上说，预测其实没有必要被分为一个单独的类。预测目的是对未来未知变量进行预言，这种预言是需要时间来验证的，即必须经过一定时间后才能知道预言的准确性如何。

7. 描述和可视化

描述和可视化（Description And Visualization）是对数据挖掘结果的表示方式。例如，数据挖掘帮助 DHL 实时跟踪货箱温度。

DHL 国际快递是国际快递和物流行业的全球市场领先者，提供快递、水陆空三路运输、合同物流解决方案及国际邮件服务。DHL 的国际网络将超过 220 个国家及地区联系起来，员工总数超过 28.5 万人。在美国食品药品监督管理局要求确保运送过程中药品装运的温度达标这一压力之下，医药客户强烈要求 DHL 提供更可靠且更实惠的选择。这就要求 DHL 在递送的各个阶段都要实时跟踪集装箱的温度。虽然由记录器方法生成的信息准确无误，但是数据无法实时传递，客户和 DHL 都无法在发生温度偏差时采取任何预防和纠正措施。因此，DHL 的母公司——德国邮政世界网（DPWN）通过技术与创新管理（TIM）集团明确拟订了一个计划，他们准备使用 RFID 技术在不同时间点全程跟踪装运的温度，并由 IBM 全球企业咨询服务部绘制决定服务的关键功能参数的流程框架。DHL 获得了两方面的收益：对于最终客户来说，使医药客户能够对运送过程中出现的装运问题提前做出响应，并以引人注目的低成本全面切实地增强了运送可靠性；对于 DHL 来说，提高了客户满意度和忠实度，为保持竞争差异奠定了坚实的基础，并且这一业务成了重要的新的收入增长来源。

（四）数据挖掘和 OLAP

数据挖掘和 OLAP（联机分析处理）有何不同？它们是完全不同的工具，基于的技术也大相径庭。

OLAP 是决策支持领域的一部分。传统的查询和报表工具只能告诉用户数据库中都有什么，而 OLAP 则告诉用户下一步会怎么样，以及如果用户采取这样的措施又会怎么样。用户首先建立一个假设，然后用 OLAP 检索数据库来验证这个假设是否正确。比如，一个分析师想弄清楚是什么原因导致了贷款拖欠，他可能先做一个初始的假定，认为低收入的人信用度也低，然后用 OLAP 来验证这个假设。如果这个假设没有被证实，他可能会去查看那些高负债的账户，如果还没有得到答案，他也许会把收入和负债一起考虑，一直进行下去，直到找到他想要的结果或放弃。

也就是说，OLAP 分析师是先建立一系列假设，然后通过 OLAP 来证实或推翻这些假设来最终得到自己的结论。OLAP 分析过程在本质上是一个演绎推理的过程。但是如果分析的变量达到几十个或上百个，那么再用 OLAP 手动分析验证这些假设将是一件非常困难和痛苦的事情。

数据挖掘与 OLAP 不同的地方在于数据挖掘不是用于验证某个假定的模式（模型）的正确性，而是用于在数据库中自行寻找模型。它在本质上是一个归纳的过程。比如，一个用数据挖掘工具的分析师想找到引起贷款拖欠的风险因素。数据挖掘工具可能会帮他找到高负债和低收入是引起这个问题的原因，甚至还可能发现一些分析师从来没有想过或试过的其他因素，如年龄。

数据挖掘和 OLAP 具有一定的互补性。在利用数据挖掘出来的结论采取行动之前，也许要验证一下采取这样的行动会给公司带来什么样的影响，那么 OLAP 工具能回答这些问题。

在知识发现的早期阶段，OLAP 工具还有其他一些用途。例如，可以帮用户探索数据，找到哪些是对一个问题比较重要的变量，发现异常数据和互相影响的变量。这能帮分析者更好地理解数据，加快知识发现的进程。

第二章 网络数据库与数据安全

第一节 网络数据库安全概述

保证网络系统中数据安全的主要任务就是使数据免受各种因素的影响，保护数据的完整性、保密性和可用性。

人为的错误、硬盘的损毁、计算机病毒、自然灾难等都有可能造成数据库中数据的丢失，给企事业单位造成无法估量的损失。如果丢失了系统文件、客户资料、技术文档、人事档案、财务账目等文件，企事业单位的业务将难以正常进行。因此，企事业单位管理者应采取有效的数据库保护措施，使得灾难发生后，能够尽快地恢复系统中的数据，进而恢复系统的正常运行。

为了保护数据安全，可以采用很多安全技术和措施，这些技术和措施主要有数据完整性技术、数据备份和恢复技术、数据加密技术、访问控制技术、用户管理和身份验证技术等。

一、数据库安全的概念

数据库安全是指数据库的任何部分都不允许受到侵害，或未经授权的存取和修改。数据库安全性问题一直是数据库管理员所关心的问题。

（一）数据库安全

数据库就是一种结构化的数据仓库。人们时刻都在和数据打交道，对于少量、简单的数据，如果与其他数据之间的关联较少或没有关联，则可将它们简单地存放在文件中。普通记录文件没有系统结构来系统地反映数据间的复杂关系，它也不能强制定义个别数据对象。但是企事业单位的数据都是相关联的，不可能使用普通的记录文件来管理大量的、复杂的系列数据，例如银行的客户数据或生产厂商的生产控制数据等。

数据库安全主要包括数据库系统的安全和数据库数据的安全两层含义。

1. 第一层含义是数据库系统的安全

数据库系统安全是指在系统级控制数据库的存取和使用的机制，应尽可能地堵住潜在的各种漏洞，防止非法用户利用这些漏洞侵入数据库系统；保证数据库系统不因软硬件故障及灾害的影响而使系统不能正常运行。数据库系统安全包括：

①硬件运行安全。

②物理控制安全。

③操作系统安全。

④用户有可连接数据库的授权。

⑤灾害、故障恢复。

2. 第二层含义是数据库数据的安全

数据库数据安全是指在对象级控制数据库的存取和使用的机制，规定哪些用户可存取指定的模式对象及在对象上允许有哪些操作。数据库数据安全包括：

①有效的用户名/口令。

②用户访问权限控制。

③数据存取权限、方式控制。

④审计跟踪。

⑤数据加密。

⑥防止电磁信息泄露。

数据库数据的安全措施应能确保在数据库系统关闭后，当数据库数据存储媒体被破坏或当数据库用户误操作时，数据库数据信息不会丢失。对于数据库数据的安全问题，数据库管理员可以采用系统双机热备份、数据库的备份和恢复、数据加密、访问控制等措施。

（二）数据库安全管理原则

一个强大的数据库安全系统应当确保其中信息的安全性，并对其进行有效的管理控制。下面几项数据库管理原则有助于企事业单位在安全规划中实现对数据库的安全保护。

1. 管理细分和委派原则

在数据库工作环境中，数据库管理员（DBA）一般都是独立执行数据库的管理和其他事务工作，一旦出现岗位变换，将带来一连串的问题。通过管理责任细分和任务委派，DBA 可从常规事务中解脱出来，更多地关注于解决数据库的执行效率及管理方面的重要问题，从而保证任务的高效完成。企事业单位应设法通过功能和可信赖用户进一步细分数据库管理的责任和角色。

2. 最小权限原则

单位必须本着最小权限原则，从需求和工作职能两方面严格限制对数据库的访问。通过角色的合理运用，最小权限可确保数据库功能限制和特定数据的访问。

3. 账号安全原则

对于每一个数据库连接来说，用户账号都是必须设立的。账号的设立应遵循传统的用户账号的管理方法来进行安全管理，包括密码的设定和更改、账号锁定、对数据提供有限的访问权限、禁止休眠状态的账户、设定账户的生命周期等。

4. 有效审计原则

数据库审计是数据库安全的基本要求。它可用来监视各用户对数据库实施的操作。单位应根据自己的应用和数据库活动定义审计策略。条件允许的情况下，可采取智能审计，这样不仅能节约时间，而且能减少执行审计的范围和对象。通过智能限制日志大小，还能突出更加关键的安全事件。

二、数据库管理系统及其特性

数据、数据库、数据库管理系统和数据库系统是与数据库技术密切相关的 4 个基本概念。

（一）数据库系统简介

（1）数据库系统的组成：数据库系统分成两部分，一部分是数据库，按一定的方式存取数据；另一部分是数据库管理系统，为用户及应用程序提供数据访问，并具有对数据库进行管理、维护等多种功能。

（2）数据库：若干数据的集合体。数据库要由数据库管理系统进行科学的组织和管理，以确保数据库的安全性和完整性。

（3）数据库管理系统：对数据库进行管理的软件系统，为用户或应用程序提供了访问数据库中的数据和对数据的安全性、完整性、保密性、并发性等进行统一控制的方法。

（4）数据库系统：以数据库方式管理大量共享数据的计算机系统，一般简称为数据库。数据库系统是由外模式、模式和内模式组成的多级系统结构。作为管理大量、持久、可靠、共享数据的工具，数据库系统通常由数据库、数据库管理系统、硬件和软件支持系统及用户 4 个部分构成。

（二）数据库管理系统的功能

数据库管理系统（DBMS）的基本功能是定义数据库，进行数据的存取，实现基本的数据管理和维护等功能。

（1）数据库定义：定义外模式、模式、内模式、数据库完整性、安全保密、存取路径等。

（2）数据存取：提供数据的操纵语言，以便对数据进行查找和更新。

（3）数据库运行管理：事务管理、自动恢复、并发控制、死锁检测或防止、安全性检查、存取控制、完整性检查、日志记录等。

（4）数据组织、存储和管理：数据字典、用户数据、存取路径的组织存储和管理，以便提高存储空间利用率，并方便存取。

（5）数据库的建立和维护：数据转换、数据库新建、转储、恢复、重组、重构以及性能检测等。

（6）网络通信、数据转换、异构数据库互访等。

（三）数据库管理系统的特性

（1）数据的安全性。数据的安全主要是保证数据存储的安全和数据在访问或传输过程中不被窃取或恶意破坏，因此需要对数据进行一些安全控制，如将数据加密，以密码的形式存于数据库内，并将数据库中需要保护的部分与其他部分隔离；使用授权规则鉴别用户身份，阻止非法主体的访问等。

（2）数据的结构化。在文件系统中，文件内部的数据一般是有结构的，但文件之间不存在联系，因此从数据的整体来说是没有结构的。数据库系统虽然也常常分成许多单独的文件，并且文件内部也具有完整的数据结构，但是它更注重同数据库中各文件之间的相互联系，故特别能适应大量数据管理的客观需要。

（3）数据共享。共享是数据库系统的目的，也是其重要特点。一个数据库中的数据，不仅可以为同一企业或组织内部的各部门共享，还可以为不同组织、地区甚至不同国家的用户所共享。

（4）数据独立性。在文件系统中，数据结构和应用程序是相互依赖的，任何一方的改变总是要影响另一方的改变。在数据库系统中，这种相互依赖性是很小的，数据和程序具有相对的独立性。

（5）可控冗余度。在文件系统中，由于每个应用都拥有并使用自己的数据，各文件中难免有许多数据相互重复，产生了冗余。数据库系统是面对整个系统的数据共享而建立的，各个应用的数据集中存储、共同使用，因而尽可能地避免了数据的重复存储，减少了数据的冗余。

三、数据库安全面临的威胁

大多数企事业单位及政府部门的电子数据都保存在各种数据库中。他们用这些数据库保存一些敏感信息，例如，员工工资、医疗记录、员工个人资料等。数据库服务器还掌握着敏感的金融数据，包括交易记录、商业事务和账号数据，以及战略上的或者专业的信息，如专利和工程数据，甚至市场计划等应该保护起来防止竞争者和其他非法者获取的资料。

在数据库环境中，不同的用户通过数据库管理系统访问同一组数据集合，这样减少了数据的冗余，消除了不一致的问题，同时也免去了程序对数据结构的依赖。然而，这同时也导致数据库面临更严重的安全威胁

（一）数据库的安全漏洞和缺陷

常见的数据库的安全漏洞和缺陷有以下几种：

1. 数据库应用程序通常都同操作系统的最高管理员密切相关

如 Onicle、Sybase 和 SQL Server 数据库系统都涉及用户账号和密码、认证系统、授权模块和数据对象的许可控制、内置命令（存储过程）、特定的脚本和程序语言、中间件、网络协议、补丁和服务包、数据库管理和开发工具等。许多 DBA 都把全部精力投入到管理这些复杂的系统中，安全漏洞和不当的配置通常会造成严重的后果，且都难以被发现。

2. 人们对数据库安全的忽视

人们认为只要把网络和操作系统的安全做好了，所看的应用程序也就安全了。但现在的数据库系统会有很多方面被误用或者存在漏洞影响到安全。而且常用的关系型数据库都是"端口"型的，这就表示任何人都有可能绕过操作系统的安全机制，利用分析工具连接到数据库上。

3. 部分数据库机制威胁网络低层安全

如某公司的数据库中保存着所有的技术文档、手册和白皮书，但却不重视数据库的安全性，这样，即使运行在一个非常安全的操作系统上，入侵者也很容易通过数据库获得操

作系统权限。这些存储过程能提供一些执行操作系统命令的接口，而且能访问所有的系统资源，如果该数据库服务器还同其他服务器建立信任关系，那么，入侵者就能够对整个域产生严重的安全威胁。因此，少数数据库的安全漏洞不仅威胁数据库的安全，也威胁到操作系统和其他可信任系统的安全。

4. 安全特性缺陷

大多数关系型数据库已经存在很多年了，都是成熟的产品。但 IT 业界和安全专家对网络和操作系统要求的许多安全特性在多数关系数据库上还没有被使用。

5. 数据库密码容易泄露

多数数据库提供的基本安全特性，都没有相应的机制来限制用户必须选择健壮的密码。许多系统密码都能给入侵者完全访问数据库的机会，更有甚者，有些密码就储存在操作系统的普通文本文件中。

6. 操作系统后门

多数数据库系统都会有一些特性来满足数据库管理员的需要，这些特性也成为数据库主机操作系统的后门。

7. 木马的威胁

著名的木马病毒能够在密码改变存储过程时修改密码，并能告知入侵者。例如，添加几行信息到 sp_ password 中，记录新账号到库表中，通过 E-mail 发送这个密码，或者写到文件中以后使用等。

（二）对数据库的威胁形式

对数据库构成的威胁主要有篡改、损坏和窃取等表现形式。

1. 篡改

所谓篡改，是指对数据库中的数据未经授权进行的修改，使其失去原来的真实性。篡改的形式具有多样性，但有一点是明确的，就是在造成影响之前很难被发现。篡改是由于人为因素而产生的，一般来说，发生这种人为威胁的原因主要有个人利益驱动、隐藏证据、恶作剧和无知等。

2. 损坏

网络系统中数据的损坏是数据库安全性所面临的威胁之一。其表现形式为：表和整个数据库部分或全部被删除、移走或破坏。产生这种威胁的原因主要有破坏恶作剧和病毒。

破坏往往都带有明确的作案动机，恶作剧者往往是出于兴趣或好奇而给数据造成损坏，计算机病毒不仅对系统文件进行破坏，也对数据文件进行破坏。

3. 窃取

窃取一般是对敏感数据进行的。窃取的手法除了将数据复制到软盘之类的可移动介质上外，也可以把数据打印后取走。导致窃取威胁的因素有工商业间谍、不满和要离开的员工、被窃的数据可能比想象中的更有价值等。

（三）数据库安全的威胁来源

数据库安全的威胁主要来自以下几个方面：

1. 物理和环境的因素

如物理设备的损坏，设备的机械和电气故障，火灾、水灾，以及丢失磁盘、磁带等。

2. 事务内部故障

数据库"事务"是数据操作的并发控制单位，是一个不可分制的操作序列。数据库事务内部的故障多发生于数据的不一致性，主要表现有丢失修改、不能重复读、无用数据的读出。

3. 系统故障

系统故障又称软故障，是指系统突然停止运行时造成的数据库故障。这些故障不破坏数据库，但影响正在运行的所有事务，因为缓冲区中的内容会全部丢失，运行的事务非正常终止，从而造成数据库处于一种不正确的状态。

4. 介质故障

介质故障又称硬故障，主要指外存储器故障，如磁盘磁头碰撞，瞬时的强磁场干扰等。这类故障会破坏数据库或部分数据库，并影响正在使用数据库的所有事务。

5. 并发事件

在数据库实现多用户共享数据时，可能由于多个用户同时对一组数据的不同访问而使数据出现不一致的现象。

6. 人为破坏

某些人为了某种目的故意破坏数据库。

7. 病毒与黑客

病毒可破坏网络中的数据，使计算机处于不正确或瘫痪的状态；黑客是一些精通计算机网络和软、硬件的计算机操作者，他们往往利用非法手段取得相关授权，非法地读取甚至修改其他网络数据。黑客的攻击和系统病毒发作可造成对数据保密性和数据完整性的破坏。

此外，数据库系统威胁还有未经授权非法访问或非法修改数据库的信息，窃取数据库数据或使数据失去真实性；对数据不正确的访问，引起数据库中数据的错误；网络及数据库的安全级别不能满足应用的要求；网络和数据库的设置错误和管理混乱造成越权访问和越权使用数据。

四、数据库安全需求

（一）防止非法数据访问

这是数据库安全最关键的需求之一。数据库管理系统必须根据用户或应用的授权来检查访问请求，以保证仅允许授权的用户访问数据库。数据库的访问控制要比操作系统中的文件控制复杂得多。首先，控制的对象有更细的粒度，如表、记录、属性等；其次，数据库中的数据是语义相关的，所以用户可以不直接访问数据项而间接获取数据。

（二）防止推导

推导指的是用户通过授权访问的数据，经过推导得出机密信息，而按照安全策略，用户是无权访问该机密信息的。在统计数据库中需要防止用户从统计聚合信息中推导得到原始个体信息，特别是统计数据库容易受到推导问题的影响。

（三）保证数据库的完整性

该需求指的是保护数据库不受非授权的修改，以及不会因为病毒、系统中的错误等导致存储数据破坏。这种保护通过访问控制、备份/恢复及一些专用的安全机制共同实现。

备份/恢复在数据库管理系统领域得到了深入的研究，它们的主要目标是在系统发生错误时保证数据库中数据的一致性。

（四）保证数据的操作完整性

这个需求定位于在并发事务中保证数据库中数据的逻辑一致性。一般而言，数据库管理系统中的并发管理器子系统负责实现这部分需求。

（五）保证数据的语义完整性

这个问题主要是在修改数据时保证新值在一定范围内，以确保逻辑上的完整性。对数据值的约束通过完整性约束来描述，可以针对数据库定义完整性约束（定义数据库处于正确状态的条件），也可以针对变换定义完整性约束（修改数据库时需要验证的条件）。

（六）审计和日志

为了保证数据库中数据的安全，一般要求数据库管理系统能够将所有的数据操作记录下来。这一功能要求系统保留日志文件，安全相关事件可以根据系统设置记录在日志文件中，以便事后调查和分析；追查入侵者或发现系统的安全弱点。

审计和日志是有效的威慑和事后追查、分析的工具。与数据库中多种粒度的数据对应，审计和日志需要面对粒度问题，因为记录对一个细粒度对象（如一个记录的属性）的访问可能有用，但是考虑到时间和代价，这样做可能非常不实用。

（七）标识和认证

各种计算机系统的用户管理和使用的方法非常类似；与其他系统一样，标识和认证也是数据库的第一道安全防线。标识和认证是授权、审计等的前提条件。

（八）机密数据管理

数据库中的数据可能部分是机密数据，也有可能全部是机密数据（如军队的数据库），而有些数据库中的数据全部是公开的数据，同时保存机密数据和公开数据的情况比较复杂，在很多情况下数据是机密的，数据本身是机密的；与其他数据组合时，与其他机密数据保存在同一个记录中。

对于同时保存机密和公开数据的数据库而言，访问控制主要保证机密数据的保密性，仅允许授权用户的访问；这些用户被赋予对机密数据进行一系列操作的权限，并且被禁止传播这些权限。此外，这些被授权访问机密数据的用户应该与普通用户一样可以访问公开数据，但是不能相互干扰。另一种情况是用户可以访问一组特定的机密数据，但是不能交叉访问。此外，还有一种情况是用户可以单独访问特定的机密数据集合，但是不能同时访问全部机密数据。

（九）多级保护

多级保护表示一个安全需求的集合。现实世界中很多应用要求将数据划分不同保密级别，例如，军队需要将信息划分为多个保密级别，而不是仅仅划分为公开和保密两部分、同一记录中的不同字段可能划分为不同的保密级别，甚至同一字段的不同值都会是不同的级别。在多级保护体系中，对不同数据项赋予不同的保密级别，然后根据数据项的密级给访问该数据项的操作赋予不同的级别。

在多级保护体系中，进一步的要求是研究如何赋予多数据项组成的集合一个恰当的密级，数据的完整性和保密性是通过给予用户权限来实现的，用户只能访问它拥有的权限所对应级别的数据。

第二节　网络数据库用户管理

用户管理是网络数据库管理的常用要求之一，连接到数据库的每一个用户都必须是系统的合法用户。用户要想使用网络数据库的管理系统，必须拥有相应的权限，创建用户并授予权限是 DBA 的常用任务之一。下面以 Oracle 数据库系统为例，阐述网络数据库的用户管理。

一、配置身份验证

用户是数据库的使用者。Oracle 为用户提供了密码验证、外部验证、全局验证 3 种身份验证方法，其中密码验证是最常用的方法。

（一）密码验证

当一个使用密码验证机制的用户试图进入数据库时，数据库会核实用户名是否有效，并验证与该用户在数据库中存储的密码是否相匹配。

由于用户信息和密码都存储在数据库内部，所以密码验证用户也称为数据库验证用户。

（二）外部验证

当一个外部验证机制用户试图进入数据库时，数据库会核实用户名是否有效，并确信该用户已经完成了操作系统级别的身份验证：此时，外部验证用户并不在数据库中存储一个验证密码。

（三）全局验证

全局验证用户也不在数据库中存储验证密码，这种类型的验证是通过一个高级安全选项所提供的身份验证服务来进行的。

二、数据库用户管理

用户的相关信息包括用户名称和密码、用户的配置信息（包括用户的状态、用户的默认表空间等）、用户的权限、用户对应方案中的对象等。

用户一般是由 DBA 来创建和维护的。创建用户后，用户不可以执行任何 Oracle 操作，只有赋予用户相关的权限，用户才能执行相关权限允许范围内的操作。

（一）创建用户

用户访问数据库前必须获得相应授权的账号，创建一个新的用户（密码验证用户），最基本的创建用户的语句为：

CREATE USER user

IDENTIFIED BY password；

CREATE USER，IDENTIFIED BY 为语法保留字。CREATE USER 后面是创建的用户名字，而 IDENTIFIEDBY 后面则是用户的初始密码。

执行该语句的用户需要有创建用户的权限，一般为系统的 DBA 用户（如 SYS 和 SYS-TEM 用户）。

（二）修改用户

用户创建完成后，管理员可以对用户进行修改，包括修改用户口令、改变用户默认表空间、临时表空间、磁盘配额及资源限制等。修改用户密码的语句为：

ALTER USER user IDENTIFIED BY 新密码；

此命令不需要输入旧密码，直接可把用户的密码修改为新密码，但前提是该用户已经登录了 Oracle 服务器。

（三）删除用户

删除用户后，Oracle 会从数据字典中删除用户方案及其所有对象方案，其语句为：

DROP USER user ［CASCADE］

当用户中已经创建了相关的存储对象时，默认是不能删除用户的，需要先删除该用户下的所有对象，然后才能删除该用户名。该操作也可以使用 CASCADE 选项来完成，CAS-CADE 表示系统先自动删除该用户下的所有对象，然后再删除该用户名。已经登录的用户是不允许被删除的。

三、数据库权限管理

在 Oracle 服务器中，用户只有获得了相关的权限，才能执行该权限允许的操作。在 Oracle 中存在以下两种用户权限。

①系统权限。允许用户在数据库中执行指定的行为，一般可以理解成比较通用的类权限。

②对象权限。允许用户操作一个指定的对象，该对象是一个确切存储在数据库中的命名对象。

（一）系统权限

Oracle 系统中包含 100 多种系统权限，其主要作用如下。

①执行系统端的操作，如 CREATE SESSION 是登录的权限，CKEATE TABLE SPACE 是创建表空间的权限。

②管理某类对象，如 CREATE TABLE 是用户建表的权限。

③管理任何对象，如 CREATE ANY TABLE，ANY 关键字表明该权限的"权力"比较大，可以管理任何用户下的表。一般只有 DBA 可以使用该权限，普通用户是不应该拥有该类权限的。

下面是部分系统权限的例子。

（1）表

①CREATE TABLE（创建表）；

②CKEATE ANY TABLE（在任何用户下创建表）；

③ALTER ANY TABLE（修改任何用户的表的定义）；

④DROP ANY TABLE（删除任何用户的表）；

⑤SELECT ANY TABLE（从任何用户的表中查询数据）；

⑥UPDATE ANY TABLE（更改任何用户表的数据）；

⑦DELETE ANY TABLE（删除任何用户的表的记录）。

（2）索引

①CKEATE ANY INDEX（在任何用户下创建索引）；

②ALTER ANY INDEX（修改任何用户的索引定义）；

③DROP ANY INDEX（删除任何用户的索引）。

（3）会话

①CREATE SESSION（创建会话，登录权限）；

②ALTER SESSION（修改会话）。

（4）表空间

①CKEATE TABLE SPACE（创建表空间）；

②ALTER TABLE SPACE（修改表空间）；

③DROP TABLE SPACE（删除表空间）；

④UNLIMITED TABLE SPACE（不限制任何表空间的配额）。

（二）授予用户系统权限

授予用户系统权限的语句为：

GRANT 系统权限 TO user［WITH ADMIN OPTION］；

WITH ADMIN OPTION 的含义是把该权限的管理权限也赋予用户。默认情况下，权限的赋予工作是由拥有管理权限的管理员来执行的。当权限被赋予其他用户后，其他用户就获得了该权限的使用权，可以使用在该权限允许范围内的相关 Oracle 操作，但用户并没有获得该权限的管理权，所以该用户没有权限把该权限再赋予其他用户。使用 WITH ADMIN OPTION 选项则可以获得授予普通用户管理权限的权限。

（三）回收系统权限

回收系统权限的语句为：

REVOKE 系统权限 FROM user；

它只能回收使用了 GRANT 授权过的权限，权限被回收后，用户就失去了原权限的使用权和管理权。

（四）对象权限

对象权限的种类不是很多，但数量相当大，因为具体对象的数量很多。

对于对象权限来说，表除执行的权限外，其余的对象权限都有；视图没有修改的权限

（含在创建视图权限中），也不能基于视图来创建索引；序列只有修改和查询的权限；而存储过程则只有执行的权限。

对象权限除了直接作用在某个对象外，还可以对表中的具体列设置对象权限。

对象的权限会级联回收，这一点同系统权限的级联回收策略不同。

第三节　Oracle 数据库安全技术

Oracle 是 Oracle 公司开发的一种面向网络计算机并支持对象-关系库，是目前最流行的客户/服务器体系机构的数据库之一。

Oracle 之所以备受用户喜爱，是因为它具有以下突出的特点：

（1）支持大型数据库、多用户和高性能的事务处理。Oracle 支持的最大数据库，可达几百千兆，可充分利用硬件设备；支持大量用户同时对数据库执行各种数据操作，并保证数据一致性；系统维护具有很高的性能，Oracle 每天可连续 24 小时工作，正常的系统操作过程中不会中断数据库的应用；可在数据库级或子数据库级上控制数据的可用性。

（2）Oracle 遵循数据库存取语言、操作系统、用户接口和网络通信协议的工业标准，所以它是一个开放系统，保护了用户的投资。美国标准化和技术研究所（N1ST）对 Oracle Server 进行过检验，完全与 ANSI/ISO SQL-89 标准相兼容。

（3）实施安全性控制和完整性控制。Oracle 限制系统对各监控数据库的存取提供了可靠的安全性，并为可接受的数据指定标准，保证数据的完整性。

（4）支持分布式数据库和分布式处理。Oracle 为了充分利用计算机系统和网络，允许将处理分为数据库服务器处理和客户应用程序处理，所有共享的数据管理由数据库管理系统的计算机处理，而运行数据库应用的工作站集中于解释和显示数据。通过网络连接环境，Oracle 将存放在多台计算机上的数据组合成一个逻辑数据库，可被全部网络用户存取分布式系统像集中式数据库一样具有透明性和数据一致性。

一、组和安全性

在操作系统下建立用户组是保证数据库安全性的一种有效方法。Oracle 程序为了安全性目的一般分为两类：一类所有的用户都可执行；另一类只有数据库管理员组 DBA 可执行。在 UNIX 环境下组设置的配置文件是/etc/group，UNIX 的有关手册对于如何配置这个文件进行了详细的介绍。

保证安全性的方法有以下几种：

在安装 Oracle Server 前，创建数据库管理员组（DBA）并且分配 Root 和 Oracle 软件拥有者的用户 ID 给这个组。在安装过程中系统权限命令被自动分配给 DBA 组。

允许一部分 UNIX 用户有限制地访问 Oracle 服务器系统，确保给 Oracle 服务器实用例程 Oracle 组 ID，公用的可执行程序（例如 SQL * Plus、SQL * Forms 等）应该可被这个组执行。然后设定这个实用例程的权限，允许同组的用户执行，而其他用户不能改变那些不会影响数据库安全性的程序的权限。

为了保护 Oracle 服务器不被非法用户使用，可以采取如下几条措施：确保 Oracle_HOME/bin 目录下的所有程序的拥有权归 Oracle 软件拥有者所有。

给所有用户实用例程（sqiplus、sqiforms、exp、imp 等）特定权限，使服务器上所有的用户都可访问 Oracle 服务器。

给所有的 DBA 实用例程（比如 SQL_ DBA）特定权限。当 Oracle 服务器和 UNIX 组访问本地的服务器时，用户可以通过在操作系统下把 Oracle 服务器的角色映射到 UNIX 组的方式来使用 UNIX 管理服务器的安全性。这种方法适应于本地访问。

Oracle 软件的拥有者应该设置数据库文件的使用权限，使得文件的拥有者应该拥有包含数据库文件的目录，为了增加安全性，建议收回同组和其他组用户对这些文件的可读权限。

二、建立安全策略

系统安全策略主要考虑以下三点：

（1）管理数据库用户是访问 Oracle 数据库信息的途径，因此应该很好地维护管理数据库用户的安全性。按照数据库系统的大小和管理数据库用户所需的工作量，数据库安全性管理者可能只是拥有 create、alter、drop 数据库用户的一个特殊用户，或者是拥有这些权限的一组用户。应当注意的是，只有那些值得信任的人才有管理数据库用户的权限。

（2）身份确认数据库用户可以通过操作系统、网络服务或数据库进行身份确认。通过主机操作系统进行用户身份认证有 3 个优点。

①用户能更快、更方便地连入数据库。

②通过操作系统对用户身份确认进行集中控制，如果操作系统与数据库用户信息一致，那么 Oracle 无须存储和管理用户名和密码。

③用户进入数据库和操作系统审计信息一致。

（3）为保证操作系统安全性，数据库管理员必须有 create 和 delete 文件的操作系统权限，而一般数据库用户不应该有 create 或 delete 与数据库相关文件的操作系统权限。如果操作系统能为数据库用户分配角色，那么安全性管理者必须有修改操作系统账户安全性区域的操作系统权限。

数据的安全策略的考虑应基于数据的重要性：如果数据不是很重要，那么数据的安全性策略可以稍稍放松一些；如果数据很重要，那么应该有一个谨慎的安全策略，用它来维护对数据对象访问的有效控制。用户安全策略主要包括以下几种：

一般用户的安全性：

①密码的安全性。如果用户通过数据库进行用户身份的确认，那么建议使用密码加密的方式与数据库进行连接。

②权限管理。对于那些用户很多，应用程序和数据对象很丰富的数据库，应充分利用角色机制所带来的方便性对权限进行有效管理。对于复杂的系统环境，角色能大大地简化权限的管理。

终端用户的安全性：

用户必须针对终端用户制定安全策略。例如，对于一个有很多用户的大规模数据库，安全性管理者可以决定用户组分类，为这些用户组创建用户角色，把所需的权限和应用程序角色授予每一个用户角色，以及为用户分配相应的用户角色当处理特殊的应用要求时，安全性管理者也必须明确地把一些特定的权限要求授予给用户，用户可以使用角色对终端用户进行权限管理。

三、数据库管理者安全策略

（1）要保护 sys 和 system 用户的连接，当数据库创建好以后，应当立即更改有管理权限的 sys 和 system 用户的密码，防止非法用户访问数据库。当作为 sys 和 system 用户连入数据库后，用户有强大的权限用各种方式改动数据库。

（2）保护管理者与数据库的连接，应该只有数据库管理者能用管理权限连入数据库。

（3）使用角色对管理者权限进行管理。

四、应用程序开发者的安全策略

（1）应用程序开发者和他们的权限数据库应用程序开发者是唯一一类需要特殊权限组完成自己工作的数据库用户。开发者需要一些系统权限。然而，为了限制开发者对数据库的操作，只应该把一些特定的系统权限授予开发者。

（2）考虑到应用程序开发者的环境，程序开发者不应与终端用户竞争数据库资源，同时程序开发者不能损害数据库其他应用产品。

（3）应用程序开发者有 free development 与 controlled development 两种权限。在前一种情况下，应用程序开发者允许创建新的模式对象，它允许应用程序开发者开发独立于其他对象的应用程序。而在后一种情况下，应用程序开发者不允许创建新的模式对象，而是由数据库管理者创建，它保证了数据库管理者能完全控制数据空间的使用和访问数据库信息的途径。但在实践中，有时应用程序开发者也需要这两种权限的混合。

（4）数据库安全性管理者能创建角色来管理典型的应用程序开发者的权限要求。作为数据库安全性管理者，用户应该特别地为每个应用程序开发者设置一些限制，在有许多数据库应用程序的数据库系统中，用户可能需要一位应用程序管理者，应用程序管理者应负责为每一个应用程序创建角色，以及管理每一个应用程序的角色、创建和管理数据库应用程序使用的数据对象以及维护和更新应用程序代码、Oracle 的存储过程和程序包。

第四节　数据备份、恢复和容灾

一、数据备份

（一）数据备份的概念

数据备份是指为防止系统出现操作失误或系统故障导致数据丢失，而将全部或部分数据集合从应用主机的硬盘或阵列中复制到其他存储介质上的过程。网络系统中的数据备份，通常是指将存储在网络系统中的数据复制到磁带、磁盘、光盘等存储介质上，在该系统外的地方另行保管，这样，当网络系统设备发生故障或发生其他威胁数据安全的灾害时，能及时地从备份的介质上恢复正确的数据。

数据备份的目的就是为了在系统数据崩溃时能够快速地恢复数据，使系统迅速恢复运行。那么就必须保证备份数据和源数据的一致性和完整性，消除系统使用者的后顾之忧。其关键在于保障系统的高可用性，即操作失误或系统故障发生后，能够保障系统的正常运行。如果没有r数据，一切的恢复都是不可能实现的，因此备份是一切灾难恢复的基石。从这个意义上讲，任何灾难恢复系统实际上都是建立在备份基础上的。数据备份与恢复系统是数据保护措施中最直接、最有效、最经济的方案，也是任何网络信息系统不可缺少的一部分。

现在不少用户也意识到了这一点，采取了系统定期检测与维护、双机热备份、磁盘镜像或容错、备份磁带异地存放、关键部件冗余等多种预防措施。这些措施一般能够进行数据备份，并且在系统发生故障后能够快速地进行系统恢复。

数据备份能够用一种增加数据存储代价的方法保护数据安全，它对于拥有重要数据的大中型企事业单位是非常重要的，因此数据备份和恢复通常是大中型企事业网络系统管理员每天必做的工作之一。对于个人网络用户，数据备份也是非常必要的。

传统的数据备份主要是采用数据内置或外置的磁带机进行冷备份。一般来说，各种操作系统都附带了备份程序。但随着数据的不断增加和系统要求的不断提高，附带的备份程序已无法满足需求。要想对数据进行可靠的备份，必须选择专门的备份软、硬件，并制订相应的备份及恢复方案。

目前比较常用的数据备份有以下几种：

（1）本地磁带备份。利用大容量磁带备份数据。

（2）本地可移动存储器备份。利用大容量等价软盘驱动器、可移动等价硬盘驱动器、一次性可刻录光盘驱动器、可重复刻录光盘驱动器进行数据备份。

（3）本地可移动硬盘备份。利用可移动硬盘备份大量的数据。

（4）本机多硬盘备份。在本机内装有多块硬盘，利用除安装和运行操作系统和应用程序的一块或多块硬盘外的其余硬盘进行数据备份。

①远程磁带库、光盘库备份。将数据传送到远程备份中心制作完整的备份磁带或光盘。

②远程关键数据加磁带备份。采用磁带备份数据，生产机实时向备份机发送关键数据。

③远程数据库备份。在与主数据库所在生产机相分离的备份机上建立主数据库的一个备份。

④网络数据镜像。对生产系统的数据库数据和所需跟踪的重要目标文件的更新进行监控与跟踪，并将更新日志实时通过网络传送到备份系统，备份系统则根据日志对磁盘进行更新。

⑤远程镜像磁盘。通过高速光纤通道线路和磁盘控制技术将镜像磁盘延伸到远离生产机的地方，镜像磁盘数据与主磁盘数据完全一致，更新方式为同步或异步。

（二）数据备份的类型

按数据备份时的数据库状态的不同，数据备份可分为冷备份、热备份和逻辑备份等类型。

1. 冷备份

冷备份（Cold Backup）的思想是关闭数据库系统，在没有任何用户对它进行访问的情况下备份。这种方法在保持数据的完整性方面是最好的一种。但是，如果数据库太大，无法在备份窗口中完成对它的备份，此时，应该考虑采用其他的适用方法。

2. 热备份

数据库正在运行时所进行的备份称为热备份（Hot Backup）。数据库的热备份依赖于系统的日志文件。在备份进行时，日志文件将需要更新或更改的指令"堆起来"，并不是真正将任何数据写入数据库记录。当这些被更新的业务被堆起来时，数据库实际上并未被更新，因此，数据库能被完整地备份。

热备份方法的一个致命缺点是具有很大的风险性。其原因有 3 个：第一，如果系统在进行备份时崩溃，那么，堆在日志文件中的所有业务都会丢失，即造成数据的丢失；第二，在进行热备份时，要求数据库管理员（DBA）仔细地监视系统资源，确保存储空间不会被日志文件占用完而造成不能接受业务的局面；第三，日志文件本身在某种程度上也需要进行备份以便重建数据，这样需要考虑其他的文件并使其与数据库文件协调起来，为备份增加了复杂性。

3. 逻辑备份

所谓的逻辑备份（Logical Backup）是使用软件技术从数据库中提取数据并将结果写入一个输出文件。该输出文件不是一个数据库表，而是表中的所有数据的一个映像。在大多数客户/服务器结构模式的数据库中，结构化查询语言（SQL）是用来建立输出文件的。该过程较慢，对大型数据库的全盘备份不太实用，但是，这种方法适合用于增量备份，即备份那些上次备份之后改变了的数据。

使用逻辑备份进行恢复数据必须生成 SQL 语句。尽管这个过程非常耗时，时间开销较大，但工作效率相当高。

（三）数据库备份的性能

数据库备份的性能可以用两个参数来说明其好坏，这两个参数就是被复制到磁带上的数据量和进行该项工作所花的时间。数据量和时间开销之间是一种很难解决的矛盾。如果在备份窗口中所有的数据都被传输到磁带上，就不存在什么问题如果备份窗口中不能备份所有的数据，就会面临一个十分严重的问题。

通常，提高数据库备份性能的方法有如下几种：

①升级数据库管理系统。

②使用更快的备份设备。

③备份到磁盘上。磁盘可以是处于同一系统上的，也可以是 LAN 的另一个系统上的。如能指定一个完整的容量或服务器作为备份磁盘之用，这种方法的效果最好。

④使用本地备份设备。使用此方法时应保证连接的 SCSI 接口适配长能承担高速扩展数据传输另外，应将备份设备接在单独的 SCSI 接口上。

⑤使用原始磁盘分区备份。直接从磁盘分区读取数据，而不是使用文件系统 API 调用。这种方法可加快备份的执行。

（四）数据备份策略

需要进行数据备份的部门都要先制定数据备份策略。数据备份策略包括确定需要备份的数据内容（如进行完全备份、增量备份、差别备份还是按需备份）、备份类型（如采用冷备份还是热备份）、备份周期（如以月、周还是小时为备份周期）、备份方式（如采用手工备份还是自动备份）、备份介质（如以光盘、硬盘、磁带、U 盘还是网盘为备份介质）和备份介质的存放等。下面介绍几种不同数据内容的备份方式。

1. 完全备份

完全备份（Full Backup）是指按备份周期对整个系统的所有文件（数据）进行备份。这种备份方式比较流行，也是解决系统数据不安全的最简单的方法，操作起来也很方便。有了完全备份，网络管理员可清楚地知道从备份之日起便可恢复网络系统中的所有信息，恢复操作也可一次性完成。如当发现数据丢失时，只要用一盘故障发生前一天备份的磁带，即可恢复丢失的数据。但这种方式的不足之处是由于每天都对系统进行完全备份，在备份数据中必定有大量的内容是重复的，这些重复的数据占用了大量的存储空间，这对用户而言就意味着成本的增加。另外，由于进行完全备份时需要备份的数据量相当大，因此备份所需的时间较长。对于那些业务繁忙、备份窗口时间有限的单位。选择这种备份策略是不合适的。

2. 增量备份

增量备份（Incremental Backup）是指每次备份的数据只相当于上一次备份后增加和修改过的内容，即备份的都是已更新过的数据。例如，系统在星期日做了一次完全备份，然后在以后的六天里每天只对当天新的或被修改过的数据进行备份。这种备份的优点是没有或减少了重复的备份数据，既节省了存储介质的空间，又缩短了备份时间。但其缺点是恢复数据的过程比较麻烦，不可能一次性完成整体的恢复。

3. 差别备份

差别备份（Differential Backup）也是在完全备份后将新增加或修改过的数据进行备份，但它与增量备份的区别是每次备份都把上次完全备份后更新过的数据进行备份。例如，星期日进行完全备份后，其余六天中的每一天都将当天所有与星期日完全备份时不同的数据进行备份，差别备份可节省备份时间和存储介质空间，只需两盘磁带（星期日备份磁带和故障发生前一天的备份磁带）即可恢复数据。差别备份兼具了完全备份的恢复数据较方便和增量备份的节省存储空间及备份时间的优点。

完全备份所需的时间最长，占用存储介质容量最大，但数据恢复时间最短，操作最方便，当系统数据量不大时该备份方式最可靠；但当数据量增大时，很难每天都做完全备份，可选择周末做完全备份，在其他时间采用所用时间最少的增量备份或时间介于两者之间的差别备份。在实际备份中，通常也是根据具体情况，采用这几种备份方式的组合。如年底做完全备份，月底做完全备份，周末做完全备份，而每天做增量备份或差别备份。

4. 按需备份

除以上备份方式外，还可采用随时对所需数据进行备份的方式进行数据备份。按需备份就是指除正常备份外，额外进行的备份操作。额外备份可以有许多理由，例如，只想备份很少几个文件或目录，备份服务器上所有的必需信息以便进行更安全的升级等。这样的备份在实际应用中经常遇到。

二、数据恢复

数据恢复是指将备份到存储介质上的数据再恢复到网络系统中，它与数据备份是一个相反的过程。

数据恢复措施在整个数据安全保护中占有相当重要的地位，因为它关系到系统在经历灾难后能否迅速恢复运行。

（一）恢复数据时的注意事项

（1）由于恢复数据是覆盖性的，不正确的恢复可能会破坏硬盘中的最新数据，因此在进行数据恢复时，应先将硬盘数据备份。

（2）进行恢复操作时，用户应指明恢复何时的数据。当开始恢复数据时，系统首先识别备份介质上标识的备份日期是否与用户选择的日期相同，如果不同将提醒用户更换备份介质。

（3）由于数据恢复工作比较重要，容易错把系统上的最新数据变成备份盘上的旧数据，因此应指定少数人进行此项操作。

（4）不要在恢复过程中关机、关电源或重新启动机器。

（5）不要在恢复过程中打开驱动器开关或抽出软盘、光盘（除非系统提示换盘）等。

（二）恢复技术的种类

一般来说，数据恢复操作比数据备份操作更容易出问题。数据备份只是将信息从磁盘复制出来，而数据恢复则要在目标系统上创建文件：在创建文件时会出现许多差错，如超过容量限制、权限问题和文件覆盖错误等。数据备份操作不须知道太多的系统信息，只须复制指定信息就可以了；而数据恢复操作则需要知道哪些文件需要恢复，哪些文件不需要恢复等。

恢复技术大致可以分为如下3种：单纯以备份为基础的恢复技术，以备份和运行日志为基础的恢复技术和基于多备份的恢复技术。

1. 单纯以备份为基础的恢复技术

单纯以备份为基础的恢复技术是由文件系统恢复技术演变过来的，即周期性地把磁盘上的数据库复制或转储到磁带上。由于磁带是脱机存放的，系统对它没有任何影响。当数据库失效时，可取最近一次从磁盘复制到磁带上的数据库备份来恢复数据库，即把备份磁带上的数据库复制到磁盘的原数据库所在的位置上。利用这种方法，数据库只能恢复到最近备份的一次状态，从最近备份到故障发生期间的所有数据库的更新数据将会丢失。这意味着备份的周期越长，丢失的更新数据也就越多。

数据库中的数据一般只部分更新，很少全部更新。如果只转储其更新过的物理块，则转储的数据量会明显减少，也不必用过多的时间去转储。如果增加转储的频率，则可以减少发生故障时已被更新过的数据的丢失，这种转储称为增量转储。

利用增量转储进行备份的恢复技术实现起来颇为简单，也不增加数据库正常运行时的开销，其最大的缺点是不能恢复到数据库的最近状态。这种恢复技术只适用于小型的和不太重要的数据库系统。

2. 以备份和运行日志为基础的恢复技术

系统运行日志用于记录数据库运行的情况，一般包括：前像（Before Image，BI）、后像（After Image，AI）和事务状态。

所谓的前像是指数据库被一个事务更新时，所涉及的物理块更新后的影像，它以物理块为单位。前像在恢复中所起的作用是帮助数据库恢复更新前的状态，即撤销更新，这种操作称为撤销（Undo）。

后像恰好与前像相反，它是当数据库被某一事务更新时，所涉及的物理块更新前的影像，其单位和前像一样以物理块为单位。后像的作用是帮助数据库恢复到更新后的状态，相当于重做一次更新，这种操作在恢复技术中称为重做（Redo）。

运行日志中的事务状态记录每个事务的状态，以便在数据库恢复时做不同处理。

每个事务都有以下两种可能的结果。

①事务提交后结束，这说明事务已成功执行，事务对数据库的更新能被其他事务访问。

②事务失败，需要消除事务对数据库的影响，对这种事务的处理称为卷回（Rollback）。基于备份和日志的这种恢复技术，当数据库失效时，可取出最近备份，然后根据日志的记录，对未提交的事务用前像卷回，这称为向后恢复（Backward Recovery）；对已提交的事务，必要时用后像重做，称向前恢复（Forward Recovery）。

这种恢复技术的缺点是，由于需要保持一个运行的记录，既花费较大的存储空间，又影响数据库正常工作的性能。它的优点是可使数据库恢复到最近的一个状态。大多数数据库管理系统都支持这种恢复技术。

3. 基于多备份的恢复技术

多备份恢复技术的前提是每一个备份必须具有独立的失效模式（Independent Failure Mode），这样可以利用这些备份互为备份，用于恢复。所谓独立失效模式是指各个备份不至于因同一故障而一起失效。获得独立失效模式的一个重要的要素是各备份的支持环境尽可能地独立，其中包括不共用电源、磁盘控制器及 CPU 等；在部分可靠要求比较高的系统中，采用磁盘镜像技术，即数据库以双备份的形式存放在两个独立的磁盘系统中，为了使失效模式独立，两个磁盘系统有各自的控制器和 CPU，但彼此可以相互切换。在读数时，可以选读其中任一磁盘；在写数据时，两个磁盘都写入同样的内容，当一个磁盘中的数据丢失时，可用另一个磁盘的数据来恢复。

基于多备份的恢复技术在分布式数据库系统中用得比较多，这完全出于性能或其他考虑，在不同的节点上设有数据备份，而这些数据备份由于所处的节点不同，其失效模式也比较独立。

（三）恢复的方法

数据库的恢复大致有如下方法。

（1）周期性地对整个数据库进行转储，把它复制到备份介质中（如磁带中），作为后备副本，以备恢复之用。

转储通常又可分为静态转储和动态转储。静态转储是指转储期间不允许（或不存在）对数据库进行任何存取和修改，而动态转储是指在存储期间允许对数据库进行存取或修改。

（2）对数据库的每次修改，都记下修改前后的值，写入"运行日志"中。它与后备副本结合，可有效地恢复数据库。

日志文件是用来记录数据库每一次更新活动的文件。在动态转储方式中必须建立日志文件，后备副本和日志文件综合起来才能有效地恢复数据库。在静态转储方式中，也可以建立日志文件。当数据库毁坏后可重新装入后备副本，把数据库恢复到转储结束时刻的正确状态。然后利用日志文件，把已完成的事务进行重新处理，对故障发生时尚未完成的事务进行撤销处理。这样不必重新运行那些已完成的事务程序就可把数据库恢复到故障前某一时刻的正确状态。

（四）利用日志文件恢复事务

下面介绍一下如何登记日志文件以及发生故障后如何利用日志文件恢复事务。

1. 登记日志文件

在事务运行过程中，系统把事务开始、事务结束（包括 Commit 和 Rollback），以及对数据库的插入、删除和修改等每一个操作作为一个登记记录（Log 记录）存放到日志文件中。每个记录包括的主要内容有：执行操作的事务标识，操作类型更新前数据的旧值（对插入操作而言，此项为空值）和更新后的新值（对删除操作而言，此项为空值）。

登记的次序严格按并行事务执行的时间次序，同时遵循"先写日志文件"的规则。写一个修改到数据库和写一个表示这个修改的 Log 记录到日志文件中是两个不同的操作，有可能在这两个操作之间发生故障，即这两个操作只完成了一个。如果先写了数据库修改，而在运行记录中没有登记下这个修改，则以后就无法恢复这个修改了。因此，为了安全应该先写日志文件，即首先把 Log 记录写到日志文件上，然后写数据库的修改。这就是"先写日志文件"的原则。

2. 事务恢复

利用日志文件恢复事务的过程分为以下两步。

①从头扫描日志文件，找出哪些事务在故障发生时已经结束（这些事务有 Begin Transaction 和 Commit 记录），哪些事务尚未结束（这些事务只有 Begin Transaction，无 Commit 记录）。

②对尚未结束的事务进行撤销处理，对已经结束的事务进行重做。

进行撤销处理的方法是：反向扫描日志文件，对每个撤销事务的更新操作执行反操作。即对已经插入的新记录执行删除操作，对已删除的记录重新插入，对修改的数据恢复旧值。

进行重做处理的方法是：正向扫描日志文件，重新执行登记操作。

对于非正常结束的事务显然应该进行撤销处理，以消除可能对数据库造成的不一致性。对于正常结束的事务进行重做处理也是需要的，这是因为虽然事务已发出 Commit 操作请求，但更新操作有可能只写到了数据库缓冲区（在内存），还没来得及物理地写到数据库（外存）便发生了系统故障。数据库缓冲区的内容被破坏，这种情况仍可能造成数据库的不一致性。由于日志文件上的更新活动已完整地登记下来，因此可能重做这些操作而不必重新运行事务程序。

3. 利用转储和日志文件

利用转储和日志文件可以有效地恢复数据库。当数据库本身被破坏时（如硬盘故障和病毒破坏）可重装转储的后备副本，然后运行日志文件，执行事务恢复，这样就可以重建数据库。当数据库本身没有被破坏，但内容已经不可靠时，可利用日志文件恢复事务，从而使数据库回到某一正确状态，这时不必重装后备副本。

（五）易地更新恢复技术

每个关系有一个页表，页表中每一项是一个指针，指向关系中的每一页（块）。当更新时，旧页保留不变，另找一个新页写入新的内容。在提交时，把页表的指针从旧页指向新页，即更新页表的指针。旧页实际上起到了前像的作用。由于存储介质可能发生故障，后像还是需要的。旧页又称影页（Shadow）。

在事务提交前，其他事务只可访问旧页；在事务提交后，其他事务可以访问新页。事务如果在执行过程中发生故障，而故障发生在提交之前，称数据库状态为 BI；故障发生在提交之后，则称数据库状态为 AI。显然，这自然满足了数据的一致性要求，在数据库损坏时，须用备份和 AI 重做。在数据库未遭损坏时，不需要采用恢复措施。

易地更新恢复技术有如下限制与缺点。

①同一时间只允许一个事务提交。

②同一时间一个文件只允许一个事务对它进行更新。

③提交时主记录一般限制为一页，文件个数受到主记录大小的限制。

④文件的大小受页表大小的限制，而页表的大小受到缓冲区大小的限制。

⑤易地更新时，文件很难连成一片。

因此，易地更新恢复技术一般用于小型数据库系统，对大型数据库系统是不适用的。

（六）失效的类型及恢复的对策

一个恢复方法的恢复能力总是有限的，一般只对某一类型的失效有效，在任何情况下都适用的恢复方法是不存在的。在前述的恢复方法中都需要备份，如果备份由于不可抗拒的因素而损坏，那么，以前所述的恢复方法将无能为力，通常的恢复方法都是针对概率较高的失效，这些失效可分为 3 类：事务失效、系统失效和介质失效。

1. 事务失效

事务失效发生在事务提交之前，事务一旦提交，即使要撤销也不可能了。造成事务失效的原因有以下几种：

（1）事务无法执行而自行中止。

（2）操作失误或改变主意而要求撤销事务。

（3）由于系统调度上的原因而中止某些事务的执行。对事务失效可采取如下措施予以恢复。

①消息管理丢弃该事务的消息队列。

②如果需要可进行撤销。

③从活动事务表（Active Transaction List）中删除该事务的事务标识，释放该事务占用的资源。

2. 系统失效

这里所指的系统包括操作系统和数据库管理系统。系统失效是指系统崩溃，必须重新启动系统，内存中的数据可能丢失，而数据库中的数据未遭破坏。发生系统失效的原因有以下几种。

①掉电。

②除数据库存储介质外的硬软件故障。

③重新启动操作系统和数据库管理系统。

④恢复数据库至一致状态时，对未提交的事务进行了 Undo 操作，对已提交的事务进行了 Redo 的操作。

3. 介质失效

介质失效指磁盘发生故障，数据库受损，例如，划盘、磁头破损等。现代的 DBMS 对介质失效一般都提供恢复数据库至最近状态的措施，具体过程如下。

①修复系统，必要时更换磁盘。

②如果系统崩溃，则重新启动系统。

③加载最近的备份。

④用运行日志中的后像重做，取最近备份以后提交的所有事务。

从介质失效中恢复数据库的代价是较高的，而且要求运行日志提供所有事务的后像，工作量是很大的。但是，为了保证数据的安全，这些代价是必须付出的。

三、数据容灾

对于信息技术而言，容灾系统就是为网络信息系统提供的一个能应付各种灾难的环境。

当网络系统在遭受如火灾、水灾、地震、战争等不可抗拒的灾难和意外时，容灾系统将保证用户数据的安全性，甚至提供不间断的应用服务。

（一）容灾系统和容灾备份

这里所说的"灾"具体是指网络系统遇到的自然灾难（洪水、飓风、地震），外在事件（电力或通信中断）、技术失效及设备受损（火灾）等。容灾就是指网络系统在遇到这些灾难时仍能保证系统数据的完整、可用和系统正常运行。

对于那些业务不能中断的用户和行业，如银行、证券、电信等，因其关键业务的特殊性，必须有相应的容灾系统进行防护。保持业务的连续性是当今企事业用户需要考虑的一个极为重要的问题，而容灾的目的就是保证关键业务的可靠运行。利用容灾系统，用户把关键数据存放在异地，当生产（工作）中心发生灾难时，备份中心可以很快地接管系统并运行起来。

从概念上讲，容灾备份是指通过技术和管理的途径，确保在灾难发生后，企事业单位的关键数据、数据处理系统和业务在短时间内能够恢复。因此，在实施容灾备份之前，企事业单位首先要分析哪些数据最重要、哪些数据要做备份、这些数据价值多少，然后再决定采用何种形式的容灾备份。

现在，容灾备份的技术和市场正处于一个快速发展的阶段。在此契机下，国家已将容灾备份作为今后信息发展规划中的一个重点，各地方和行业准备或已建立起一些容灾备份中心。这不仅可以为大型企业和部门提供容灾服务，也可以为大量的中小企业提供不同需求的容灾服务。

（二）数据容灾与数据备份的关系

许多用户对数据容灾这个概念不理解，易把数据容灾与数据备份等同起来，其实这是不对的，至少是不全面的。

备份与容灾不是等同的关系，而是两个"交集"，中间有大部分的重合关系。多数容灾工作可由备份来完成，但容灾还包括网络等其他部分，而且，只有容灾才能保证业务的连续性。

数据容灾与数据备份的关系主要体现在以下几个方面：

1. 数据备份是数据容灾的基础

数据备份是数据高可用性的一道安全防线，其目的是在系统数据崩溃时能够快速地恢复数据。虽然它也是一种容灾方案，但这样的容灾能力非常有限，因为传统的备份主要是采用磁带机进行冷备份，备份磁带的同时也在机房中统一管理，一旦整个机房出现了灾难，这些备份磁带也将随之销毁，所存储的磁带备份将起不到任何容灾作用。

2. 容灾不是简单备份

容灾备份不等同于一般意义上的业务数据的备份与恢复，数据备份与恢复只是容灾备份中的一个方面，容灾备份系统还包括最大范围地容灾、最大限度地减少数据丢失、实时切换、短时间恢复等多项内容。

真正的数据容灾就是要避免传统冷备份所具有的不足之处，要能在灾难发生时。全面、及时地恢复整个系统。容灾按其容灾能力的高低可分为多个层次，如国际标准SHARE 78 定义的容灾系统有 7 个层次：从最简单的仅在本地进行磁带备份，到将备份的磁带存储在异地，再到建立应用系统实时切换的异地备份系统，恢复时间也可以从几天到几小时，甚至到分钟级、秒级或 0 数据丢失等。

无论采用哪种容灾方案，数据备份都是最基础的，没有备份的数据，任何容灾方案都没有现实意义。但仅有备份是不够的，容灾也必不可少。

3. 容灾不仅仅是技术

容灾不仅仅是一项技术，更是一项工程。目前很多客户还停留在对容灾技术的关注上，而对容灾的流程、规范及具体措施还不太清楚，也从不对容灾方案的可行性进行评估，认为只要建立了容灾方案即可放心，其实这是具有很大风险的。特别是一些中小企事业单位，认为自己的企事业单位为了数据备份和容灾，年年花费了大量的人力和财力，但几年下来根本没有发生任何大的灾难，于是就放松了警惕。可一旦发生灾难，将损失巨大。

（三）容灾系统

容灾系统包括数据容灾和应用容灾两部分。数据容灾可保证用户数据的完整性、可靠性和一致性，但不能保证服务不中断。应用容灾是在数据容灾的基础上，在异地建立一套完整的与本地生产系统相当的备份应用系统，在灾难发生的情况下，远程系统会迅速接管业务运行，提供不间断的应用服务，让客户的服务请求能够继续。可以说，数据容灾是系统能够正常工作的保障。而应用容灾则是容灾系统建设的目标，它是建立在可靠的数据容灾基础上，通过应用系统、网络系统等各种资源之间的良好协调来实现的。

1. 本地容灾

本地容灾的主要手段是容错。容错的基本思想就是利用外加资源的冗余技术来达到屏蔽故障/自动恢复系统或安全停机的目的。容错是以牺牲外加资源为代价来提高系统可靠性的。外加资源的形式很多，主要有硬件冗余、时间冗余、信息冗余和软件冗余。容错技术的使用使得容灾系统能恢复大多数的故障，然而当遇到自然灾害及战争等意外时，仅采用本地容灾技术并不能满足要求，这时应考虑采用异地容灾保护措施。

在系统设计中，企业一般考虑做数据备份和采用主机集群的结构。因为它们能解决本地数据的安全性和可用性。目前人们所关注的容灾，大部分也都只是停留在本地容灾的层面上。

2. 异地容灾

异地容灾是指在相隔较远的异地，建立两套或多套功能相同的系统。当主系统因意外停止工作时，备用系统可以接替工作，保证系统的不间断运行。异地容灾系统采用的主要方法是数据复制，目的是在本地与异地之间确保各系统关键数据和状态参数的一致。

异地容灾系统具备应付各种灾难特别是区域性与毁灭性灾难的能力，具备较为完善的数据保护与灾难恢复功能，保证灾难降临时数据的完整性及业务的连续性，并在最短时间内恢复业务系统的正常运行，将损失降到最小。其系统一般由生产系统可接替运行的后备系统、数据备份系统、备用通信线路等部分组成。在正常生产和数据备份的状态下，生产系统向备份系统传送须备份的数据。灾难发生后，当系统处于灾难恢复状态时，备份系统将接替生产系统继续运行。此时重要的营业终端用户将从生产主机切换到备份中心主机，继续对外营业。

（四）数据容灾技术

容灾系统的核心技术是数据复制，目前主要有同步数据复制和异步数据复制两种，同步数据复制是指通过将本地数据以完全同步的方式复制到异地，每一个本地 I/O 交易均须等待远程复制的完成方予以释放，异步数据复制是指将本地数据以后台方式复制到异地，每一个本地 I/O 交易均正常释放，无须等待远程复制的完成。数据复制对数据系统的一致性和可靠性，以及系统的应变能力具有举足轻重的作用，它决定着容灾系统的可靠性和可用性。

对数据库系统可采用远程数据库复制技术来实现容灾。这种技术是由数据库系统软件实现数据库的远程复制和同步的基于数据库的复制方式可分为实时复制、定时复制和存储转发复制，并且在复制过程中，还有自动冲突检测和解决的手段，以保证数据的一致性不受破坏。远程数据库复制技术对主机的性能有一定要求，可能增加对硬盘存储容量的需求，但系统运行恢复较简单，在实时复制方式时数据一致性较好，所以对于一些数据一致性要求较高、数据修改更新较频繁的应用，可采用基于数据库的容灾备份方案。

目前，业内实施比较多的容灾技术是基于智能存储系统的远程数据复制技术。它是由智能存储系统自身来实现数据的远程复制和同步，即智能存储系统将对本系统中的存储器 I/O 操作请求复制到远端的存储系统中并执行，保证数据的一致性。

还可以采用基于逻辑磁盘卷的远程数据复制技术进行容灾。这种技术就是将物理存储设备划分为一个或多个逻辑磁盘卷，便于数据的存储规划和管理。逻辑磁盘卷可理解为在物理存储设备和操作系统之间增加一个逻辑存储管理层——基于逻辑硬盘卷的远程数据复制就是根据需要将一个或多个卷进行远程同步或异步复制。该方案通常通过软件来实现，基本配置包括卷管理软件和远程复制控制管理软件。基于逻辑磁盘卷的远程数据复制因为是基于逻辑存储管理技术的，一般与主机系统、物理存储系统设备无关，所以对物理存储系统自身的管理功能要求不高，有较好的可管理性。

第三章　数据加密技术

第一节　加密概述

一、密码学的有关概念

在现实生活中，由于隐秘性、安全性等各种需要，人们希望公共传输的信道上传输的信息不能轻易地被人截获，即使截获了也不应该被人轻易地理解，这就需要用到密码技术。密码技术通过特定的方法将一种信息转换成另一种信息，加密后的信息即使被信息拦截者获得也是不可读的，加密后的标书没有收件人的私钥也无法解开。从某种意义上来说，加密已成为当今网络社会进行文件或邮件安全传输的时代象征。

任何一个加密系统至少包括以下几个组成部分：

（1）未加密的报文，也称明文。明文就是需要保密的信息，也就是最初可以理解的消息。通常指待发送的报文、软件、代码等。

（2）加密后的报文，也称密文。明文经过转换而成的表面上无规则、无意义或难以察觉真实含义的消息。

（3）加密解密设备或算法。密码算法是指将明文转换成密文的公式、规则和程序等，在多数情况下是指一些数学函数。密码算法规定了明文转换成密文的规则，在多数情况下，接收方收到密文后，希望密文能恢复成明文，这就要求密码算法具有可逆性。将明文转换成密文的过程称为加密，相应的算法称为加密算法。反之，将密文恢复成明文的过程称为解密，相应的算法称为解密算法。

（4）加密解密的密钥。由于计算机性能的不断提高，单纯依靠密码算法的保密来实现信息的安全性是难以实现的。而且在公用系统中，算法的安全性需要经过严格的评估，算法往往需要公开。对信息的安全性往往依赖于密码算法的复杂性和参与加密运算的参数的保密，这个参数就是密钥。用于加密的密钥称为加密密钥，用于解密的密钥称为解密密钥。

由密文、加/解密算法、加/解密密钥和密文构成的信息系统，称为密码系统。在一个密码系统中，伪装前的原始信息（或消息）称为明文，伪装后的信息（或消息）称为密文，伪装过程称为加密，其逆过程（即由密文恢复出明文的过程）称为解密。实现消息加密的数学变换称为加密算法，对密文进行解密的数学反变换称为解密算法。加密算法和解密算法通常是在一组密钥控制下进行的，分别称为加密密钥和解密密钥。

密码系统的安全性取决于以下几个因素：

（1）密码算法必须足够强大。所谓强大，是指算法的复杂性，在计算机中可以用消耗的 CPU 时间来计算。在仅知道密文的情况下，如果破译密文需要花费的时间足够多，使得难以在有效的时间内找到明文（即计算上不可行），就称密码算法是安全的。

（2）密钥的安全性，在已知密文和密码算法知识的情况下，破译出明文消息在计算上是不可行的。

密码算法可以公开，也可以被分析，因此可以大量生产使用密码算法的产品，如各种加密标准、加密系统、加密芯片等，从而促进了密码系统的应用。由于密码系统的复杂性，人们只要对自己的密钥进行保密，就可以信赖密码系统的安全性。

二、密码的分类

从不同的角度，根据不同的标准可将密码分为不同的类型。

（一）按历史发展阶段或应用技术划分

按密码的历史发展阶段或应用技术划分，可将其划分为手工密码、机械密码、电子机内乱密码和计算机密码。

（1）手工密码：是以手工方式或以简单器具辅助操作完成加密和解密过程的密码。第一次世界大战前主要使用这种方式。

（2）机械密码：是以机械密码机或电动密码机来完成加密和解密过程的密码。这种密码在第一次世界大战中出现，到第二次世界大战时得到普遍应用。

（3）电子机内乱密码：通过电子电路，以严格的程序进行逻辑运算，以少量制乱元素生产大量的加密乱数，因为其制乱是在加解密过程中完成的而不须预先制作，所以称为电子机内乱密码。这种密码在 20 世纪 50 年代末期出现，到 70 年代已得到广泛应用。

（4）计算机密码：是指以计算机软件程序完成加密和解密过程的密码，是目前使用最广泛的加密方式。

（二）按转换原理划分

按密码转换的原理划分，可将密码划分为替代密码和置换密码。

（1）替代密码：就是在加密时将明文中的每个或每组字符用另一个或另一组字符替代，原字符被隐藏起来，即形成密文。

（2）置换密码：就是在加密时对明文字母（字符、符号）重新排序，每个字母位置变化了，但没被隐藏起来，移位密码是一种打乱原文顺序的加密方法。

替代密码加密过程是明文的字母位置不变而字母形式变化了，而移位密码加密过程是字母的形式不变而位置变化了。

（三）按密钥方式划分

按密钥方式划分，可将密码划分为对称式密码和分对称式密码。

（1）对称式密码：是指收发双方使用相同密钥的密码。传统的密码都属此类。

（2）非对称式密码：是指收发双方使用不同密钥的密码。如现代密码中的公共密钥密码就属此类。

（四）按保密程度划分

按保密程度划分，可将密码划分为理论上保密的密码、实际上保密的密码和不保密的密码。

（1）理论上保密的密码：是指不管获取多少密文和有多大的计算能力，对明文始终不能得到唯一解的密码，也叫理论不可破的密码，如客观随机一次一密的密码就属于这种。

（2）实际上保密的密码：是指在理论上可破，但在现有客观条件下，无法通过计算来确定唯一解的密码。

（3）不保密的密码：是指在获取一定数量的密文后可以得到唯一解的密码。如早期的单表代替密码，后来的多表代替密码及明文加少量密钥等密码，现在都是不保密的密码。

（五）按明文形态划分

按明文形态划分，可将密码划分为模拟型密码和数字型密码。

（1）模拟型密码：用以加密模拟信息。如对动态范围内连续变化的语音信号加密的密码，就为模拟型密码。

（2）数字型密码：用于加密数字信息。如对两个离散电平构成0、1二进制关系的电报信息加密的密码就为数字型密码。

三、传统密码技术

传统密码技术一般是指在计算机出现之前所采用的密码技术，主要由文字信息构成。在计算机出现前，密码学是由基于字符的密码算法所构成的。不同的密码算法主要是由字符之间互相代换或互相换位所形成的算法。

现代密码学技术由于有计算机参与运算所以变得复杂了许多，但原理没变。主要变化是算法对比特而不是对字母进行变换，实际上这只是字母表长度上的改变，从 26 个元素变为 2 个元素（二进制）。大多数好的密码算法仍然是替代和换位的元素组合。

传统加密方法加密的对象是文字信息。文字由字母表中的字母组成，在表中字母是按顺序排列的，可赋予它们相应的数字标号，可用数学方法进行变换。将字母表中的字母看作循环的，则由字母加减形成的代码就可用求模运算来表示（在标准的英文字母表中，其模数为 26），如 A+4＝E，X+6＝D（mod 26）等。

（一）替换密码技术

在替换密码技术中，用一组密文字母来代替明文字母，以达到隐藏明文的目的。根据密码算法加密时使用替换表多少的不同，替代密码又可分为单表替代密码和多表替代密码。

1. 单表替代密码

单表替代密码对明文中的所有字母都使用一个固定的映射（明文字母表到密文字母表），加密的变换过程就是将明文中的每一个字母替换为密文字母表的一个字母，而解密过程与之相反。单表替代密码又可分为一般单表替代密码、移位密码、仿射密码和密钥短语密码。

最典型的替换密码技术是公元前 50 年左右罗马皇帝尤利乌斯·恺撒发明的一种用于战时秘密通信的方法"恺撒密码"。这种密码技术将字母按字母表的顺序排列，并将最后一个字母和第一个字母相连起来构成一个字母表序列，明文中的每个字母用该序列中在其后面的第 3 个字母来代替，构成密文。也就是说，密文字母相对明文字母循环右移了 3 位，所以这种密码也称为"循环移位密码"。

2. 多表替代密码

多表替代密码的特点是使用了两个以上的替代表。著名的弗吉尼亚密码和希尔密码均是多表替代密码。弗吉尼亚密码是最古老且最著名的多表替代密码体制之一，与移位密码体制相似，但其密码的密钥是动态周期变化的。希尔密码算法的基本思想是加密时将 n 个明文字母通过线性变换，转换为 n 个密文字母，解密时只须做次逆变换即可。

维吉尼亚密码是在单一恺撒密码的基础上研究多表密码的典型代表，该密码是由 16 世纪法国亨利三世王朝的布莱瑟·维吉尼亚发明的，其特点是将 26 个恺撒密表合成一个。维吉尼亚密码引入了密钥的概念，即根据密钥来决定用哪一行的密表来进行替换，以此来对抗字频统计。为了加密一个消息，需要使用一个与消息一样长的密钥。密钥通常是一个重复的关键词。

维吉尼亚密码的强度在于对每个明文字母有多个密文字母对应，而且与密钥关键词相关，因此字母的统计特征被模糊了。但由于密钥是重复的关键词，并非所有明文结构的相关知识都丢失，而是仍然保留了很多的统计特征。即使是采用与明文同长度的密钥，一些频率特征仍然可以被密码分析所利用。解决的办法是使用字母没有统计特征的密钥，而且密钥量足够多，每次加密使用一个密钥。二战时一位军官 Joesph Mauborgne 提出随机密钥的方案，但要求通信双方同时掌握随机密钥，缺乏实用性，历史上以维吉尼亚密表为基础又演变出很多种加密方法，其基本元素无非是密表与密钥，并一直沿用到二战以后的初级电子密码机上。

替代技术将明文字母用其他字母、数字或符号来代替。如果明文是比特序列，也可以看成是比特系列的替代，但古典加密技术本身并没有对比特进行加密操作，随着计算机的应用，古典密码技术被引入比特级的密码系统。

（二）置换密码技术

置换密码是指将明文的字母保持不变，但字母顺序被打乱后形成的密码：置换密码的特点是只对明文字母重新排序，改变字母的位置，而不隐藏它们，是一种打乱原文顺序的替代法。在简单的置换密码中，明文以固定的宽度水平地写在一张图表纸上，密文按垂直方向读出。解密就是将密文按相同的宽度垂直地写在图表纸上，然后水平地读出，即可得到明文。

（1）列置换密码。列置换密码的密钥是一个不含任何重复字母的单词或短语，然后将明文排序，以密钥中的英文字母大小顺序排出列号，最后以列的顺序写出密文。

（2）矩阵置换密码。矩阵置换密码是把明文中的字母按给定的顺序排列在一个矩阵中，然后用另一种顺序选出矩阵的字母来产生密文。

尽管古典密码技术受到当时历史条件的限制，没有涉及非常高深或者复杂的理论，但在其漫长的发展演化过程中，已经充分表现出了现代密码学的两大基本思想，即替代和置换，而且将数学的方法引入密码分析和研究中。这为后来密码学成为系统的学科及相关学科的发展奠定了坚实的基础。

（三）一次一密钥密码技术

一次一密钥密码就是指每次都使用一个新的密钥进行加密，然后该密钥就被丢弃，再要加密时须选择一个新密钥进行。一次一密钥密码是一种理想的加密方案。

一次一密钥密码的密钥就像每页都印有密钥的本子一样，称为一次一密密钥本。该密钥本就是一个包括多个随机密钥的密钥字母集，其中每一页记录一条密钥。加密时使用一次。一密密钥本的过程类似于日历的使用过程，每使用一个密钥加密一条信息后，就将该页撕掉作废，下次加密时再使用下一页的密钥。

发送者使用密钥本中每个密钥字母串去加密一条明文字母串，加密过程就是将明文字母串和密钥本中的密钥字母串进行模加法运算。接收者有一个同样的密钥本，并依次使用密钥本上的每个密钥去解密密文的每个字母串。接收者在解密信息后也要销毁密钥本中用过的一页密钥。

如果破译者不能得到加密信息的密钥本，那么该方案就是安全的。由于每个密钥序列都是等概率的（因为密钥是以随机方式产生的），因此破译者没有任何信息用来对密文进行密码分析。

一次一密钥的密钥字母必须是随机产生的。对这种方案的攻击实际上是依赖于产生密钥序列的方法。不要使用伪随机序列发生器产生密钥，因为它们通常具有非随机性。如果采用真随机序列发生器产生密钥，这种方案就是安全的。

第二节　数据加密体制

一、对称密钥密码体制

（一）对称密钥的概念

如果在一个密码体系中，加密密钥和解密密钥相同，就称之为对称加密算法，在这种算法中，加密和解密的具体算法是公开的，要求信息的发送者和接收者在安全通信之前商定一个密钥：因此，对称加密算法的安全性完全依赖于密钥的安全性，如果密钥丢失，就意味着任何人都能够对加密信息进行解密了。

对称加密算法根据其工作方式，可以分成两类。一类是一次只对明文中的一个位（有时是对一个字节）进行运算的算法，称为序列加密算法。另一类是每次对明文中的一组位进行加密的算法，称为分组加密算法，现代典型的分组加密算法的分组长度是 64 位。这个长度既方便使用，又足以防止分析破译。

在计算机网络中广泛使用的对称加密算法有 DES、TDEA、AES、IDEA 等。

（二）DES 算法及其安全性分析

数据加密标准（Data Encryption Standard，DES）算法是具有代表性的一种密码算法。DES 算法最初是由 IBM 公司所研制的，于 1977 年由美国国家标准局颁布作为非机密数据的数据加密标准，并在 1981 年由国际标准化组织将其作为国际标准颁布。

数据加密标准（DES）是迄今为止世界上最为广泛使用和流行的一种分组密码算法，它的分组长度为 64 比特，密钥长度为 56 比特，是早期的称作 Lucifer 密码的一种发展和修改。

（1）DES 算法的基本思想。DES 算法是一个分组密码算法，它将输入的明文分成 64 位的数据组块进行加密，密钥长度为 64 位，有效密钥长度为 56 位（其他 8 位用于奇偶校验）。其加密过程大致分成 3 个步骤，即初始置换、16 轮的迭代变换和逆置换。

首先，将 64 位的数据经过一个初始置换（这里记为 IP 变换）后，分成左右各 32 位两部分进入迭代过程。在每一轮的迭代过程中，先将输入数据右半部分的 32 位扩展为 48 位，然后与由 64 位密钥所生成的 48 位的某一子密钥进行异或运算，得到的 48 位的结果通过 S 盒压缩为 32 位，将这 32 位数据经过置换后，再与输入数据左半部分的 32 位数据异或，最后得到新一轮迭代的右半部分。同时，将该轮迭代输入数据的右半部分作为这一轮迭代输出数据的左半部分。这样，就完成了一轮的迭代。通过 16 轮这样的迭代后，产生了一个新的 64 位数据。需要注意的是，最后一次迭代后，所得结果的左半部分和右半部分不再交换，这样做的目的是使加密和解密可以使用同一个算法。最后，再将这 64 位的数据进行一个逆置换，就得到了 64 位的密文。

可见，DES 算法的核心是 16 轮的迭代变换过程。DES 的解密过程和加密过程完全类似，只是在 16 轮的迭代过程中所使用的子密钥刚好和加密过程中的反过来，即第一轮迭代时使用的子密钥采用加密时最后一轮（第 16 轮）的子密钥，第 2 轮迭代时使用的子密钥采用加密时第 15 轮的子密钥……最后一轮（第 16 轮）迭代时使用的子密钥采用加密时第 1 轮的子密钥。

（2）DES 算法的安全性分析。鉴于 DES 的重要性，美国参议院情报委员会于 1978 年曾经组织专家对 DES 的安全性进行深入的分析，最终的报告是保密的。IBM 宣布 DES 是独立研制的。

DES 算法的整个体系是公开的，其安全性完全取决于密钥的安全性。该算法中，由于经过了 16 轮的替换和换位的迭代运算，使密码的分析者无法通过密文获得该算法一般特性以外的更多信息。对于这种算法，破解的唯一可行途径是尝试所有可能的密钥。对于 56 位长度的密钥，可能的组合达到 $2^{56}=7.2\times10^{16}$ 种，想用穷举法来确定某一个密钥的机会是很小的。对 17 轮或 18 轮 DES 进行差分密码的强度已相当于穷尽分析；而对 19 轮以上 DES 进行差分密码分析则需要大于 2^{64} 个明文，但 DES 明文分组的长度只有 64 比特，因此实际上是不可行的。

为了更进一步提高 DES 算法的安全性，可以采用加长密钥的方法。例如，IDEA（International Data Encryption Algorithm）算法，它将密钥的长度加大到 128 位，每次对 64 位的数据组块进行加密，从而进一步提高了算法的安全性。

（三）对称加密算法在网络安全中的应用

对称加密算法在网络安全中具有比较广泛的应用。但是对称加密算法的安全性完全取决于密钥的保密性，在开放的计算机通信网络中如何保管好密钥是一个严峻的问题。因此，在网络安全的应用中，通常是将 DES 等对称加密算法和其他的算法（如公开密钥算法）结合起来使用，形成混合加密体系。在电子商务中，用于保证电子交易安全性的 SSL 协议的握手信息中也用到了 DES 算法来保证数据的机密性和完整性。另外，UNIX 系统也使用了 DES 算法，用于保护和处理用户口令的安全。

（四）基于改进 AES 算法的网络数据安全加密方法

网络的共享性及不间断开放性使网络安全不断受到威胁，网络安全的核心就是保护数据的安全，其中包含涉及的所有信息的保密性、稳固性、可追溯性以及可用性。对恶意攻击、逻辑炸弹、伪装合规身份发送或窃取信息等安全威胁具有抵抗能力。AES 算法属于基于二进制对信息形式进行加密转换的算法。

（1）AES 算法概述：最早的对称加密技术 DES 是 56 位的密钥长度，它统治了对称加密技术约 20 年，随着计算机技术的飞速发展，1997 年美国提出了高级加密标准 AES 取代 DES。AES 是对称加密技术中的分组密码技术，它与 DES 一样，加密算法的逆操作即为解密算法。

要理解 AES 的加密流程，涉及 AES 加密的 5 个关键词，分别是：分组密码体制、Padding、密钥、初始向量 IV 和 4 种加密模式。

分组密码体制：所谓分组密码体制就是指将明文切成一段一段地来加密，然后再把一段一段的密文拼起来形成最终密文的加密方式。

Padding：Padding 就是用来把不满 16 个字节的分组数据填满 16 个字节用的，它有 3 种模式：PKCS5、PKCS7 和 NOPADDING。PKCS5 是指分组数据缺少几个字节，就在数据的末尾填充几个字节的几，比如缺少 5 个字节，就在末尾填充 5 个字节的 5。PKCS7 是指分组数据缺少几个字节，就在数据的末尾填充几个字节的 0，比如缺少 7 个字节，就在末尾填充 7 个字节的 0。NoPadding 是指不需要填充，也就是说数据的发送方肯定会保证最后一段数据也正好是 16 个字节。解密端需要使用和加密端同样的 Padding 模式，才能准确地识别有效数据和填充数据。开发通常采用 PKCS7 Padding 模式。

密钥：AES 要求密钥通常采用 128 位 16 个字节的密钥，使用 AES 加密时需要主动提供密钥，而且只需要提供一个密钥就够了，每段数据加密使用的都是这一个密钥，密钥来源为随机生成。

初始向量 IV：初始向量 IV 的作用是使加密更加安全可靠，使用 AES 加密时需要主动提供初始向量，而且只需要提供一个初始向量就够了，后面每段数据的加密向量都是前面一段的密文。初始向量 IV 的长度规定为 128 位 16 个字节，初始向量的来源为随机生成。

4 种加密模式：AES 一共有 4 种加密模式，分别是 ECB（电子密码本模式）、CBC（密码分组链接模式）、CFB、OFB，我们一般使用的是 CBC 模式。4 种模式中除了 ECB 相对不安全之外，其他 3 种模式的区别并没有那么大。

（2）AES 的加密流程：使用 AES 加密，会采用 128 位 16 个字节的密钥和 CBC 加密模式。

首先 AES 加密会把明文按 128 位 16 个字节，切成一段一段的数据，如果数据的最后一段不够 16 个字节，会用 Padding 来填充。然后把明文块 0 与初始向量Ⅳ做异或操作，再用密钥加密，得到密文块 0，同时密文块 0 也会被用作明文块 1 的加密向量。明文块 1 与密文块 0 进行异或操作，再用密钥加密，得到密文块 1。最后把密文块拼接起来就能得到最终的密文。

（3）AES 算法原理：AES 的加密原理，分了 4 个重要的操作，分别是密钥扩展、初始轮、重复轮和最终轮。

①密钥扩展：密钥扩展是指根据初始密钥生成后面 10 轮密钥的操作。

进行密钥扩展是因为 AES 加密内部其实不只执行一轮加密,而是一共会执行 11 轮加密,所以 AES 会通过一个简单快速的混合操作,根据初始密钥依次生成后面 10 轮的密钥,每一轮的密钥都是依据上一轮生成的,所以每一轮的密钥都是不同的。

密钥扩展的方法:首先要知道除了初始密钥以外,后面每一轮的密钥都是由上一轮的密钥扩展而来的,密钥扩展有 4 个步骤:排列、置换、与轮常量异或、生成下一轮密钥的其他列。排列是指对数据重新进行安排,置换是指把数据映射为其他的数据。

例如扩展出第二轮的密钥:

第一步排列:拿出初始密钥的最后一列(密钥为 16 个字节,请自行将字节和格子对应起来看),然后把这一列的第一个字节放到最后一个字节的位置上去,其他字节依次向上移动一位,我们称经过排列后这一列为排列列。

第二步置换:然后把排列列经过一个置换盒(即 S 盒),排列列就会被映射为一个崭新的列,我们称这个崭新的列为置换列。

第三步与轮常量异或:然后我们会把置换列和一个叫轮常量的东西相异或,这样初始密钥的最后一列经过 3 个步骤,就成为一个崭新的列,这一列将用来作为第二轮密钥的最后一列。

第四步生成二轮密钥的其他列:很简单,刚才已经得到了二轮密钥的最后一列,然后用二轮密钥的最后一列和初始密钥的第一列异或就得到二轮密钥的第一列,用二轮密钥的第一列和初始密钥的第二列异或就得到二轮密钥的第二列,用二轮密钥的第二列和初始密钥第三列异或就得到二轮密钥的第三列,这样二轮密钥的四列就集齐了,就可以得到一个完整的 128 位 16 字节的二轮密钥。

这样一轮密钥就算扩展完了,依照这样的方法,就可以由二轮密钥扩展出 3 轮密钥,由 3 轮密钥扩展出 4 轮密钥,以此类推,直至扩展出后面需要的 10 轮密钥。

②初始轮:初始轮就是将 128 位的明文数据与 128 位的初始密钥进行异或操作。

初始轮就是将 128 位的明文数据与 128 位的初始密钥进行异或操作。

③重复轮:所谓重复轮,就是指把字节混淆、行移位、列混乱、加轮密钥这 4 个操作重复执行好几轮。

重复轮重复的轮数取决于密钥的长度,128 位 16 字节的密钥重复轮推荐重复执行 9 次。

每一轮具体重复操作:

重复轮每轮重复的操作包括字节混淆、行移位、列混乱、加轮密钥。

字节混淆。我们把初始轮得到的状态矩阵经过一个置换盒,会输出一个新的矩阵,我们这里叫它为字节混淆矩阵。

行移位。利用算法的扩展性进行 4×4 矩阵的内部字节的置换，正向行移位用于加密，通常向左移动 8bit，反之，逆向行移位用于解密，通常向右移动 8bit。

列混乱。利用矩阵的乘法进行列混淆。

加轮密钥。在每一轮结束的时候，需要把列混乱矩阵和下一轮的密钥做一下异或操作，得到一个新的矩阵，称之为加轮密钥矩阵。

128 位密钥重复轮重复执行 9 次：其实这个加轮密钥矩阵就是下一轮的状态矩阵，拿着这个新的状态矩阵返回去，重复执行字节混淆、行移位、列混乱、加轮密钥这 4 个操作 9 次，就会进入加密的最终轮了。

④最终轮：最终轮其实和重复轮的操作差不多，只是在最终轮丢弃了列混乱这个操作，因为不会再有下一轮了，所以没必要再进行列混乱，再进行的话也加强不了安全性，只会白白地浪费时间、拖延加密效率，

最终轮结束后，就算完成了一次 AES 加密，可得到一块明文数据的密文了。

总结一下，每执行一次 AES 加密，其实内部一共进行了 11 轮加密，包括 1 个初始轮、9 个拥有 4 个操作的重复轮、1 个拥有 3 个操作的最终轮，才算得到密文。

解密意味着加密的逆过程，只需要把加密的每个步骤倒着顺序执行就能完成解密了。

（4）改进 AES 的网络数据安全加密方法流程设计。改进 AES 算法，一直在密码加密技术的应用中占有重要位置。应用它简化非对称特性数据操作数的比特长度，从而达到优化网络数据安全加密方法目的。

（5）改进算法的网络数据安全加密方法的程序实现。

（6）性能比较测试。以某高级干部档案为数据加密性能检测样本，其中有干部编号、姓名、年龄、薪酬、任免建议等基本信息。其中要求对"任免建议"和"薪酬"两项信息进行加密保护。采用应用传统网络信息加密方法和改进 AES 算法的网络数据安全加密方法分别来实现数据的加密，比较其丢包率和加解密速度，比较两种算法的保护数据能力。

由结果可知，在不同加密任务量大小的情况下，对基于优化 AES 算法的网络安全数据加密算法相比。传统加密方式具有更小的丢包率和更快的加解密速度，证明本文的研究是有效的。

综上所述，利用 AES 加密原理，提出的运用改进 ASE 算法的网络数据安全加密方法，在网络信息安全防护上又提供了新的加密方式。在复杂多变的任务形式中，本方法还需要在更广阔的视野上进行更多的实验与改进，是进一步的研究方向。网络信息传输的有效安防手段会为人们提供越来越便利的信息服务。

二、公开密钥密码体制

公开密钥加密算法是密码学发展道路上一次革命性的进步。从密码学最初到现代，几乎所有的密码编码系统都是建立在基本的替换和换位工具的基础之上的。公开密钥密码体制则与以前的所有方法都完全不同，一方面公开密钥密码算法基于数学函数而不是替换和换位，更重要的是公开密钥密码算法是非对称的，会用到两个不同的密钥，这对于保密通信、密钥分配和鉴别等领域有着深远的影响。

公钥密码体制的产生主要有两个原因：一是由于常规密码体制的密钥分配问题；二是由于对数字签名的需求。

在公钥密码体制中，加密密钥也称为公钥（Public Key，PK），是公开信息；解密密钥也称为私钥（Secret Key，SK），不公开，是保密信息，私钥也叫秘密密钥；加密算法 E 和解密算法 D 也是公开的。SK 是由 PK 决定的，不能根据 PK 计算出 SK0 私钥产生的密文只能用公钥来解密；并且，公钥产生的密文也只能用私钥来解密。

（一）公开密钥密码的概念

非对称密码体制也叫公开密钥密码体制、双密钥密码体制。其原理是加密密钥与解密密钥不同，形成一个密钥对，用其中一个密钥加密的结果，只能用配对的另一个密钥来解密。通常，在这种密码系统中，加密密钥是公开的，解密密钥是保密的，加密和解密算法都是公开的。每个用户有一个对外公开的加密密钥（称为公钥）和对外保密的解密密钥（称为私钥）。

使用公开密钥对文件进行加密传输的实际过程包括如下 4 个步骤：

（1）发送方生成一个加密数据的会话密钥，并用接收方的公开密钥对会话密钥进行加密，然后通过网络传输到接收方。

（2）发送方对需要传输的文件用会话密钥进行加密，然后通过网络把加密后的文件传输到接收方。

（3）接收方用自己的私钥对发送方加过密的会话密钥进行解密后，得到加密文件的会话密钥。

（4）接受方用会话密钥对发送方加过密的文件进行解密得到文件的明文形式。

因为只有接收方才拥有自己的私钥，所以即使其他人得到了经过加密的会话密钥，也因为没有接收方的私钥而无法进行解密，也就保证了传输文件的安全性。实际上。上述文件传输过程中实现了两个加密、解密过程——文件本身的加密和解密与私钥的加密和解密，这分别通过对称密钥密码体制的会话密钥和公开密钥密码体制的私钥和公钥来实现。

（二）RSA 算法及其安全性分析

PSA 密码体制到目前为止最为成功的非对称密码算法，它的安全性是建立在"大数分解和素性检测"这个数论难题的基础上的，即将两个大素数相乘在计算上容易实现，而将该乘积分解为两个大素数因子的计算量相当大。虽然它的安全性还未能得到理论证明。但经过 20 多年的密码分析和攻击，迄今仍然被实践证明是安全的。

PSA 使用两个密钥：一个是公共密钥；一个是私有密钥。若用其中一个加密，则可用另一个解密，密钥长度从 40 到 2048bit 可变，加密时也把明文分成块，块的大小可变，但不能超过密钥的长度。KSA 算法把每一块明文转化为与密钥长度相同的密文块。密钥越长，加密效果越好，但加密/解密的开销也大，所以要在安全与性能之间折中考虑，一般 64 位是较合适的。RSA 的一个比较知名的应用是 SSL，在美国和加拿大 SSL 用 128 位 RSA 算法，由于出口限制，在其他地区通用的则是 40 位版本。

RSA 算法研制的最初理念与目标是努力使 Internet 安全可靠，旨在解决 DES。算法密钥利用公开信道传输分发的难题。而实际结果不但很好地解决了这个难题，还可利用 RSA 来完成对电文的数字签名以对抗电文的否认与抵赖，同时还可以利用数字签名较容易地发现攻击者对电文的非法篡改，以保护数据信息的完整性。

RSA 算法包括密钥生成、加密过程、解密过程。

RSA 算法被提出来后已经得到了很多的应用，例如，用于保护电子邮件安全的 Privacy Enhanced Mail（PEM）和 Pretty Good Privacy（PGP）。还有基于该算法建立的签名体制。

第三节　数字签名与认证

一、数字签名概述

数字签名（又称公钥数字签名、电子签章）是一种类似写在纸上的普通的物理签名，但是使用了公钥加密领域的技术实现，用于鉴别数字信息的方法。一套数字签名通常定义两种互补的运算：一个用于签名；另一个用于验证。数字签名，就是只有信息的发送者才能产生的别人无法伪造的一段数字串，这段数字串同时也是对信息的发送者发送信息真实性的一个有效证明。数字签名是非对称密钥加密技术与数字摘要技术的应用。

数字签名在信息安全中有着很重要应用，尤其是在大型网络安全通信中的密钥分配、认证及电子商务系统中具有重要作用。数字签名是实现认证的重要工具。

（一）数字签名的概念

数字签名就是通过一个单向 Hash 函数对要传送的报文进行处理，用以认证报文来源并核实报文是否发生变化的一个字母数字串，该字母数字串被称为该消息的消息鉴别码或消息摘要，这就是通过单向 Hash 函数实现的数字签名。

数字签名（或称电子加密）是公开密钥加密技术的一种应用。其使用方式如下：报文的发送方从报文文本中生成一个 128 位的散列值。发送方用自己的专用密钥对这个散列值进行加密来形成发送方的数字签名。然后，这个数字签名将作为报文的附件和报文一起发送给报文的接收方。报文的接收方首先从接收到的原始报文中计算出 128 位的散列值（或报文摘要），接着再用发送方的公开密钥来对报文附加的数字签名进行解密。如果两个散列值相同，则接收方就能确认该数字签名是发送方的。

数字签名机制提供了一种鉴别方法，通常用于银行、电子贸易方面等，以解决如下问题：

①伪造：接收者伪造一份文件，声称是对方发送的。

②抵赖：发送者或接收者事后不承认自己发送或接收过文件。

③冒充：网上的某个用户冒充另一个用户发送或接收文件。

④篡改：接收者对收到的文件进行局部的篡改。

（二）数字签名的分类

数字签名一般可以分为直接数字签名和可仲裁数字签名两大类。

1. 直接数字签名

直接数字签名是只涉及通信双方的数字签名。为了提供鉴别功能，直接数字签名一般使用公钥密码体制。主要有以下几种使用形式：

①发送者使用自己的私钥对消息直接进行签名、接收方用发送方的公钥对签名进行鉴别。

②发送方先生成消息摘要，然后对消息摘要进行数字签名。这种方法同样基于数字签名可提供认证功能。

直接方式的数字签名有一弱点，即方案的有效性取决于发方私钥的安全性。如果发方想对自己已发出的消息予以否认，就可声称自己的私钥已丢失或被盗，认为自己的签名是他人伪造的。对这一弱点可采取某些行政手段，在某种程度上可减弱这种威胁。例如，要求每一被签的消息都包含一个时间戳（日期和时间），并要求密钥丢失后立即向管理机构报告。这种方式的数字签名还存在发方的私钥真的被偷的危险，例如，敌方在时刻 T 偷得发方的私钥，然后可伪造一消息，用偷得的私钥为其签名并加上 T 以前的时刻作为时间戳。

2. 可仲裁数字签名

可仲裁数字签名在通信双方的基础上引入了仲裁者的参与。仲裁方式的数字签名和直接方式的数字签名一样，也具有很多实现方案，主要有以下几种使用形式：

①单密钥加密方式，仲裁者可以获知消息。

②单密钥加密方式，仲裁者不能获知消息。

③双密钥加密方式，仲裁者不能获知消息。

在实际应用中，由于直接数字签名方案存在安全性缺陷，所以更多采用的是一种基于仲裁的数字签名技术，即通过引入仲裁来解决直接签名方案中的问题。但总的来说，二者的工作方式是基本相同的。在这种方式中，仲裁者起着重要的作用并应取得所有用户的信任。也就是说仲裁者 A 必须是一个可信的系统。

与前 2 种方案相比，第 3 种方案有以下优点：①在协议执行以前，各方都不必有共享的信息，从而可以防止共谋；②只要仲裁者的私钥不被泄露，任何人包括发方就不能发送重放的信息；③对任何第三方（包括 A）而言，X 发往 Y 的消息都是保密的。

（三）数字签名的要求

当消息基于网络传递时，接收方希望证实消息在传递过程中没有被篡改，或希望确认发送者的身份，从而提出数字签名的需要。为了满足数字签名的这种应用要求，数字签名必须保证：

（1）接收者能够核实发送者对报文的签名（包括验证签名者的身份及其签名的时间）。

（2）发送者事后不能抵赖对报文的签名。

（3）接收者不能伪造对报文的签名。

（4）必须能够认证签名时刻的内容。

（5）签名必须能够被第三方验证，以解决争议。

因此，数字签名具有验证的功能。数字签名的设计要求有以下几点：

①签名必须是依赖于被签名信息的一个位串模板，即签名必须以被签名的消息为输

入，与其绑定。

②签名必须使用某些对发送者是唯一的信息。对发送者唯一就可以防止发送方以外的人伪造签名，也防止发送方事后否认。

③必须相对容易地生成该数字签名，即签名容易生成。

④必须相对容易地识别和验证该数字签名。

⑤伪造数字签名在计算复杂性意义上具有不可行性，包括对一个已有的数字签名构造新的消息，对一个给定消息伪造一个数字签名。

⑥在存储器中保存一个数字签名副本是现实可行的。

（四）数字签名的特殊性

传统手写签名的验证是通过与存档的手迹进行对照来确定签名的真伪。这种对照判断具有一定程度上的主观性和模糊性，因而不是绝对可靠的，容易受到伪造和误判的影响。由于物理性质的差别，电子文档是一个编码序列，对它的签名也只能是一种编码序列。

数字签名是手写签名在功能上的一种电子模拟，其基于两条基本的假设：一是私钥是安全的，只有其拥有者才能知晓；二是产生数字签名的唯一途径是使用私钥。尽管数字签名的安全性并没有得到证明，但超出这种假设（如使用未知的密钥而非私钥，或使用未知的算法而非数字签名算法得到的结果可能被声称者的公钥解密）的攻击成功的例子也没有人获悉过。这就是密码学中的一个特殊现象："计算上不可行""认为是正确的"。

数字签名应该具有以下性质：

①（精确性）签名是对文档的一种映射，不同的文档内容所得到的映射结果是不一样的，即签名与文档具有一一对应关系。

②（唯一性）签名应基于签名者的唯一性特征（如私钥），从而确定签名的不可伪造性和不可否认性。

③（时效性）签名应该具有时间特征，防止签名的重复使用。

由此可见，数字签名比手写签名有更强的不可否认性和可认证性。在实际应用中，数字签名协议过程为：发送方 Alice 将要传送的明文通过 Hash 函数计算转换成报文摘要（或称数字指纹），报文摘要用私钥加密后与明文一起传送给接收方 Bob；Bob 用 Alice 的公钥来解密报文摘要，再将收到的明文产生新的报文摘要与 Alice 的报文摘要比较；若比较结果一致则表示明文确实来自期望的 Alice，并且未被改动；如果不一致表示明文已被篡改或不是来自期望的 Alice。

二、CA 认证与数字证书

(一) CA 认证

CA 是认证机构的国际通称，是公钥基础设施 PKI（Public Key infrastructure）的核心部分，它是对数字证书的申请者发放、管理、取消数字证书的机构，是 PKI 应用中权威的、可信任的、公开的第三方机构。CA 认证机构在《电子签名法》中被称为"电子认证服务提供者"。

一个典型 CA 系统包括安全服务器、注册机构、CA 服务器、LDAP 目录服务器和数据库服务器等。

CA 认证系统采用国际领先的 PKI 技术，总体分为三层 CA 结构：第一层为根 CA；第二层为政策 CA，可向不同行业、领域扩展信用范围；第三层为运营 CA，根据证书动作规范（CPS）发放证书。

CA 认证系统是 PKI 的信任基础，因为它管理公钥的整个生命周期。

CA 的作用如下：

①发放证书，用数字签名绑定用户或系统的识别号和公钥。

②规定证书的有效期。

③通过发布证书废除列表（CRL），确保必要时可以废除证书。

(二) 数字证书

数字证书是由权威机构——CA 机构，又称为证书授权（Certificate Authority）中心发行的，人们可以在网上用它来识别对方的身份。

数字证书就是互联网通信中标志通信各方身份信息的一串数字，提供了一种在 Internet 上验证通信实体身份的方式，数字证书不是数字身份证，而是身份认证机构盖在数字身份证上的一个章或印（或者说加在数字身份证上的一个签名）。

证书在公钥体制中是密钥管理的介质，不同的实体可通过证书来互相传递公钥，证书由具有权威性、可信任性和公正性的第三方机构签发，是具有权威的电子文档。

证书的内容主要用于身份认证、签名的验证和有效期的检查。CA 签发证书时，要对上述内容进行签名，以示对所签发证书内容的完整性、准确性负责，并证明该证书的合法性和有效性，最后将网上身份与证书绑定。

数字证书有如下作用：①访问需要客户验证的安全 Internet 站点。②用对方的数字证书向对方发送加密的信息。③给对方发送带自己签名的信息。

证书在公钥体制中是密钥管理的媒介，不同的实体可通过证书来互相传递公钥。CA颁发的证书与对应的私钥存放在一个保密文件里，最好的办法是存放在 IC 卡或 USB Key中，可以保证私钥不出卡，证书不被复制，安全性高、携带方便、便于管理。

数字证书通常有个人证书、企业证书和服务器证书等类型。个人证书有个人安全电子邮件证书和个人身份证书，前者用于安全电子邮件或向需要客户验证的 Web 服务器表明身份；后者包含个人身份信息和个人公钥，用于网上银行、网上证券交易等各类网上作业。企业证书中包含企业信息和企业公钥，可标识证书持有企业的身份，证书和对应的私钥存储于磁盘或 IC 卡中，可用于网上证券交易等各类网上作业。服务器证书有 Web 服务器证书和服务器身份证书，前者用于 IIS 等多种 Web 服务器；后者包含服务器信息和公钥，可标识证书持有服务器的身份，证书和对应的私钥存储于磁盘或 IC 卡中，用于表征该服务器身份。

以数字证书为核心的加密技术可以对网络上传输的信息进行加密解密、数字签名和验证，确保网上传递信息的保密性、完整性，以及交易实体身份的真实性，签名信息的不可否认性，从而保障网络应用的安全性。

三、数字证书的应用

（一）数字证书 PKI 的原理

（1）数字证书是一连串被处理过的信息的集合。下面是一个已经存在于计算机中的证书样板。

（2）基于数字证书的 PKI 公钥密码体制，一个公司想要在网络上标志自己的身份，可以向一个权威的 CA 中心购买证书。假如某公司 A 向某知名 CA 中心 B 购买证书，CA 中心首先会去确认该公司的身份，确认完之后，会给该公司颁发一个数字证书（内容和上面的基本一致），此外，还会给公司一个证书公钥对应的私钥。

（3）数字证书如何支持公钥密码体制的运行。每个数字证书中都包含了证书所有人的信息、公钥等内容。

（二）数字证书在安全 PORM 表单中的实际应用

在身份认证中，为了保证数据的安全，需要在浏览器与 WWW 服务器之间采取双向认证的方式，建立一个互信机制。目前，双向认证中多采用数字证书与数字签名的方式来实现，这是一种强认证方式，能可靠地实现通信双方的身份认证，能满足大多安全应用场合的需求。它的认证过程分五步来实现：

第一步，客户方，即浏览器，向服务器发出安全连接请求信息。

第二步，WWW 服务器在收到安全连接请求信息后，把自己的数字证书、签名信息发送给客户方。

第三步，客户方在收到这些信息后，首先对服务器的数字证书进行验证，验证通过后再利用其证书公钥对签名信息进行验证，这两个验证通过后，则表明服务器可信。

第四步，客户方向服务器提交自己的数字证书和签名信息。

第五步，服务器对客户提交的数字证书和签名信息按照第三步的方式进行验证。

在通过上述五步后，浏览器与 WWW 服务器之间就建立了互信机制，保证了两个通信对象的身份可靠性。

（三）数字证书在时间戳服务系统中的实际应用

1. 时间戳服务系统服务端设计

服务端的时间戳服务器设计是整个系统的设计核心，也是整个系统功能的体现。时间戳服务器在功能上包括以下五大模块：通信服务模块、时间戳服务模块、数据验证模块、日志记录模块、加密模块。通信服务模块与时间戳服务模块共同完成时间戳服务器的整体功能，通信服务模块完成数据的接收与发送，时间戳服务模块则完成数据的处理。其中，时间戳服务模块又包括数据验证模块、加密模块、日志记录模块 3 个子模块，它协调这 3 个数据处理模块来完成数据处理，并对数据的格式进行验证。在数据验证模块中又要用到加密模块数据验证模块用来验证请求数据的完整性与可信性；日志记录模块用来对用户的请求行为进行记录；加密模块用来进行数据签名、验证签名、产生时间戳、验证时间戳等。模块结构中通信服务模块和加密模块最为重要，通信服务模块提供对外的数据接口，加密模块则完成数据的核心功能处理。

时间戳服务器在整个体系结构中作为一个核心服务器而存在，时间戳服务器中数据的流向共有 3 个通道，一个正常的通道，两个错误的通道。错误有两种方式：一是数据的格式不正确，包括缺少标记、标记中无数据、证书格式不正确；二是数据不可信，包括哈希算法不正确、签名不正确、证书过期、证书发放机构不可信。

请求数据在正常的情况下通过正常的通道。通信服务模块在收到请求数据后，把请求数据提交给时间戳服务模块进行数据格式验证。验证通过后，时间戳服务模块调用数据验证模块对请求数据的完整性验证、用户的证书可信性进行验证。在这些验证都通过后，数据流向加密模块，加密模块对正确的请求数据产生相应的时间戳标志，然后把带有时间戳标志的结果数据提交给日志记录模块，对用户的访问行为进行记录，最后把结果数据返回给通信服务模块，由通信服务模块再把结果数据返回给请求客户。

2. 时间戳服务系统中间层设计

中间层的主要作用是连接客户端和服务端，同时对服务端又起到与外界隔离的作用，用户对服务器的访问必须经过中间层的转接才能实现。根据前面提出的需求，中间层与WEB 服务器结合起来。

因此，这里的中间层做成 COM 组件的形式，以供服务端脚本语言 ASP 调用。中间层模块在接收到客户端请求数据后，先对请求数据的格式进行检查，若格式不正确就向客户返回一个错误 ERROR，否则取得客户端 IP 添加到请求数据中，并向时间戳服务器发出TCP/IP 请求，然后等待回应。在收到时间戳服务器的回应数据后，对数据进行分析。若返回结果为 BUSY，则表示服务器忙，应稍后再向服务器发出请求，否则把数据以 HTTP返回给客户。时间戳最后返回给客户的结果数据包括成功或不成功的 XML 格式的结果数据。如果在规定的时间内请求时间戳服务的任务不能完成，向客户端返回一个错误信息ERROR。

3. 时间戳服务系统客户端设计

客户端的所有功能由客户端模块来实现，它主要为用户提供一个便于使用的界面，为用户完成时间戳服务的请求，以及对时间戳结果数据的处理。须加盖时间戳的数据首先进行哈希运算，得到此数据的文件摘要值或哈希值，时间戳服务器将对此代表原始数据的哈希值加盖时间戳。根据前面提出的需求，要保证数据的传输安全，因此，对哈希值进行签名，最后形成正确的时间戳服务请求格式，并把请求数据以 HTTP 提交给时间戳服务系统的中间层，然后等待回应数据。当结果数据返回时，需要对结果数据进行正确性分析和完整性验证以及时间戳服务器的证书可信性与有效性的验证，最后对得到的数据按照不同的应用做相应的处理。

根据前面的需求，要求客户端与浏览器结合起来，方便用户应用的实现。客户端在实现签名时，要与本地的证书管理模块结合起来，能够让用户对签名所用的证书进行选择，在对时间戳服务器的证书可信性进行验证时，采用证书管理模块的受信证书区的证书进行验证。这里的客户端做成一个 COM 组件形式，供客户端脚本的调用，而且客户端模块也尽量小，以满足轻型客户端的要求。另外，客户端还可以根据用户的特定应用订制特定的客户端模块，方便用户对时间戳服务器的使用。

第四节　数据加密技术的应用

一、报文鉴别

在计算机网络安全领域中，为了防止信息在传送的过程中被非法窃听，保证信息的机密性，采用数据加密技术对信息进行加密，这是在前面学习的内容。为了防止信息被篡改或伪造，保证信息的完整性，可以使用报文鉴别技术。

所谓报文鉴别，就是验证对象身份的过程，如验证用户身份、网址或数据串的完整性等，保证其他人不能冒名顶替。因此，报文鉴别就是信息在网络通信的过程中，通信的接收方能够验证所收到的报文的真伪的过程，包括验证发送方的身份、发送时间、报文内容等。

之所以不直接采用前面所讲过的数据加密技术对所要发送的报文进行加密来达到防止其他人篡改和伪造的目的，主要是考虑计算效率的问题，因为在特定的计算机网络应用中，很多报文是不需要进行加密的，而仅仅要求报文应该是完整的、不被伪造的。例如，有关上网注意事项的报文就不需要加密，而只需要保证其完整性和不被篡改即可。如果对这样的报文也进行加密和解密，将大大增加计算的开销，是不必要的。对此，可以采用相对简单的报文鉴别算法来达到目的。目前，经常采用报文摘要（Message Digest，也称消息摘要）算法来实现报文鉴别。

报文鉴别技术在实际中应用广泛。在 Windows 操作系统中，就使用了报文鉴别技术来产生每个账户密码的 Hash 值。同样，在银行、证券等很多安全性较好的系统中，用户设置的密码信息也是转换为 Hash 值之后再保存到系统中的。这样的设计保证了用户只有输入原先设置的正确密码，才能通过 Hash 值的比较验证，从而正常登录系统，同时，这样的设计也保证了密码信息的安全性，如果黑客得到了系统后台的数据库文件，从中最多也只能看到用户密码信息的 Hash 值，而无法还原出原来的密码。

另外，在实际应用中，由于直接对大文档进行数字签名很费时，所以通常采用先对大文档生成报文摘要，再对报文摘要进行数字签名的方法。尔后，发送者将原始文档和签名后的文档一起发送给接收者。接收者用发送者的公钥破解出报文摘要，再将其与自己通过收到的原始文档计算出来的报文摘要相比较，从而验证文档的完整性。如果发送的信息需要保密，可以使用对称加密算法对要发送的"报文摘要+原始文档"进行加密。具体的过程可以参考 PCP 系统的基本工作原理。

二、PGP 加密系统

目前电子邮件和在网络上输入文件已经成为人们工作、生活中不可缺少的一部分，在我们尽情享受其带来的大便利的同时，安全问题也变得日益突出。如果不注意保护自己的信息，随意地将未经加密的数据在 Internet 上传输，很容易被第三者截获，造成隐私泄露。这便涉及加密问题。此外，还衍生出相关信息的认证问题，如让收信人确认邮件没有被第三者篡改，就需要使用数字签名技术。在此情形下，PGP 应运而生。

PGP（Pretty Good Privacy）是一个广泛应用于电子邮件和文件加密的软件，一经推出，备受青睐，已成为电子邮件加密的事实标准。

PCP 把 RSA 公钥体系的密钥管理方便和传统加密体系的高速度结合起来，并且在数字签名和密钥认证管理机制上有着巧妙的设计。虽然 PGP 主要是基于公钥加密体系的，但它不是一种完全的公钥加密体系，而是一种混合加密算法。它是由一个对称加密算法（IDEA）、一个非对称加密算法（RSA）、一个单向散列算法（MD5）及一个随机数产生器组成的，每种算法都是 PGP 不可分割的组成部分。PCP 之所以得到大家的认可，最主要是它集中了几种加密算法的优点，使它们彼此得到互补。

PCP 的巧妙之处在于它汇集了各种加密方法的精华。PGP 实现了目前大部分流行的加密和认证算法，如 DES、IDEA、RSA 及 MD5、SHA 等算法。

PGP 软件兼有加密和签名两种功能。它不但可以对用户的邮件进行保密，以防止非授权者阅读，还能对邮件进行数字签名，使收信人确信邮件未被第三者篡改过。在 PGP 中，主要使用 IDEA 算法对数据进行加密（因为它速度快，安全性好）；使用 RSA 算法对 IDEA 的密钥进行加密（因为 RSA 公钥算法的密钥管理方便）。这样，两类体制的算法结合在一起实现加密功能，突出了各自的优点。PGP 还使用 MD5 作为散列函数，对数据的完整性进行保护，并与加密算法结合，提供数字签名功能。PCP 的加密功能和签名功能可以单独使用，也可以同时使用。

PGP 还可以只签名而不加密，这适用于用户公开发布信息的情况。用户为了证实自己的身份，在发送信件时往往用自己的私钥签名，这样就可以让收信人确认发信人的身份，也可以防止发信人进行抵赖，这一点在商业领域有很大的应用前途。

PGP 给邮件加密和签名的过程是这样的：首先甲用自己的私钥将由 MD5 算法得到的 128% 的"邮件摘要"加密（即签名），附加在邮件后；再用乙的公钥将整个邮件加密（注意这里的次序，如果先加密再签名，别人可以将签名去掉后签上自己的名，从而篡改了签名）。乙收到后，用自己的私钥将邮件解密，得到甲的原文和签名；然后利用 MD5 W 法从原文计算出一个 128bit 的特征值，再将其与用甲的公钥解密签名所得到的数据进行比较。

PGP 在安全性问题上的精心考虑体现在其各个环节，比如每次加密的实际密钥是个随机数，PGP 程序对随机数的产生是很审慎的，关键随机数的产生是从用户看键盘的时间间隔中取得随机数种子的；采用与邮件加密同样的强度对用户磁盘上的 randsced. bin 文件进行加密，可有效地防止他人从用户的 randseed. bin 文件中分析出实际加密密钥的规律来。

三、SSL 协议和 SET 协议

在电子商务发展中，最重要的问题是如何在开放的公开网络上保证交易的安全性，即如何构筑一个安全的交易模型的问题。一个安全的电子交易模型应该包括 5 个方面的内容：数据保密、对象认证（通信双方对各自通信对象的合法性、真实性进行确认，防止第三方假冒）数据完整性、防抵赖性（不可否认性）、访问控制（防止非授权用户非法使用系统资源）。目前，基于这个需求，有两种安全在线支付协议被广泛采用，即 SSL 协议和 SET 协议。

（一）SSL 协议

安全套接层（Secure Socket Layer，SSL）协议是网景（Netscape）公司提出的一种基于 Web 应用的网络安全通信协议。该协议通过在应用程序进行数据交换前交换 SSL 初始握手信息来实现有关安全特性的审查。在 SSL 协议中，使用了对称密钥算法（如 DES 算法）和公开密钥算法（主要是 RSA 算法）两种加密方式，并使用了 X. 509 数字证书技术，保护了信息传输的机密性和完整性。SSL 协议主要适用于点对点之间的信息传输，常用 Web Server 方式。实际上，通常所用的安全超文本传输协议就是应用了 SSL 协议进行信息交换的。

SSL 协议的整个要领可以总结为：一个保证任何安装了安全套接层的客户机和服务器间事务安全的协议，涉及所有 TCP/IP 应用程序。

SSL 安全协议主要提供 3 方面的服务。

（1）认证用户和服务器，使之能够确信数据将被发送到正确的客户机和服务器上。

（2）加密数据以隐藏被传送的数据。

（3）维护数据的完整性，确保数据在传输过程中不被改变。

SSL 协议是国际上最早应用于电子商务的一种安全协议。但 SSL 协议运行的基础是商

家对消费者信息保密的承诺，仅有商家对消费者的认证，而缺乏了消费者对商家的认证。这就有利于商家而不利于消费者。在电子商务初级阶段，由于运作电子商务的企业大多是信誉较好的大公司，因此此问题还没有充分暴露出来。但随着电子商务的发展，各中小型公司也参与进来。这样在电子支付过程中的单一认证问题就越来越突出。虽然在SSL3.0中通过数字签名和数字证书可实现浏览器和 Web 服务器双方的身份验证，但是 SSL 协议仍存在一些问题。例如，只能提供交易中客户机与服务器间的双方认证，在涉及多方的电子交易中，SSL 协议并不能协调各方的安全传输和信任关系。在这种情况下，Visa 和 MasterCard 两大信用卡组织制定了 SET 协议，为网上信用卡支付提供了全球性的标准。

SSL 协议实现简单，独立于应用层协议，大部分内置于浏览器和 Web 服务器中，在电子交易中应用便利。但 SSL 协议是一个面向连接的协议，只能提供交易中客户机与服务器间的双方认证，不能实现在多方的电子交易中。

（二）SET 协议

安全电子交易（Secure Electronic Transactions，SET）协议是美国 Visa 和 MasterCard 两大信用卡组织联合国际上多家科技机构于 1997 年 5 月推出的用于电子商务的行业规范，其实质是一种应用在 Internet 以信用卡为基础的电子支付系统规范，目的是保证网络交易的安全性。SET 协议主要是为了解决用户、商家和银行之间通过信用卡支付的交易而设计的，以保证支付信息的机密、支付过程的完整、商户及持卡人的合法身份及可操作性。

一个 SET 支付系统主要由持卡人、商家、发卡银行、收单银行、支付网关、认证中心（Certificate Authority，CA）6 个部分组成。

SET 协议采用公钥密码体制和 X.509 数字证书标准，妥善地解决了信用卡在电子商务交易中的交易协议、信息保密、资料完整及身份认证等问题，能保证信息传输的机密性、真实性、完整性和不可否认性。SET 已获得国际互联网工程任务组（The Internet Engineering Task Force，IETF）标准的认可，是目前公认的信用卡/借记卡网上交易的国际安全标准。

SET 在保留对客户信用卡认证的前提下，增加了对商家身份的认证，安全性进一步提高。由于两协议所处的网络层次不同，为电子商务提供的服务也不相同，所以在实践中应根据具体情况来选择独立使用或两者混合使用，而不能简单地用 SET 协议取代 SSL 协议。

四、PKI 技术的应用

PKI（Public Key Infrastructure）是指用公开密钥的概念和技术来实施和提供安全服务

的具有普适性的安全基础设施。这个定义说明，任何以公钥技术为基础的安全基础设施都是 PKI。当然，没有好的非对称算法和好的密钥管理就不可能提供完善的安全服务，也就不能叫作 PKI。也就是说，该定义中已经隐含了必须具有的密钥管理功能。

PKI 技术的研究对象包括：数字证书，颁发数字证书的证书认证中心，持有证书的证书持有者和使用证书服务的证书用户，以及为了更好地成为基础设施而必须具备的证书注册机构、证书存储和查询服务器，证书状态查询服务器，证书验证服务器等。PKI 作为基础设施，两个或多个 PKI 管理域的互连就非常重要。PKI 域间如何互连，如何更好地互连就是建设一个无缝的大范围的网络应用的关键。在 PKI 互连过程中，PKI 关键设备之间，PKI 末端用户之间，网络应用与 PKI 系统之间的互操作与接口技术就是 PKI 发展的重要保证，也是 PKI 技术的研究重点。

下面主要介绍另一种典型的基于 PKI 的安全技术——虚拟专用网。

虚拟专用网（Virtual Private Network，VPN）技术可以看作虚拟出来的企业内部专线。它可以通过特殊的加密通信协议在位于 Internet 不同位置的两个或多个企业内联网络之间建立专有的通信线路。VPN 最早是路由器的重要技术之一，而目前交换机、防火墙等软件也都开始支持 VPN 功能，其核心就是利用公共网络资源为用户建立虚拟的专用网络。

VPN 是一种架构在公共网络（如 Internet）上的专业数据通信网络，利用网络层安全协议（尤其是 IPSec）和建立在 PKI 上的加密和认证技术来保证传输数据的机密性、完整性、身份验证和不可否认性。作为大型企业网络的补充，VPN 技术通常用于实现远程安全接入和管理，目前被很多企业所广泛采用。

通常情况下，一个完整的 VPN 远程访问系统包括 3 个基本单元：VPN 服务器、客户端和数据通道。目前，除了 Windows Server 操作系统内置的 VPN 系统之外，大多数网络交换机、路由器和网络管理软件都已经集成了 VPN 功能，可以用于搭建 VPN 服务器，用户无须增加额外的投资，即可实现安全可靠的远程连接。

第四章　多媒体与大数据安全

第一节　多媒体技术的基础知识与常用文件格式

一、多媒体技术的基本知识

多媒体技术是指以计算机为手段来获取、处理、存储和表现多媒体的一种综合性技术。多媒体计算机可以在现有 PC 机的基础上加上一些硬件和相应的软件，使其具有综合处理声音、文字、图像、视频等多种媒体信息能力的多功能计算机，它是计算机和视觉、听觉等多种媒体系统的综合。

（一）多媒体技术的概念及特征

媒体在计算机领域有两种含义，既可理解为存储信息的实体，如磁盘、光盘等，也可理解为传递信息的载体，如文字、声音、图像、动画、视频等。多媒体信息中的媒体指的是后者，即通过各种外部设备将文字、图像、声音、动画、影视等多媒体信息采集到计算机中，以数字化的形式进行加工、编辑、合成和存储，最终形成具有交互特征的多媒体产品。在这一过程中，多媒体计算机与电视等其他多媒体设备之间的差异主要表现在前者更强调交互性，即人们在计算机上使用多媒体产品时，可以根据需要去控制和调节各种多媒体信息的表现方式，而不仅仅是被动地接受多媒体信息。

多媒体技术是指用计算机综合处理多媒体并使各种媒体建立逻辑链接的技术，是信息传播技术、信息处理技术和信息存储技术的组合。多媒体技术具有交互性、集成性、多样性和实时性等特征。

1. 交互性

人们日常通过看电视、读报纸等形式单向地、被动地接收信息，而不能够双向地、主动地编辑这些媒体的信息。在多媒体系统中，用户可以主动地编辑、处理各种信息，具有人机交互功能。交互性是多媒体技术的关键特征，没有交互性的系统就不是多媒体系统。交互性是指多媒体系统向用户提供交互式使用、加工和控制信息的手段，从而为应用开辟了更加广阔的领域，也为用户提供了更加自然的信息存取手段。交互可以增加对信息的注意力和理解力，延长信息的保留时间。

2. 多样性

多媒体信息是多样化的，也指媒体输入、传播、再现和展示手段的多样化。多媒体技术使人们的思维不再局限于顺序、单调和狭小的范围。这些信息媒体包括文字、声音、图像、动画等，它扩大了计算机所能处理的信息空间，使计算机不再局限于处理数值、文本等，使人们能得心应手地处理更多种信息。

3. 集成性

多媒体系统充分体现了集成性的巨大作用。事实上，多媒体中的许多技术在早期都可以单独使用，但作用十分有限，这是因为它们是单一的、零散的，如单一的图像处理技术、声音处理技术、交互技术、电视技术和通信技术等。但当它们在多媒体的旗帜下集合时，一方面意味着技术已经发展到了相当成熟的程度；另一方面意味着各种技术独自发展不再能满足应用的需要。信息空间的不完整，如仅有静态图像而无动态视频，仅有语音而无图像等，都将限制信息空间的信息组织，限制信息的有效使用。同样，信息交互手段的单调性、通信能力的不足、多种设备和应用的人为分离，也会制约应用的发展。因此，多媒体系统的产生与发展，既体现了应用的强烈需求，也顺应了全球网络的一体化、互通互连的要求。

多媒体的集成性主要表现在两个方面：一是多媒体信息媒体的集成；二是处理这些媒体的设备与设施的集成。首先，各种信息媒体应该能够同时地、统一地表示信息。尽管可能是多通道的输入或输出，但对用户来说，它们就都应该是一体的。这种集成包括信息的多通道统一获取、多媒体信息的统一存储与组织，以及多媒体信息表现合成等各方面。因为多媒体信息带来了信息冗余性，可以通过媒体的重复、使用别的媒体，或是并行地使用多种媒体的方法消除来自通信双方及环境噪声对通信产生的干扰。由于多种媒体中的每一种媒体都会对另一种媒体所传递信号的多种解释产生某种限制作用，所以多种媒体的同时使用可以减少信息理解上的多义性。总之，不应再像早期那样，只能使用单一的形态对媒体进行获取、加工和理解，而应注意保留媒体之间的关系及其所蕴含的大量信息。其次，多媒体系统是建立在一个大的信息环境之下的，系统的各种设备与设施应该成为一个整体。从硬件来说，应该具有能够处理各种媒体信息的高速及并行的处理系统、大容量的存储、适合多媒体多通道的输入输出能力、外设宽带的通信网络接口，以及适合多媒体信息传输的多媒体通信网络。对于软件来说，应该有集成一体化的多媒体操作系统、各个系统之间的媒体交换格式、适合于多媒体信息管理的数据库系统、适合使用的软件和创作工具及各类应用软件等。多媒体中的集成性应该说是系统级的一次飞跃。无论信息、数据，还是系统、网络、软硬件设施，通过多媒体的集成性构造出支持广泛信息应用的信息系统，1+1>2 的系统特性将在多媒体信息系统中得到充分的体现。

4. 实时性

实时性是指在多媒体系统中声音及活动的视频、图像是实时的。多媒体系统提供了对这些媒体实时处理和控制的能力。多媒体系统除了像一般计算机一样能够处理离散媒体，如文本、图像外，它的一个基本特征就是能够综合地处理带有时间关系的媒体，如音频、视频和动画，甚至是实况信息媒体。这就意味着多媒体系统在处理信息时有着严格的时序要求和较高的速度要求。当系统应用扩大到网络范围后，这个问题将会更加突出，会对系统结构、媒体同步、多媒体操作系统及应用服务提出相应的实时化要求。在许多方面，实时性确实已经成为多媒体系统的关键技术。

5. 多媒体技术

需要特别指出的是，很多人将多媒体看作计算机技术的一个分支，这是不太合适的。多媒体技术以数字化为基础，注定其与计算技术密切结合，甚至可以说要以计算机为基础。但还有许多内容原先并不属于计算技术的范畴，如电视技术、广播通信技术、印刷出版技术等。当然，可以有多媒体计算机技术，也可以有多媒体电视技术、多媒体通信技术等。一般说来，多媒体指的是一个很大的领域，指的是和信息有关的所有技术与方法进一步发展的领域。

（二）多媒体计算机系统

多媒体系统由多媒体硬件和软件构成。具有强大的多媒体信息处理能力，能交互式地处理文字、图形、图像、声音及视频、动画等多种媒体信息，并提供多媒体信息的输入、编辑存储及播放等功能。

1. 多媒体硬件

多媒体硬件是多媒体系统的基本物质实体。多媒体系统硬件的基本结构包括主机（个人计算机或工作站）、各种接口卡（音频、视频、显卡）、各种输入输出设备及光盘驱动器等。

2. 多媒体软件

多媒体系统的软件应具有综合使用各种媒体的能力，能灵活地调度多种媒体数据，能进行相应的传输和处理，使各种媒体硬件和谐地工作。

多媒体系统除具有上述的有关硬件外，还须配备相应的多媒体软件，如果说硬件是多媒体系统的基础，那么软件是多媒体计算机系统的灵魂。

多媒体软件是多媒体技术的核心，主要任务就是使用户方便地控制多媒体硬件，并能全面有效地组织和操作各种媒体数据。多媒体软件必须运行于多媒体硬件系统之中，才能发挥其多媒体功效。多媒体系统的软件按功能可分为系统软件和应用软件。

（1）多媒体系统软件

系统软件是多媒体系统的核心，它不仅具有综合使用各种媒体、灵活调度多媒体数据进行媒体的传输和处理能力，而且要控制各种媒体硬件设备和谐地工作，即将种类繁多的硬件有机地组织到一起，使用户能灵活控制多媒体硬件设备和组织操作多媒体数据。

多媒体系统软件除具有一般系统软件特点外，还要反映多媒体技术的特点，如数据压缩、媒体硬件接口的驱动与集成、新型的交互方式等。多媒体系统软件的功能应包括实现多媒体处理功能的实时操作系统、多媒体通信软件、多媒体数据库管理系统，以及多媒体应用开发工具与集成开发环境等。

主要的多媒体系统软件有多媒体设备驱动程序、多媒体操作系统、媒体素材制作软件（多媒体数据准备软件）、多媒体创作工具和开发环境。通常，这些多媒体系统软件是由计算机专业人员来设计与实现的。

①多媒体设备驱动程序。多媒体设备驱动程序（也称驱动模块）是最底层硬件的软件支撑环境，是多媒体计算机中直接和硬件打交道的软件，它完成设备的初始化及各种设备操作、设备的打开和关闭，以及基于硬件的压缩与解压缩、图像快速变换及基本硬件功能调用等。每一种多媒体硬件需要一个相应的设备驱动软件，这种软件一般随着硬件一起提供。例如，随声卡一起包装出售的软盘中就有相应的声卡驱动程序，将它安装后即常驻内存。通常驱动软件有视频子系统、音频子系统、视频/音频信号获取子系统等。驱动器接口程序是高层软件与驱动程序之间的接口软件，为高层软件建立虚拟设备。

②多媒体操作系统。多媒体的各种软件要运行于多媒体操作系统平台（如 Windows）上，故多媒体操作系统是多媒体系统软件的核心和基本软件平台，是在传统操作系统的功能基础上，增加处理声音、图像、视频等多媒体功能，并能控制与这些媒体有关的输入/输出设备。

多媒体操作系统的主要功能是实现多媒体环境下多任务的调度，保证音频、视频同步控制及信息处理的实时性；提供多媒体信息的各种基本操作和管理；具有对设备的相对独立性和可操作性。操作系统还应该具有独立于硬件设备和较强的可扩展能力。

③媒体素材制作软件。媒体素材制作软件（又称为多媒体数据准备软件及多媒体库函数）是为多媒体应用程序进行数据准备数据采集的软件。主要包括数字化声音的录制和编辑软件、MIDI信息的录制与编辑软件、全运动视频信息的采集软件、动画生成和编辑软件、图像扫描及预处理软件等。多媒体库函数作为开发环境的工具库，供设计者调用。设计者利用媒体素材制作软件提供的多媒体工作平台、接口和工具等进行各种媒体数据的采集与制作。常用的媒体素材制作软件有图像设计与编辑系统，二维、三维动画制作系统，声音采集与编辑系统，视频采集与编辑系统及多媒体公用程序与数字剪辑艺术系统等。

④多媒体创作工具及开发环境。多媒体创作工具及系统软件主要用于创作和编辑生成多媒体特定领域的应用软件，是多媒体专业设计人员在多媒体操作系统之上进行开发的软件工具，是针对各种媒体开发的创作、采集、编辑、二维、三维动画的制作工具。与一般编程工具不同的是，多媒体创作工具能够对声音、图形、图像、音频、视频和动画等多种媒体信息流进行控制、管理和编辑，按用户要求生成多媒体应用软件。除编辑功能外，还具有控制外设播放多媒体的功能。设计者可以利用这些开发工具和编辑系统来创作各种教育、娱乐、商业等应用的多媒体节目。

多媒体编辑与创作系统是多媒体应用系统编辑制作的环境，根据所用工具的类型，分为脚本语言及解释系统、基于图标导向的编辑系统，以及基于时间导向的编辑系统。功能强、易学易用、操作简便的创作系统和开发环境是多媒体技术广泛应用的关键所在。

多媒体开发环境有两种模式：一是以集成化平台为核心，辅助各种制作工具的工程化开发环境；二是以编程语言为核心，辅以各种工具和函数库的开发环境。

目前的多媒体创作工具有3种档次，高档适用于影视系统的专业编辑、动画制作和生成特技效果；中档用于培训、教育和娱乐节目制作；低档用于商业信息的简介、简报、家庭学习材料，电子手册等系统的制作。Author ware、Tool Book、Director等都属于这类软件。

（2）多媒体应用软件

多媒体应用软件是在多媒体系统软件创作平台的基础上设计开发出来的面向应用领域的软件系统，通常由应用领域的专家和多媒体开发人员共同协作、配合完成。开发人员利用开发平台和创作工具制作、组织、编排大量的多媒体素材，制作生成最终的多媒体应用系统，并在应用中测试、完善，最终成为多媒体产品。例如，各种多媒体教学系统、多媒体数据库、声像俱全的电子出版物、培训软件、消费性多媒体节目、动画片等，这些多媒体应用系统放到存储介质如光盘中，以光盘产品形式作为多媒体商品销售。

二、常用的多媒体文件格式探究

在多媒体技术中，不外乎有声音、图形、静态图像、动态图像等几种媒体形式。每一种媒体形式都有严谨规范的数据描述，其数据描述的逻辑表现形式是文件。

文本（Text）：由语言文字和符号字符组成的数据文件，如 ASCII、存储汉字的文件。

图像（Image）：点位图，即由一幅图像的全部像素信息组成的数据文件。

图形（Graph）：矢量图，数学方法（算法和特征描述），可将图形看作图像的抽象。

动画（Animation）：将静态图像、图形及连环图画等按时间顺序显示而形成的动态画面。

音频（Audio）：声音信号即人类听觉可感知范围内的频率。多媒体使用的是数字化音频。

视频（Video）：可视信号，即计算机屏幕上显示出的动态信息，如动态图形、动态图像。

（一）文本文件格式

文本是计算机文字处理程序的基础，也是多媒体应用程序的基础。通过对文本显示方式的组织，多媒体应用系统可以使显示的信息更易于理解。文本数据的获得必须借助文本编辑环境，如 Word、WPS 和 Windows 自带的写字板应用程序。常用的文本格式有 .TXT、.RTF、.DOC、.WRI、.WPS 等。

文本文件分为非格式化文本文件和格式化文本文件。

（二）音频文件格式

音频文件通常分为两类：声音文件和 MIDI 文件。声音文件指的是通过声音录入设备录制的原始声音，直接记录了真实声音的二进制采样数据，通常文件较大；MIDI 文件是一种音乐演奏指令序列，相当于乐谱，可以利用声音输出设备或与计算机相连的电子乐器进行演奏，由于不包含声音数据，所以文件尺寸较小。

1. 声音文件

数字音频与 CD 音乐一样，是将真实的数字信号保存起来，播放时通过声卡将信号恢复成悦耳的声音。

（1）Wave 文件（.wav）

Wave 格式文件是 Microsoft 公司开发的一种声音文件格式，用于保存 Windows 平台的音频信息资源，被 Windows 平台及其应用程序广泛支持。是 PC 上最为流行的声音文件格式，但其文件尺寸较大，多用于存储简短的声音片段。

（2）MPEG 音频文件（.MP1、.MP2、.MP3）

这里的 MPEG 音频文件格式是指 MPEG 标准中的音频部分。MPEG 音频文件的压缩是一种有损压缩，根据压缩质量和编码复杂程度的不同可分为三层（MPEG Audio Layer1/2/3），分别对应 MP1、MP2、MP3 这 3 种声音文件。MPEG 音频编码具有很高的压缩率，MP1 和 MP2 的压缩率分别为 4：1 和 6：1~5：1，标准的 MP3 的压缩比是 10：1。一个 3 分钟长的音乐文件压缩成 MP3 后大约是 4 MB，同时其音质基本保持不失真。目前在网络上使用最多的是 MP3 文件格式。

（3）Realaudio 文件（.ra、.rm、ram）

Realaudio 是 Real Networks 公司开发的一种新型流行音频文件格式，主要用于在低速率的广域网上实时传输音频信息，网络连接速率不同，客户端所获得的声音质量也不尽相同。对于 14.4 kbps 的网络连接，可获得调频（am）质量的音质；对于 25.5 KB/s 的网络连接，可以达到广播级的声音质量；如果拥有 ISDN 或更快的线路连接，则可获得 CD 音质的声音。

（4）WMA（.wma）

WMA（Windows Media Audio）是继 MP3 后最受欢迎的音乐格式，在压缩比和音质方面都超过了 MP3，能在较低的采样频率下产生好的音质。WMA 有微软的 Windows Media Player 做强大的后盾，目前网上的许多音乐也采用 WMA 格式。

2. MIDI 文件（.mid）

MIDI 是乐器数字接口（Musical Instrument Digital Interface）的缩写，是数字音乐/电子合成乐器的统一国际标准，它定义了计算机音乐程序、合成器及其他电子设备交换音乐信号的方式，还规定了不同厂家的电子乐器与计算机连接的电缆和硬件及设备间数据传输的协议，可用于为不同乐器创建数字声音，可以模拟大提琴、小提琴、钢琴等常见乐器。MIDI 文件中只包含产生某种声音的指令，计算机将这些指令发送给声卡，声卡按照指令将声音合成出来，相对于声音文件，MIDI 文件显得更加紧凑，其文件尺寸也小得多。

（三）视频文件格式

视频文件一般分为两类，即影像文件和动画文件。

1. 影像文件

（1）ASF 文件（.asf）

ASF 是 Advanced Streaming Format 的缩写，它是 Microsoft 公司的影像文件格式，是 Windows Media Service 的核心。ASF 是一种数据格式，音频、视频、图像及控制命令脚本等多媒体信息通过这种格式，以网络数据包的形式传输，实现流式多媒体内容发布。其中，在网络上传输的内容就称为 ASF Stream。ASF 支持任意的压缩/解压缩编码方式，并可以使用任何一种底层网络传输协议，具有很大的灵活性。

（2）AVI 文件（.avi）

AVI 是音频视频交互（Audio Video Interleaved）的缩写，该格式的文件是一种不需要专门的硬件支持就能实现音频与视频压缩处理、播放和存储的文件。AVI 格式文件可以把视频信号和音频信号同时保存在文件中，在播放时，音频和视频同步播放。AVI 视频文件使用非常方便。例如，在 Windows 环境中，利用媒体播放机能够轻松地播放 AV1 视频图像；利用微软公司 Office 系列中的电子幻灯片软件 PowerPoint，也可以调入和播放 AVI 文件；在网页中也很容易加入 AVI 文件；利用高级程序设计语言，也可以定义、调用和播放 AVI 文件。

（3）MPEG 文件（.mpeg、.mpg、.dat）

MPEG 文件格式是运动图像压缩算法的国际标准，MPEG 标准包括 MPEG 视频、MPEG 音频和 MPEG 系统（视频、音频同步）3 个部分，前面介绍的 MP3 音频文件就是 MPEG 音频的一个典型应用。MPEG 压缩标准是针对运动图像而设计的，其基本方法是在单位时间内采集并保存第一帧信息，然后只存储其余帧相对第一帧发生变化的部分，从而达到压缩的目的。它主要采用两个基本压缩技术：运动补偿技术实现时间上的压缩，变换域压缩技术则实现空间上的压缩。MPEG 的平均压缩比为 50：1，最高可达 200：1，压缩效率非常高，同时图像和音响的质量也不错。

MPEG 的制定者原打算开发 4 个版本，即 MPEG1~MPEG4，以适用于不同带宽和数字影像质量的要求。后由于 MPEG3 被放弃，所以现存的只有 3 个版本：MPEG-1、MPEG-2、MPEG-4。VCD 使用 MPEG-1 标准制作；DVD 使用 MPEG-2；MPEG-4 标准主要应用于视像电话、视像电子邮件和电子新闻等，其压缩比例更高，所以对网络的传输速率要求相对较低。

（4）RM 文件（.rm）

RM（Real Media 的缩写）是 Real Networks 公司开发的视频文件格式，也是出现最早的视频流格式。它可以是一个离散的单个文件，也可以是一个视频流，它在压缩方面做得非常出色，生成的文件非常小，它已成为网上直播的通用格式，并且这种技术已相当成熟。所以 Real Networks 公司在有微软那样强大的对手面前，并没有迅速倒去，直到现在依然占有视频直播的主导地位。

（5）MOV 文件（.mov）

这是著名的 Apple（美国苹果公司）开发的一种视频格式，默认的播放器是苹果的 Quick Time Player，几乎所有的操作系统都支持 Quick Time Player 的 MOV 格式，现在已经是数字媒体事实上的工业标准，多用于专业领域。

2. 动画文件

动画是活动的画面，实质是一幅幅静态图像的连续播放。动画的连续播放既指时间上的连续，也指图像内容上的连续。计算机设计动画有两种：一种是帧动画；另一种是造型动画。

（1）GIF 动画文件（.gif）

GIF 是图形交换格式（Graphics Interchange Format）的缩写，是由 CompuServe 公司于 1957 年推出的一种高压缩比的彩色图像文件格式，主要用于图像文件的网络传输。考虑到网络传输中的实际情况，GIF 图像格式除了一般的逐行显示方式外，还增加了渐显方式，也就是说，在图像传输过程中，用户可以先看到图像的大致轮廓，然后随着传输过程的继续而逐渐看清图像的细节部分，从而适应了用户的观赏心理。最初，GIF 只是用来存储单幅静止图像，后又进一步发展为可以同时存储若干幅静止图像并进而形成连续的动画。目前，Internet 上的动画文件多为这种格式的 GIF 文件。

（2）Flic 文件（.fli、.flec）

Flie 文件是 Autodesk 公司在其出品的 2D、3D 动画制作软件中采用的动画文件格式。其中 .fi 是最初的基于 320×200 分辨率的动画文件格式，而 .fli 则是 .fli 的扩展，采用了更高效的数据压缩技术，其分辨率也不再局限于 320×200。Flie 文件采用行程长度压缩编码（RLE：Run-Length Encoded）算法和 Delta 算法进行无损的数据压缩，首先压缩并保存整个动画系列中的第一幅图像，然后逐帧计算前后两幅图像的差异或改变部分，并对这部分数据进行 RLE 压缩，由于动画序列中前后相邻图像的差别不大，因此可以得到相当高的数据压缩率。

（3）SWF 文件（.fla）

SWF 是基于 Macromedia 公司 Shockwave 技术的流式动画格式，是用 Flash 软件制作的一种格式，源文件为 .fla 格式，由于其体积小、功能强、交互能力好、支持多个层和时间线程等特点，故越来越多地应用到网络动画中。SWF 文件是 Flash 的其中一种发布格式，已广泛用于 Internet 上，客户端浏览器安装 Shockwave 插件即可播放。

3. 图形图像文件格式

在图形文件中，只记录生成图的算法和图上的某些特征点，因此也称矢量图。

微机上常用的矢量图形文件有 .3DS（用于 3D 造型）、.DXF（用于 CAD）、.WMF（用于桌面出版）等。由于图形只保存算法和特征点，因此占用的存储空间很小，但显示时须经过重新计算，因而显示速度相对慢些。

（1）BMP 文件（.bmp）

BMP（Bitmap）是微软公司为其 Windows 环境设置的标准图像格式，该格式图像文件的色彩极其丰富，根据需要，可选择图像数据是否采用压缩形式存放，一般情况下，bmp 格式的图像是非压缩格式，故文件尺寸比较大。

（2）PCX 文件（.pcx）

PCX 格式最早由 ZSOFT 公司推出，在 20 世纪 50 年代初授权给微软与其产品捆绑发行，尔后转变为 Microsoft Paintbrush，并成为 Windows 的一部分。虽然使用这种格式的人在减少，但带有 .pex 扩展名的文件现在仍十分常见。它的特点是采用 RLE 压缩方式存储数据，图像显示与计算机硬件设备的显示模式有关。

（3）TIFF 文件（.tif）

TIFF 是 Tag Image File Format 的缩写。该格式图像文件可以在许多不同的平台和应用软件间交换信息，其应用相当广泛。TIFF 格式图像文件的特点是：支持从单色模式到 32 bit 真彩色模式的所有图像；数据结构是可变的，文件具有可改写性，可向文件中写入相关信息；具有多种数据压缩存储方式，使解压缩过程变得复杂化。

（4）GIF 文件（.gif）

gif 格式的图像文件是世界通用的图像格式，是一种压缩的 5 位图像文件。正因为它是经过压缩的，而且是 5 位的，所以这种格式是网络传输和 BBS 用户使用最频繁的文件格式，速度要比传输其他格式的图像文件快得多。

（5）PNG 文件（.png）

PNG 是 Portable Network Graphie 的缩写，是作为 gif 的替代品开发的，能够避免使用 GIF 文件所遇到的常见问题。它从 GIF 那里继承了许多特征，而且支持真彩色图像。

（6）JPEG 文件（.jpg）

JPEG 格式的图像文件具有迄今为止最为复杂的文件结构和编码方式，和其他格式的最大区别是 JPEG 使用一种有损压缩算法，是以牺牲一部分的图像数据来达到较高的压缩率，但是这种损失很小，以至于很难察觉，印刷时不宜使用此格式。

（7）PSD、PDD 文件（.psd、.pdd）

PSD、PDD 是 Photoshop 专用的图像文件格式。

（8）EPS 文件（.eps）

CorelDRAW、Freehand 等软件均支持 EPS 格式，它属于矢量图格式，输出质量非常高，可用于绘图和排版。

（9）TGA 文件（.tga）

TGA（Targa）是由 Truevision 公司设计，可支持任意大小的图像。专业图形用户经常使用 TGA 点阵格式保存具有真实感的三维有光源图像。

第二节　大数据安全

一、大数据安全概述

数据具有普遍性、共享性、增值性、可处理性和多效用性等特性，数据资源具有特别重要的意义与价值。数据安全就是要保护信息系统或网络中的数据资源免受各种类型的威胁、干扰和破坏，所以数据安全的研究意义非凡。

（一）数据安全的定义

数据安全包括数据本身的安全和数据防护的安全两个方面的内容。

1. 数据本身的安全

数据本身的安全是指采用密码算法对数据进行主动保护，如数据保密、数据完整性、双向身份认证等。

2. 数据防护的安全

数据防护的安全主要是采用现代信息存储手段对数据进行主动防护，如通过磁盘阵列、数据备份、异地容灾等手段保证数据的安全。

数据安全是一种主动的措施，数据本身的安全必须基于可靠的加密算法与安全体系，主要是有对称算法与公开密钥密码体系两种。

（二）数据处理与存储的安全

1. 数据处理的安全

数据处理的安全是指如何有效地防止数据在录入、处理、统计或打印中由于硬件故障、断电、死机、人为的误操作、程序缺陷、病毒或黑客等造成的数据库损坏或数据丢失现象。某些敏感或保密的数据可能被不具备资格的人员或操作员阅读，进而造成数据泄密等后果。

2. 数据的存储安全

数据的存储安全是指数据库在系统运行之外的可读性，对于一个标准的 Access 数据库，很容易打开阅读或修改。一旦数据库被盗，即使没有原来的系统程序，也可以另外编写程序对盗取的数据库进行查看或修改。从这个角度来说，不加密的数据库是不安全的，容易造成商业泄密。这就需要考虑计算机网络通信的保密、安全及软件保护等问题。

（三）安全制度与防护技术

1. 安全制度

不同的单位和组织，都有自己的网络信息中心，为确保信息中心、网络中心机房重要数据的安全，一般要根据国家法律和有关规定制定适合本单位的数据安全制度。

（1）对应用系统使用、产生的介质或数据按其重要性进行分类，对存放有重要数据的介质，应备份必要份数，并分别存放在不同的安全地方（防火、防高温、防震、防磁、防静电及防盗），建立严格的保密保管制度。

（2）保留在机房内的重要数据，应为系统有效运行所必需的最少数量，除此之外不应保留在机房内。

（3）根据数据的保密规定和用途，确定使用人员的存取权限、存取方式和审批手续。

（4）重要数据库，应设专人负责登记保管，没有经批准，不得随意挪用重要数据。

（5）在使用重要数据期间，应严格按照国家保密规定控制转借或复制，需要使用或复制的须经批准。

（6）对所有重要数据应定期检查，要考虑介质的安全保存期限，及时更新复制。损坏、废弃或过时的重要数据应由专人负责消磁处理，秘密级以上的重要数据在过保密期或废弃不用时，要及时销毁。

（7）机密数据处理作业结束时，应及时清除存储器、联机磁带、磁盘及其他介质上有关作业的程序和数据。

（8）机密级以上秘密信息存储设备不得并入互联网。重要数据不得外泄，重要数据的输入及修改应由专人来完成。重要数据的打印输出及外存介质应存放在安全的地方，打印出的废纸应及时销毁。

2. 防护技术

计算机存储的数据越来越多，而且越来越重要，为了防止计算机中的数据意外丢失，一般都采用安全防护技术来确保数据的安全，下面简单介绍常用的数据安全防护技术。

（1）磁盘阵列

磁盘阵列是指把多个类型、容量、接口甚至品牌一致的专用磁盘或普通硬盘连成一个阵列，使其以更快的速度、准确、安全的方式读写磁盘数据，从而保证数据读取速度和安全性。

（2）数据备份

备份管理包括备份的可计划性、自动化操作、历史记录的保存或日志记录。

（3）双机容错

双机容错的目的在于保证系统数据和服务的在线性。当某一系统发生故障时，仍然能够正常地向网络系统提供数据和服务，使得系统不至于停顿，双机容错的目的在于保证数据不丢失和系统不停机。

（4）NAS

NAS解决方案通常配置为文件服务的设备，由工作站或服务器通过网络协议和应用程序来进行文件访问，大多数NAS链接在工作站客户机和NAS文件共享设备之间进行。这些链接依赖企业的网络基础设施来正常运行。

（5）数据迁移

由在线存储设备和离线存储设备共同构成一个协调工作的存储系统，该系统在在线存储和离线存储设备间动态地管理数据，使得访问频率高的数据存放于性能较高的在线存储设备中，而访问频率低的数据存放于较为廉价的离线存储设备中。

（6）异地容灾

异地实时备份是高效、可靠的远程数据存储。在IT系统中，必然有核心部分，通常称之为生产中心，往往给生产中心配备一个备份中心，该备份中心是远程的，并且在生产中心的内部已经实施了各种各样的数据保护。不管怎么保护，当火灾、地震这种灾难发生时，一旦生产中心瘫痪了，备份中心将接管生产，继续提供服务。

（7）SAN

SAN 允许服务器在共享存储装置的同时仍能高速传送数据。这一方案具有带宽高、可用性高、容错能力强的优点，而且它可以轻松升级，容易管理，有助于改善整个系统的总体成本状况。

（8）数据库加密

对数据库中数据加密是为增强普通关系数据库管理系统的安全性，提供一个安全适用的数据库加密平台，对数据库存储的内容实施有效保护。通过数据库存储加密等安全方法实现了数据库数据存储保密和完整性要求，使得数据库以密文方式存储并在密态方式下工作，确保了数据安全。

（9）硬盘安全加密

硬盘维修商根本无法查看经过安全加密的故障硬盘，绝对保证了内部数据的安全性。硬盘发生故障更换新硬盘时，全自动智能恢复受损坏的数据，有效防止企业内部数据因硬盘损坏、操作错误而造成的数据丢失。安全技术包含下述 3 类：

①隐藏；

②访问控制；

③密码学。

二、大数据隐私保护技术的应用

（一）基于数据失真的隐私保护技术

对于大数据应用中的隐私保护技术应用来说，数据失真技术的应用能够表现出理想的应用效果，其主要就是针对具体的数据集进行扰动处理，进而能够将原始数据进行相应的改变，导致攻击者难以获取原始数据信息，保障数据集的安全性。基于这种数据失真隐私保护技术的应用进行分析可以发现，该技术的应用要求是比较高的，首先对于大数据应用人员来说，必须促使扰动后的数据仍然具备相应的信息保留效果，能够通过这些数据的分析和处理获取相应的目的，即保障大数据技术的应用依然具备可行性，能够发挥出相应的作用和价值；而对于攻击人员来说，则需要通过扰动避免其通过大数据集来获取各种信息，尤其是要避免其通过失真后的数据恢复成原始数据，这也是隐私保护的基本要求所在。由此可见，这种基于数据失真的隐私保护技术需要从扰动处理入手进行重点探究，促使其能够表现出最佳的应用价值。

（二）基于数据加密的隐私保护技术

对于大数据应用中涉及的隐私保护处理来说，做好加密工作也是比较常见的一种手段，针对这种数据加密技术进行的研究也是比较多的，尤其是对于数据传递中的通信工作来说，更是需要切实高效地执行加密处理。从这一方面来看，这种数据加密隐私保护技术主要就是针对分布式结构进行推广应用，尤其是对于分布式数据挖掘、几何计算及安全查询等操作来说，这种加密处理更是必不可少的。在现阶段的数据加密处理工作中，其存在的加密手段也是比较多的，相对应的各种数据加密软件也是层出不穷，基于这种加密方式的处理必须结合大数据应用的基本特点和要求进行系统全面的分析，确保其能够满足于大数据应用的各方面需求，避免其影响到大数据技术的应用价值。当然，对于这种加密处理工作来说，首先还是需要重点从加密的可靠性入手进行评判，确保任何加密软件的应用都能够在适合于自身数据传递和应用的基础上，提升其安全水平，避免在该加密应用过程中出现轻易被破解的问题，进而也就能够有效提升这种加密技术应用的实际价值。

（三）基于限制发布的隐私保护技术

对于大数据应用过程中存在的各种安全隐患和问题来说，其对于隐私保护造成威胁的主要途径还涉及原始数据的外泄，这也就要求人们应该针对大数据集的发布进行严格的控制和审查，避免出现关键信息内容的发布，把好发布关也就能够为隐私保护打好基础。具体到相应的数据信息发布限制中来看，其主要就是结合数据信息内容的特点进行分类，分析哪些数据可以被公布，哪些数据涉及了隐私内容，需要进行保护，禁止发布，进而也就能够起到隐私保护效果。在当前的具体研究中，该方面的技术手段应用最为典型的体现就是数据匿名化，这种匿名化处理不仅仅是指针对数据信息的涉及人员姓名进行隐匿，对于一些关键数据和敏感数据同样需要进行隐匿处理，这也就需要人们针对具体的数据信息进行全面了解，研究其发布后可能造成的威胁和安全影响，进而将这些安全隐患扼杀。针对这种基于限制发布的隐私保护技术手段来说，还需要促使其能够较好结合相应的权限优化配置进行处理，促使不同的管理权限人员具备不同的数据获取内容，这一点在相应的数据发布中也应该得到相应的体现，即针对不同类型和级别的人群发布不同的信息，促使其能够在保障自身正常工作的基础上，避免影响到数据的安全性和隐私性，这同样考验着相关数据分析和管理人员的处理能力。

（四）基于身份认证的隐私保护技术

在大数据的应用过程中，做好隐私保护工作还可以从参与者的角度进行控制和安全防护，这种安全防护手段主要就是身份认证处理，即给予参与者不同的大数据应用权限，促使其在数据信息的获取的内容上存在明显的差异性，如此也就能够较好提升其数据信息的被保护效果。这种身份认证的应用必须通过设计恰当的验证结构和程序进行处理，构建恰当合理的身份认证程序和机制，针对不同人员进行有效区分，避免低等级权限的人员获得不应获取的信息，并且还应该针对黑客攻击进行有效的防护，避免其轻易被黑客破坏掉这种身份认证程序，这也是基于安全性考虑的一个重要内容。

综上所述，对于大数据隐私保护技术的应用来说，其必要性是极为突出的，这种必要性也就需要从各个方面采取恰当的设置和控制手段加强数据的保护和控制，其完善和优化的目标主要就是当前存在的各种漏洞和缺陷，进而避免数据信息的不安全外泄，充分提升其应用的安全性和价值效果。当然，这些措施和技术手段的落实都需要首先加强对于专业技术人员的培训和指导，提升专业管理人员的能力，促使其能够对于大数据进行有效管理，尽可能避免出现各种管理漏洞和偏差。

三、互联网搜索中的隐私保护

随着信息技术的快速发展和信息量的剧增，互联网已成为海量信息空间。它吸引了越来越多的信息进入其中。随着时代的发展，信息的来源也在逐渐发生变化：由初期的网站建设者和管理者作为唯一的信息发布者的模式，逐渐转变为普通 Web 用户人人均可作为信息发布者的共享合作模式。由于 Web 信息发布的开放性与低门槛，网络中的信息量越来越大，同时信息的组成也越来越复杂，其中有一部分是与用户有关的个人信息。虽然关于某个用户的信息通常分散分布在看似没有任何联系的多个网页上，但是今天的 Web 已经被多个搜索引擎高度索引了，搜索引擎强大的索引能力能够帮助人们找到所需的信息，但也为恶意的隐私挖掘者提供了便利。

（一）隐私攻击过程模型

网络上与 Web 用户有关的信息多种多样。为了形式化地描述该问题，根据性质的不同，我们将 Web 上与用户有关的个人信息分为如下 3 类：

（1）身份信息（以 I 表示）：一个人公开的社会化身份。例如，社会安全号、身份证号、姓名、职业和所属公司等，这类信息通常被用以唯一地确认用户的身份。

（2）隐私敏感信息（以 S 表示）：与用户个人隐私相关的所有信息。例如，患有某些疾病。或有酗酒、赌博等恶习。值得注意的是，隐私信息并没有固定的界限，是根据不同用户的定义进行调整的。

（3）其他信息（以 O 表示）：除 I 信息和 S 信息外的所有信息，这类信息不会直接显示用户的身份，也不会直接涉及隐私，例如，兴趣、教育水平、婚姻状态等信息。这类信息常被用作判断某个数据项是否属于某个用户的辅助判断条件。

同时给出基于搜索隐私的隐私挖掘攻击的定义：隐私攻击者使用搜索引擎寻找并收集 Web 上的关于某一用户的个人信息，直到获得该用户的身份信息和隐私敏感信息为止。

在发起隐私挖掘之前，攻击者已知用户的一些信息，称为已知集。这是进行基于搜索引擎的隐私挖掘攻击的必要启动条件。它可能是 I 信息、S 信息或 O 信息，甚至可能同时包含 I 和 O 信息、S 和 O 信息。如果已知信息中包含 I 信息，则攻击者的目的是找到该用户相应的 S 信息，反之亦然。

为了不失一般性，我们假设攻击者最初拥有的信息是 I 信息，以已知集中的信息作为查询关键字，通过搜索引擎发起信息的收集。当攻击者得到搜索引擎的返回结果页面时，从这些网页中抽取出目前还未知的、有价值的信息项，并根据某些判断条件判别某个信息项是否属于该用户。新找到的信息可能是 I、S、O 信息或它们的组合。

若新找到的信息包含 S 信息，而且经过判断能够断定它们是关于该用户的信息，则该受害者用户的身份信息和隐私信息均已被攻击者获取，用户的隐私泄露，隐私攻击成功。若新找到的信息仅包含 I 信息和 O 信息，则将经过判断后能够断定确实属于该用户的数据项插入已知集中。在下一轮查询中，攻击者从已知集选取数据项作为关键字，再使用搜索引擎进行新信息的查找。然后检查本轮查询中新找到的信息是否包含该用户的 S 信息。

隐私信息挖掘攻击是一个循环的过程，攻击者不断重复上述过程，收集该用户分散在 Web 上的所有信息，直至找到 S 信息为止。之前查询的返回结果被用作之后查询的输入关键字。通过网页的信息之间的关联关系，该用户分散在网络各处的信息将被逐渐收集到一起，导致信息被挖掘。如果将上述的隐私挖掘循环过程展开，得到的隐私攻击过程类似于一条路径。沿着这条路径，攻击者能够将 Web 用户的 I 信息和 S 信息关联起来。每一次成功的隐私挖掘攻击都能够视为一条联通的隐私挖掘路径。

（二）隐私泄露自动探测服务

基于搜索引擎的隐私挖掘攻击的本质是挖掘 Web 上公开的、能够被搜索引擎所索引到的信息之间的关联关系，从而获取用户的隐私。然而，用户通常不会记得自己在 Web 上发布过的所有信息，因此该问题易被忽略且难以预防。

目前已有的隐私安全保护方法，通常只能解决某一类具体环境中的隐私攻击问题，不适合基于搜索引擎的隐私挖掘攻击涉及整个 Web 的具体情况。本节主要针对该情况，介绍基于图最优选择的隐私泄露自动探测服务，相应算法能够为 Web 用户检测已存在于网络上的信息是否会因为基于搜索引擎的隐私挖掘攻击而导致隐私泄露，从而为用户发布信息提供参考。隐私泄露自动检测方法能够有效帮助用户抵御隐私挖掘攻击，其基本流程是：①收集用户分散在 Web 上的信息，并记录每一步使用搜索引擎的关键字，形成"用户信息结构图"；②对用户信息图进行合并化简，减低图的规模；③考虑顶点影响因素空间，为顶点赋一个合理的概率值，表明此顶点属于该用户的可能性值；④在图上进行隐私挖掘路径的查找，即从含有 I 信息的顶点到含有 S 信息的顶点之间的联通概率值最大的路径。

该服务实际上是以隐私攻击者的角度，根据每个用户的信息分布状态图，尝试寻找 I 信息和 S 信息之间的通路，并评估该通路可能存在的概率值。

隐私泄露自动探测服务是一种由可信的第三方提供的服务，担心自己在 Web 上发布信息会导致隐私泄露的用户可以订购这种服务。在实际的隐私挖掘过程中，某一个数据项应被归为哪一类个人信息（I、S 或 O）是不固定的，需要根据不同用户的要求进行归类。例如，一些用户认为他们的手机号码是个人隐私，应该属于 S 信息；而另一些用户可能更愿意公开他们的手机号码，以便与其他网友更方便地交流，这些用户会把手机号归为 O 信息或 I 信息。Web 用户需要提供个人对信息分类的要求，作为隐私探测服务算法的输入。

四、云计算中的隐私保护

随着信息产业的发展，企业和政府机构产生的数据量快速增长，如何管理和分析海量数据是目前医疗、通信、交通及互联网等很多领域面临的问题。传统的数据管理系统对于如此大规模的数据管理已不再有效，即便它们能够管理大规模数据，但所花费的相关软硬件及维护成本也会让大部分企业望洋兴叹。自从 2006 年 Google 公司推出 Big Table 以来，云计算概念呈现在大众面前。作为云计算基础的云数据库系统是由大量性能普通、价格便宜的计算节点组成的一种无共享大规模并行处理环境，它克服了管理海量数据成本过高的缺点。另外，云数据库系统结合了网络化和虚拟化技术来实现超级计算和存储能力，具有高可靠性、高扩展性、通用性、按需分配等优点。

（一）云计算环境中的隐私问题

云计算中一般有 3 个角色：数据拥有者、查询用户和云计算平台。数据拥有者将数据提供给云计算平台进行存储，查询用户通过云计算平台提供的查询接口对数据进行查询。云计算中面向查询处理的隐私保护技术主要关注以下两个方面。

1. 用户的查询隐私

在云计算环境中，查询用户通过向云计算平台发出查询来获取服务。然而，用户提交的查询有可能暴露用户的个人隐私。用户在享受查询服务的同时，更希望自己的查询隐私能得到保护。用户的查询隐私保护是指通过采用隐私保护技术，使云数据库系统和数据拥有者不能获知用户的查询内容，也不能通过用户的查询推导出关于用户的任何信息。

2. 数据拥有者的数据隐私

在云计算环境中，数据拥有者将自己持有的数据存储到云计算平台上，通过用户有偿地使用云计算提供的服务而获益。因此，数据拥有者的数据一方面不能暴露给云计算平台，另一方面也不能暴露给查询用户，也就是说，查询用户只能得到与查询相关的结果，不能额外获得任何与查询结果无关的数据，否则就损害了数据拥有者的利益。简单地说，数据拥有者的数据隐私保护是指通过隐私保护技术，防止查询内容以外的数据泄露给查询用户或者云计算平台。

综上所述，对云计算的各个参与方而言，面向隐私保护的查询处理都是迫切需要解决的问题：对查询用户而言，如果在查询处理中隐私保护机制不完善，用户由于担心查询隐私的泄露，将尽量减少使用云计算服务；对数据拥有者来说，若查询处理暴露其拥有的数据的隐私，不仅涉及商业利益的问题，而且还可能面临法律诉讼的风险；对于云数据库系统而言，如果用户隐私得不到保障，其服务的可靠性将会受到质疑。因此，迫切需要一种能在云计算中同时保护查询隐私和数据隐私的新型查询处理技术，以全面保护查询用户、数据拥有者和云数据库系统的隐私，云计算中面向隐私保护的查询处理技术的研究应运而生。

（二）云计算环境中的隐私保护策略

云计算中的隐私问题受到诸多关注，研究者们针对云计算中的数据发布、数据挖掘等隐私问题展开了研究。云计算中面向查询处理的隐私保护技术需要借鉴外包数据库和分布式数据库中的隐私保护技术。在外包数据库中，隐私保护的处理主要是基于加密的方式，同时还存在着对查询结果完整性验证的机制；在分布式系统中，面向隐私保护的查询处理主要是基于安全多方计算（Secure Multi-party Computation，SMC）技术。下面分别介绍这几类技术的研究现状。

1. 基于加密的隐私保护策略

在数据外包的隐私保护处理中，数据拥有者在服务器上的数据是以加密的方式存储的。查询用户的查询也用相同的方式加密，再发送给服务器进行查询处理。不可信的服务提供者为数据拥有者提供数据存储和查询服务，查询用户通常被认为是可信的。外包数据库面向隐私保护的查询处理主要是基于加密方法实现的。在数据外包环境中，用户不但同时拥有数据并产生查询，还可以设计一个加密模式支持在加密数据上的某些查询。但是，在数据拥有者和查询用户不是同一方的应用中，很难甚至不可能找到一种加密模式可以支持在加密数据上的多种查询处理。比如，空间变换在数据外包中是一种常用的加密模式，然而因为这种方法不能保存在原始空间中的精确数据，所以该加密模式不支持一些需要精确距离的查询，比如最近邻查询。即使可以找到一种加密模式支持多种查询处理，该加密模式必须在查询方和服务器方同时部署，一方可以使用加密参数把对方的数据解密。为了防止这个漏洞，需要引入一个可信的第三方产生加密参数，这个加密参数必须分别存储在双方防止篡改的设备中。此外，许多加密模式在有安全攻击情况下是很脆弱的。比如空间变换方法在主成分分析方法下很容易被识破。数据库在外包应用中由于保护隐私的需求，需要服务提供商存储的数据是经过加密以后的数据，这样可以保证企业的机密信息不会泄露。但是数据在经过普通加密方法加密后，可用性大大下降，这样会给服务提供方，以及查询用户带来很多的额外开销。因此，在数据库外包的应用中需要能够有效支持数据操作的加密算法。

2. 基于安全多方计算的隐私保护策略

安全多方计算是在一个分布式网络下，由多个参与方提供输入来计算某个函数的值。在计算过程中，除了参与者的输入及输出所暗含的信息之外，不会额外泄露参与方的任何信息。目前已有一些基于安全多方计算（SMC）的隐私保护方法。在SMC中最基本的问题是百万富翁问题。理论上讲，百万富翁问题和多方计算问题都可以用电路评估协议解决。在这个协议中，隐私保护函数用一个布尔电路来表示，每个部分在不暴露各自输入的情况下，联合起来对电路的输出进行评估。各个部分之间的通信代价由电路大小、输入域大小及函数的复杂程度决定。如果数据中的属性是由不同的参与方提供的，数据会被垂直划分。在垂直数据划分上也有一些研究工作。然而，基于SMC的解决方案产生的计算代价和通信代价过高，许多基于SMC的算法都是内存算法，要求数据全部驻留在内存中，因此这种方法不能被直接用于云计算中有几百万条记录的大数据集上。

3. 查询结果的完整性验证

数据库在外包给第三方服务提供商之后，需要提供额外机制保证外包数据库中的数据不会被未经授权的攻击者修改，服务提供商不能任意向数据库中增加元组，或者删除数据库中的元组。用户查询返回的结果应该是未经修改过的数据库中的原始数据，且查询返回的结果是完整的，没有缺失任何有效解。一种基于概率的外包数据库结果完整性验证方法的思想是如果数据拥有者在将数据外包给第三方服务提供商时，在数据中混入了一组特别的监测元组，那么对于外包数据库上的所有查询，这些混在原始数据中的监测元组就会以一定概率包含在查询结果中，并返回给提交查询的用户。因此，用户可以通过监控这些额外插入的元组来监控外包数据库的完整性。如果一个满足查询条件的监控元组没有被返回，那么用户就可以断言其完整性已经被攻击。反之，如果所有满足查询条件的监控元组都完整地返回，则以一定概率断定完整性没有受到攻击。

五、大数据安全的内容

大数据安全也如大数据名词一样，包括了两个含义：一个含义是如何保障大数据计算过程、数据形态、应用价值的安全；另一个含义是将大数据用于安全，也就是利用大数据相关的技术提升安全的能力和安全效果。前者是指如何保证大数据的安全，后者是指如何用大数据来解决安全问题。

由于网络和数字化环境更容易使得犯罪分子获得个人的信息，也有了更多不易被追踪和防范的犯罪手段，甚至出现更为高明的骗局。大数据本身、大数据处理过程、大数据处理结果都有可能受到网络犯罪的攻击。大数据安全不仅应考虑网络层次的安全，而且还应考虑内部操作人员的安全防范和审计。

（一）大数据的不安全因素

对于大数据，存在下列不安全因素。

1. 大数据成为网络攻击的显著目标

大数据的特点是数据规模大，达到 PB 级，而且复杂，并存在更敏感的数据，吸引了更多的潜在攻击者。

数据的大量汇集，致使黑客成功攻击一次就可获得更多数据，因此，降低了黑客的进攻成本，增加了收益率。

2. 大数据加大了隐私泄露风险

大量数据的汇集加大了用户隐私泄露的风险。

①数据集中存储增加了泄露风险。

②一些敏感数据的所有权和使用权并没有明确界定，很多大数据的分析都没有考虑到

其中涉及的个体隐私问题。

3. 大数据威胁现有的存储和安防措施

大数据集中存储的后果是导致多种类型数据存储在一起，安全管理不合规格。大数据的大小也影响到安全控制措施的正确运行。安全防护手段的更新升级速度跟不上数据量非线性增长的速度，进而暴露了大数据安全防护的漏洞。

4. 大数据技术成为黑客的攻击手段

在利用大数据挖掘和大数据分析等大数据技术获取价值的同时，黑客也在利用这些大数据技术发起攻击。黑客最大限度地收集更多有用信息，例如社交网络、邮件、微博、电子商务、电话和家庭住址等信息，大数据分析使黑客的攻击更加精准，大数据也为黑客发起攻击提供了更多机会。

5. 大数据成为可持续攻击的载体

传统的检测是基于单个时间点进行的基于威胁特征的实时匹配检测，而可持续攻击是一个实施过程，无法被实时检测。此外，大数据的价值密度低，使得安全分析工具很难聚焦在价值点上，黑客可以将攻击隐藏在大数据中，对安全服务提供商的分析制造了很大困难。黑客设置的任何一个误导安全目标信息提取和检索的攻击，都将导致安全监测偏离方向。

（二）大数据安全的关键问题

1. 网络安全

随着在网络上进行越来越多的交易、对话和互动，使得网络犯罪分子比以往任何时候都要猖獗。网络犯罪分子组织得更好、更专业，并具备有力的工具和能力，以针对确定的目标进行攻击。这对企业造成声誉受损，甚至财政破产。网络弹性和防备战略对于企业大数据至关重要。

2. 云中的数据

由于企业迅速采用和实施新技术，例如云服务。所以经常面临大数据的存储和处理的需求。而其中包含了不可预见的风险和意想不到的后果。在云中的大数据对于网络犯罪分子来说，是一个极具吸引力的攻击目标。这就对企业提出了必须构建安全的云的需求。

3. 个人设备安全管理

大数据的出现扩大了移动设备使用范围，企业面临的是员工在工作场所使用个人设备的安全管理挑战，因此必须平衡安全与生产力的需要。由于员工智能分析和浏览网页详情混合了家庭和工作数据。企业应当确保其员工遵守个人设备相关的使用规则，并在符合其既定的安全政策下管理移动设备。

4. 相互关联的供应链

企业是复杂的、全球性的和相互依存的供应链的一个环节，而且是最薄弱的环节。信息通过简单平凡的数据供应链结合起来，包括从贸易或商业秘密到知识产权的一系列信息，如果损失就可能导致企业声誉受损，受到财务或法律的惩罚。信息安全协调在业务关系中起着相当重要的作用。

5. 数据保密

大数据产生、存储和分析过程中，数据保密问题将成为一个更大的问题。企业必须尽快开始规划新的数据保护方法，同时监测进一步的立法和监管的发展。数据聚合和大数据分析是保证企业营销情报的宝库，能够在针对客户情况的基础上，结合过去的采购模式和以前的个人喜好进行销售，这是营销的法宝。但企业领导人应了解申请多个司法管辖区的法律和其他限制。企业还应该实现数据隐私最佳分析程序，建立相关透明度和问责制，但不要忽视大数据、流程和技术的作用。

（三）大数据安全措施

1. 基础设施支持

为了创建支持大数据环境的基础设施，需要一个安全且高速的网络来收集很多安全系统数据源，从而满足大数据的收集要求。基于大数据基础设施的虚拟化和分布式性质，可将虚拟网络作为底层通信基础设施。此外，从承载大数据的角度来看，在数据中心和虚拟设备之间使用 VLAN 等技术作为虚拟主机内的网络。由于防火墙需要检查通过防火墙的每个数据包，这已经成为大数据快速计算能力的瓶颈。因此，企业需要分离传统用户流量与大数据安全数据的流量。确保只有受信任的服务器流量流经加密网络通道及防火墙，这个系统就能够以所需要的不受阻碍的速度进行通信。

2. 保护虚拟服务器

保护虚拟服务器的最好方法是确保这些服务器按照 NIST 标准进行加强，卸载不必要的服务（如 FTP 工具）以及确保有一个良好的补丁管理流程。鉴于这些服务器上的数据的重要性，还需要为大数据中心部署备份服务。此外，这些备份也必须加密，无论是通过磁带介质还是次级驱动器的备份，在很多时候，安全数据站点发生数据泄露事故都是因为备份媒介的丢失或者被盗。另外，应该定时进行系统更新，同时，为了进行集中监控和控制，还应该部署系统监视工具。

3. 整合现有工具和流程

因为数据量非线性增长，绝大多数企业都没有专门的工具或流程来应对这种非线性增长。也就是说，随着数据量的不断增长，传统工具已经不再像以前那么有用。为了确保大数据安全仓库位于安全事件生态系统的顶端，还必须整合现有安全工具和流程。当然，这些整合点应该平行于现有的链接，因为企业不能为了大数据的基础设施改组而放弃其安全分析功能。对于一项新部署，最好的方法是尽量减少连接数量，通过连接企业或业务线的 SIEM 工具的输出到大数据安全仓库。由于这些数据已经被预处理，将允许企业开始测试其分析算法与加工后的数据集。

4. 制订严格的培训计划

由于大数据在一个新的不同的环境运行，还需要为安全办公人员制订一个培训计划。培训计划应该着眼于新开发的分析和修复过程，因为安全大数据仓库将通过这些过程来标记和报告不寻常的活动和网络流量。大数据生态系统的实际操作有着非常标准化的功能，没有经授权的更改或者访问将很容易被发现。

数据安全问题涉及企业很多重大的利益，发现数据安全技术是面临的迫切要求，除了上述内容以外，数据安全还涉及其他很多方面的技术与知识，例如黑客技术、防火墙技术、入侵检测技术、病毒防护技术、信息隐藏技术等。一个网络的数据安全保障系统，应该根据身体需求对上述安全技术进行取舍。

第五章　计算机网络与信息系统安全

第一节　计算机网络概述

一、计算机网络的定义与分类

在计算机网络发展的不同阶段，人们对计算机网络的定义和分类也不相同。不同的定义和分类反映着当时网络技术发展的水平及人们对网络的认识程度。

（一）计算机网络的定义及基本特征

随着计算机应用技术的迅速发展，计算机的应用已经逐渐渗透到各类技术领域和整个社会的各个行业。社会信息化的趋势和资源共享的要求，推动了计算机应用技术向着群体化的方向发展，促使当代的计算机技术和通信技术实现紧密的结合。计算机网络就是现代通信技术与计算机技术结合的产物。

目前，计算机网络的应用已远远超过计算机的应用，并使用户们真正理解"计算机就是网络"这一概念的含义。

计算机网络是利用通信线路和通信设备，把分布在不同地理位置的具有独立处理功能的若干台计算机按照一定的控制机制和连接方式互相连接在一起，并在网络软件的支持下实现资源共享的计算机系统。

这里所定义的计算机网络包含四部分内容。

（1）通信线路和通信设备。通信线路是网络连接介质，包括同轴电缆双绞线、光缆、铜缆、微波和卫星等。通信设备是网络连接设备，包括网关、网桥、集线器、交换机、路由器、调制解调器等。

（2）具有独立处理功能的计算机，包括各种类型计算机、工作站、服务器、数据处理终端设备。

（3）一定的控制机制和连接方式是指各层网络协议和各类网络的拓扑结构。

（4）网络软件是指各类网络系统软件和各类网络应用软件。

（二）计算机网络的分类

计算机网络有几种不同的分类方法：按通信方式分类，如点对点和广播式；按带宽分类，如窄带网和宽带网；按传输介质分类，如有线网和无线网；按拓扑结构分类，如总线型、星型、环型、树型、网状；还有按地理范围分类，如局域网、城域网和广域网。一般所说的分类常指按地理范围的分类，所以下面就介绍按地理范围的计算机网络的分类。

1. 局域网

局域网（Local Area Network，LAN）是将较小地理范围内的各种数据通信设备连接在一起，实现资源共享和数据通信的网络（一般几千米以内）。这个小范围可以是一间办公室、一座建筑物或近距离的几座建筑物，如一个工厂或一个学校。局域网具有传输速度快、准确率高的特点。另外，它的设备价格相对低一些，建网成本低。局域网适合在某一个数据较重要的部门、某一企事业单位内部使用，有助于实现资源共享和数据通信。

2. 城域网

城域网（Metropolian Area Network，MAN）是一个将距离在几十千米以内的若干个局域网连接起来以实现资源共享和数据通信的网络。它的设计规模一般在一个城市之内，其传输速度相对局域网低一些。

3. 广域网

广域网（Wide Area Network，WAN）实际上是将距离较远的数据通信设备、局域网、城域网连接起来实现资源共享和数据通信的网络。广域网一般覆盖面广。广域网一般利用公用通信网络提供的信息进行数据传输，传输速度相对较低，网络结构较复杂，造价相对较高。

二、计算机网络的拓扑结构

尽管 Internet 网络结构非常庞大且复杂，但组成复杂庞大网络的基本单元结构具有一些基本特征和规律。计算机网络拓扑就是用来研究网络基本结构和特征规律的。

（一）计算机网络拓扑的概念

所谓"拓扑"就是把实体抽象成与其大小、形状无关的"点"，而把连接实体的线路抽象成"线",进而以图的形式来表示这些点与线之间关系的方法,其目的在于研究这些点、线之间的相连关系。表示点和线之间关系的图被称为拓扑结构图。拓扑结构与几何结构属于两个不同的数学概念。在几何结构中,我们要考察的是点、线之间的位置关系,或者说几何结构强调的是点与线所构成的形状及大小。比如,梯形、正方形、平行四边形及圆都属于不同的几何结构,但从拓扑结构的角度去看,由于点、线间的连接关系相同,从而具有相同的拓扑结构即环形结构。也就是说,不同的几何结构可能具有相同的拓扑结构。

类似地,在计算机网络中,我们把计算机、终端、通信处理机等设备抽象成点,把连接这些设备的通信线路抽象成线,并将由这些点和线所构成的拓扑称为网络拓扑结构。

(二)计算机网格拓扑的分类方法及基本拓扑类别

计算机网络的拓扑结构是计算机网络上各结点(分布在不同地理位置上的计算机设备及其他设备)和通信链路所构成的几何形状。常见的拓扑结构有总线型、星形、环形、树形和网状5种。

1. 总线型结构

总线型拓扑结构采用一条公共线(总线)作为数据传输介质,所有网络上结点都连接在总线上,通过总线在网络上结点之间传输数据。

总线型拓扑结构使用广播或传输技术,总线上的所有结点都可以发送数据到总线上,数据在总线上传播。在总线上所有其他结点都可以接收总线上的数据,各结点接收数据之后,首先分析总线上的数据的目的地址,再决定是否真正接收。由于各结点共用一总线,所以在任一时刻只允许一个结点发送数据,因此,传输数据易出现冲突现象,总线出现故障,将影响整个网络的运行。总线型拓扑结构具有结构简单,建网成本低,布线、维护方便,易于扩展等优点。比如,以太网就是典型的总线型拓扑结构。

2. 星形结构

在星形结构的计算机网络中,网络上每个结点都由一条点到点的链路与中心结点(网络设备,如交换机、集线器等)相连。

在星形结构中,信息的传输是通过中心结点的存储转发技术来实现的。这种结构具有结构简单、便于管理与维护、易于结点扩充等优点,其缺点是中心结点负担重,一旦中心结点出现故障,将影响整个网络的运行。

3. 环形结构

在环形拓扑结构的计算机网络中,网络上各结点都连接在一个闭合环形通信链路上。

在环形结构中，信息的传输沿环的单方向传递，两结点之间仅有唯一的通道。网络上各结点之间没有主次关系，各结点负担均衡，但网络扩充及维护不太方便。如果网络上有一个结点或者是环路出现故障，将可能引起整个网络故障。

4. 树形结构

树形拓扑结构是星形结构的发展，在网络中各结点按一定的层次连接起来，形状像一棵倒置的树，所以称为树形结构。

在树形结构中，顶端的结点称为根结点，它可带若干个分支结点，每个分支结点又可以再带若干个子分支结点。信息的传输可以在每个分支链路上双向传递，网络扩充、故障隔离比较方便。如果根结点出现故障，将影响整个网络运行。

5. 网状结构

在网状拓扑结构中，网络上的结点连接是不规则的，每个结点可以与任何结点相连，且每个结点可以有多个分支。在网状结构中，信息可以在任何分支上进行传输，这样可以减少网络阻塞的现象，但由于结构复杂，不易管理和维护。

计算机之间的通信是实现资源共享的基础，相互通信的计算机必须遵守一定的协议。协议是负责在网络上建立通信通道和控制信息流的规则，这些协议依赖于网络体系结构，由硬件和软件协同实现。

三、计算机网络的体系结构

（一）计算机网络协议概述

1. 网络协议

计算机网络如同一个计算机系统包括硬件系统和软件系统两大部分一样，因此，只有网络设备的硬件部分是不能实现通信工作的，需要有高性能网络软件管理网络，才能发挥计算机网络的功能。计算机网络功能是实现网络系统的资源共享，所以网络上各计算机系统之间要不断进行数据交换。但不同的计算机系统可能使用完全不同的操作系统或采用不同标准的硬件设备等。为了使网络上各个不同的计算机系统能实现相互通信，通信的双方就必须遵守共同一致的通信规则和约定，如通信过程的同步方式、数据格式、编码方式等。这些为进行网络中数据交换而建立的规则、标准或约定称为协议。

2. 协议的内容

在计算机网络中任何一种协议都必须解决语法、语义、定时这 3 个主要问题。

（1）协议的语法：在协议中对通信双方采用的数据格式、编码方式等进行定义。比如，报文中内容的组织形式、内容的顺序等、都是语法中解决的问题。

（2）协议的语义：在协议中对通信的内容做出解释。比如，对于报文，它是由几部分组成，哪些部分用于控制数据，哪些部分是真正的通信内容，这些是协议的语义中解决的问题。

（3）协议的定时：定时也称时序，在协议中对通信内容中先讲什么、后讲什么、讲的速度进行了定义。比如通信中采用同步还是异步传输等，这些是协议的定时中要解决的问题。

3. 协议的功能

计算机网络协议应具有以下功能：

（1）分割与重组：协议的分割功能，可以将较大的数据单元分割成较小的数据单元，其相反的过程为重组。

（2）寻址：寻址功能使网络上设备彼此识别，同时可以进行路径选择。

（3）封装与拆封：协议的封装功能是将在数据单元的始端或者末端增加控制信息，其相反的过程是拆封。

（4）排序：协议的排序功能是指报文发送与接收顺序的控制。

（5）信息流控制：协议的流量控制功能是指在信息流过大时，对流量进行控制，使其符合网络的吞吐能力。

（6）差错控制：差错控制功能使得数据按误码率要求的指标，在通信线路中正确地传输。

（7）同步：协议的同步功能可以保证收发双方在数据传输时保证一致性。

（8）干路传输：协议的干路传输功能可以使多个用户信息共用干路。

（9）连接控制：协议的连接控制功能是可以控制通信实体之间建立和终止链路的过程。

4. 协议的种类

协议按其不同的特性可分为以下 3 种：

（1）标准或非标准协议：标准协议涉及各类的通用环境，而非标准协议只涉及专用环境。

（2）直接或间接协议：设备之间可以通过专线进行连接，也可以通过公用通信网络相连接。当网络设备直接进行通信时，需要一种直接通信协议；而网络设备之间间接通信时，则需要一种间接通信协议。

（3）整体的协议或分层的结构化协议：整体协议是一个协议，也就是一套规则。分层的结构化协议，分为多个层次实施，这样的协议是由多个层次复合而成。

（二）OSI 参考模型

国际标准化组织（International Standard Organization，ISO）提出一个通用的网络通信参考模型 OSI（Open System Interconnect Model）模型，称为开放系统互联模型。将整个网络系统分成七层，每层各自负责特定的工作，各层都有主要的功能。

1. OSI 参考模型分层原则

按网络通信功能性质进行分层，性质相似的工作计划分在同一层，每一层所负责的工作范围，层次分得很清楚，彼此不重叠，处理事情时逐层处理，绝不允许越层，功能界限清晰，并且每层向相邻的层提供透明的服务。

2. 各层功能

（1）物理层：也称最低层，它提供计算机操作系统和网络线之间的物理连接，它规定电缆引线的分配线上的电压、接口的规格及物理层以下的物理传输介质等。在这一层传输的数据以比特为单位。

（2）数据链路层：数据链路层完成传输数据的打包和拆包的工作。把上一层传来的数据按一定的格式组织，这个工作称为组成数据帧，然后将帧按顺序传出。另外，它主要解决数据帧的破坏、遗失和重复发送等问题，目的是把一条可能出错的物理链路变成让网络层看起来是一条不出差错的理想链路。数据链路层传输的数据以帧为单位。

（3）网络层：主要功能是为数据分组进行路由选择，并负责通信子网的流量控制、拥塞控制。要保证发送端传输层所传下来的数据分组能准确无误地传输到目的结点的传输层。网络层传输的数据以数据单元为单位。一般称以上介绍的三层为通信子网。

（4）传输层：主要功能是为会话层提供一个可靠的端到端连接，以使两通信端系统之间透明地传输报文。传输层是计算机网络体系结构中最重要的一层，传输层协议也是最复杂的，其复杂程度取决于网络层所提供的服务类型及上层对传输层的要求。传输层传输的数据以报文为单位。

（5）会话层：主要功能是使用传输层提供的可靠的端到端连接，在通信双方应用进程之间建立会话连接，并对会话进行管理和控制，保证会话数据可靠传送。会话层传输的数据以报文为单位。

（6）表示层：主要功能是完成被传输数据的表示工作，包括数据格式数据转化、数据加密和数据压缩等语法变换服务。表示层传输的数据以报文为单位。

（7）应用层：它是 OSI 参考模型中的最高层，功能与计算机应用系统所要求的网络服务目的有关。通常是为应用系统提供访问 OSI 环境的接口和服务，常见的应用层服务如信息浏览、虚拟终端、文件传输、远程登录、电子邮件等。应用层传输的数据以报文为单位。一般称第五至第七层为资源子网。

3. OSI 模型中数据传输方式

在 OSI 模型中，通信双方的数据传输是由发送端应用层开始向下逐层传输，并在每层增加一些控制信息，可以理解为每层对信息加一层信封，到达最低层源数据加了七层信封；再通过网络传输介质，传送到接收端的最低层，再由下向上逐层传输，并在每层去掉一个信封，直到接收端的最高层，数据还原成原始状态为止。

另外，当通信双方进行数据传输时，实际上是对等层在使用相应的规定进行沟通。这里使用的规定称为协议，它是在不同终端相同层中实施的规则。如果在同一终端，不同层中称为接口或称为服务访问点。

（三）TCP/IP 模型

由于 TCP/IP 参考模型与 OSI 参考模型设计的出发点不同，OSI 是为国际标准而设计的，因此考虑因素多，协议复杂，产品推出较为缓慢；TCP/IP 起初是为军用网设计的，将异构网的互联、可用性、安全性等特殊要求作为重点考虑。因此，TCP/IP 参考模型分为网络接口层、互联层、传输层和应用层四层。

1. TCP/IP 中各层功能

（1）网络接口层

它是 Internet 协议的最低层，它与 OSI 的数据链路及物理层相对应。这一层的协议标准也很多，包括各种逻辑链路控制和媒体访问协议，如各种局域网协议、广域网协议等任何可用于 IP 数据报文交换的分组传输协议。作用是接收互联层传来的 IP 数据报；或从网络传输介质接收物理帧，将 IP 数据报传给互联层。

（2）互联层

它与 OSI 的网络层相对应，是网络互联的基础，提供无连接的分组交换服务。互联层的作用是将传输层传来的分组装入 IP 数据报，选择去往目的主机的路由，再将数据报发送到网络接口层；或从网络接口层接收数据报，先检查其合理性，然后进行寻址。若该数据报是发送给本机的，则接收并处理后，传送给传输层；如果不是送给本机的，则转发该数据报。另外，还有对差错控制报文、流量控制等功能。

（3）传输层

传输层与 OSI 的传输层相对应。传输层的作用是提供通信双方的主机之间端到端的数据传送，在对等实体之间建立用于会话的连接。它管理信息流，提供可靠的传输服务，以确保数据可靠地按顺序到达。在传输层包括传输控制协议 TCP 和用户数据报协议 UDP 两个协议，这两个协议分别对应不同的传输机制。

（4）应用层

应用层与 OSI 中的会话层、表示层和应用层相对应。向用户提供一组常用的应用层协议。提供用户调用应用程序访问 TCP/IP 互联网络的各种服务。常见的应用层协议包括网络终端协议 Telnet、文件传输协议 FTP、简单邮件传输协议 SMTP、域名服务 DNS 和超文本传输协议 HTTP。

2. Internet 协议应用

网络协议是计算机系统之间通信的各种规则，只有双方按照同样的协议通信，把本地计算机的信息发出去，对方才能接收。因此，每台计算机上都必须安装执行协议的软件。协议是网络正常工作的保证，所以针对网络中不同的问题制定了不同的协议。常用的协议包括以下几类：

（1）Internet 网络协议

①传输控制协议 TCP：TCP 负责数据端到端的传输，是一个可靠的、面向连接的协议，保证源主机上的字节准确无误地传递到目的主机。为了保证数据可靠传输，TCP 对从应用层传来的数据进行监控管理，提供重发机制，并且进行流量控制，使发送方以接收方能够接收的速度发送报文，不会超过接收方所能处理的报文数。

②网际协议 IP：IP 是提供无连接的数据包服务，负责基本数据单元的传送，规定了通过 TCP/IP 的数据的确切格式，为传输的数据进行路径选择和确定如何分组及数据差错控制等。IP 是在互联层，实际上在这一层配合 IP 的协议还有在 IP 之上的互联网络控制包文协议 ICMP；有在 IP 之下的正向地址解析协议 ARP 和反向地址解析协议 RARP。

③用户数据报协议 UDP：提供不可靠的无连接的数据包传递服务，没有重发和记错功能。因此，UDP 适用于那些不需要 TCP 的顺序与流量控制而希望自己对此加以处理的应用程序。如在语言和视频应用中需要传输准同步数据，这时用 UDP 传输数据，如果使用有重发机制的 TCP 来传输数据，就会使某些音频或视频信号延时较长，这时即使这段音频或视频信号再准确也毫无意义。在这种情况下，数据的快速到达比数据的准确性更重要。

（2）Internet 应用协议

①网络终端协议 Telnet：实现互联网中远程登录功能。

②文件传输协议 FTP：实现互联网中交互式文件传输功能。

③简单邮件传输协议 SMTP：实现互联网中的电子邮件传输功能。

④域名服务 DNS：实现网络设备的名字到 IP 地址映射的网络服务。

⑤路由信息协议 RIP：具有网络设备之间交换路由信息功能。

⑥超文本传输协议 HTTP：用于 WWW 服务，可传输多媒体信息。

⑦网络文件系统 NFS：用于网络中不同主机间的文件共享。

（3）其他协议

①面向数据报协议 IPX：是局域网 NetWare 的文件重定向模块的基础协议。

②连接协议 SPX：是会话层的面向连接的协议。

3. Internet 地址

在局域网中各台终端上的网络适配器即网卡都有一个地址，称为网卡物理地址或 MAC 地址。它是全球唯一的地址，每一块网卡上的地址与其他任何一块网卡上的地址不会相同。而在 Internet 上的主机，每一台主机都有一个与其他任何主机不重复的地址，称为 IP 地址。IP 地址与 MAC 地址之间没有什么必然的联系。

（1）IP 地址

每个 IP 地址用 32 位二进制数表示，通常被分割为 4 个 8 位二进制数，即 4 个字节（IPv4 协议中），如 11001011 01 10001001100001 01 010111。为了记忆，实际使用 IP 地址时，将二进制数用十进制数来表示，每 8 位二进制数用一个 0~255 的十进制数表示，且每个数之间用小数点分开。比如，上面的 IP 地址可以用 203.98.97.143 表示网络中某台主机的 IP 地址。计算机系统很容易地将用户提供的十进制地址转换成对应的二进制 IP 地址，以识别网络上的互联设备。

（2）域名

由于人们更习惯用字符型名称来识别网络上互联设备，所以通常用字符给网上设备命名，这个名称由许多域组成，域与域之间用小数点分开。比如，哈尔滨商业大学校园网域名为 www.hrbcu.edu.cn，这是该大学的 www 主机的域名。在这个域名中从右至左越来越具体，最右端的域为顶级域名 cn，表示中国；edu 是二级域名表示教育机构；hrbcu 是用户名；www 是主机名。如 www.tsinghua.edu.cn 是清华大学校园网 www 主机的域名。这两个域名主机名和后两个域名都相同，但用户名不同，就代表 Internet±的两台不同的主机。在 Internet±域名或 IP 地址一样，都是唯一的，只不过表示方式不同。在使用域名查找网上设备时，需要有一个翻译将域名翻译成 IP 地址，这个翻译由称为域名服务系统 DNS 来承担，它可以根据输入的域名来查找相对的 IP 地址，如果在本服务系统中没找到，再到其他服务系统中去查找。

每个国家和地区在顶级域名后还必须有一个用于识别的域名，用标准化的两个字母表示国家和地区的名字，即顶级域名，如中国用 cn，中国香港用 hk 等。常用的二级域名有：edu 表示教育机构，com 表示商业机构，mil 表示军事部门，gov 表示政府机构，org 表示其他机构。

（3）IP 地址的分类

IP 地址分为 5 类，分别为 A 类、B 类、C 类、D 类和 E 类。其中，A、B、C3 类地址是主类地址，D、E 类地址是次类地址。

①IP 地址的格式。IP 地址的格式由类别、网络地址和主机地址三部分组成。

②IP 地址的分类。按 IP 地址的格式将 IP 地址分为 5 类。例如，A 类地址类别号为 0，第一字节中剩余的 7 位表示网络地址，后 3 个字节用来表示主机地址。

一般全 0 的 IP 地址不使用，有特殊用途。

第二节　信息系统安全概述

信息系统的安全技术问题非常复杂，涉及物理环境、硬件、软件数据、传输、体系结构等各个方面。除了传统的安全保密理论技术及单机的安全问题以外，信息系统安全技术包括了计算机安全、通信安全、访问控制安全、安全管理和法律制裁等诸多内容，并逐渐形成独立的学科体系。

一、网络安全定义

国际标准化组织（ISO）和国际电工委员会在 ISO 7498-2 文献中对安全是这样定义的："安全就是最大限度地减少数据和资源被攻击的可能性。" Internet 最大的特点就是开放性，对于安全来说，这又是它致命的弱点。

网络安全的广义定义是指网络系统的硬件、软件及其系统中的数据受到保护，不因偶然的或者恶意的原因而遭到破坏、更改泄露，系统能连续、可靠地正常运行，提供不中断的网络服务。网络安全的具体含义会随着"视角"的不同而改变。

从用户（个人或企业等）的角度来说，希望涉及个人隐私或商业利益的信息在网络上传输时，在机密性、完整性和真实性方面得到保护，避免其他人或对手利用窃听、冒充、篡改、抵赖等手段侵犯用户的利益和隐私，同时避免其他用户的非授权访问和破坏。

从社会教育和意识形态角度来讲，网络上不健康的内容会对社会的稳定和人类的发展造成阻碍，必须对其进行控制。

二、网络安全属性

网络安全从本质上来讲主要是指网络上信息的安全。伴随网络的普及，网络安全日益成为影响网络效能的重要问题。无论网络入侵者使用何种方法和手段，最终都要通过攻击信息网络的如下几种安全属性来达到目的：

（一）保密性

保密性（Confidentiality）是指保证信息只让合法用户访问，信息不泄露给非授权的个人和实体。信息的保密性可以具有不同的保密程度或层次，所有人员都可以访问的信息为公开信息，需要限制访问的信息一般为敏感信息，敏感信息又可以根据信息的重要性及保密要求分为不同的密级。例如，国家根据秘密泄露对国家经济、安全利益产生的影响不同，将国家秘密分为"秘密""机密"和"绝密"3个等级，可根据信息安全要求的具体情况在符合《中华人民共和国保守国家秘密法》的前提下将信息划分为不同的密级。对于具体信息的保密性还有时效性（如秘密到期了即可进行解密）等要求。

（二）完整性

完整性（Integrity）一方面是指信息在利用、传输、存储等过程中不被篡改、丢失、缺损等，另一方面是指信息处理方法的正确性。不正当的操作有可能造成重要信息的丢失。信息完整性是信息安全的基本要求，破坏信息的完整性是影响信息安全的常用手段。例如，破坏商用信息的完整性可能意味着整个交易的失败。

（三）可用性

可用性（Availability）是指有权使用信息的人在需要的时候可以立即获取。例如，有线电视线路被中断就是信息可用性的破坏。

（四）可控性

可控性（Controllability）是指对信息的传播及内容具有控制能力。实现信息安全需要一套合适的控制机制，如策略、惯例、程序、组织结构或软件功能，这些都是用来保证信息的安全目标能够实现的机制。例如，美国制定和倡导的"密钥托管""密钥恢复"措施就是实现网络信息安全可控性的有效方法。

不同类型的信息在保密性、完整性、可用性及可控性等方面的侧重点会有所不同，如专利技术、军事情报、市场营销计划的保密性尤其重要，而对于工业自动控制系统，控制信息的完整性相对其保密性则重要得多。

确保信息的完整性、保密性、可用性和可控性是网络信息安全的最终目标。

三、网络安全体系结构

OSI 参考模型是研究设计新的计算机网络系统和评估、改进现有系统的理论依据，是理解和实现网络安全的基础。OSI 安全体系结构是在分析对开放系统产生威胁和其自身脆弱性的基础上提出来的。在 OSI 安全参考模型中主要包括安全服务（Security Service）、安全机制（Security Mechanism）和安全管理（Security Management），并给出了 OSI 网络层次安全服务和安全机制之间的逻辑关系。

为了适应网络技术的发展，国际标准化组织的计算机专业委员会根据开放系统互连参考模型制定了一个网络安全体系结构：《信息处理系统开放系统互连基本参考模型》第二部分——安全体系结构，即 ISO 7498-2，这个三维模型从比较全面的角度考虑网络与信息的安全问题，主要解决网络系统中的安全与保密问题。我国将其作为 GB/T 9387-2 标准，并予以执行。该模型结构中包括 5 类安全服务及提供这些服务所需要的 8 类安全机制。

（一）安全服务

网络安全需求应该是全方位的、整体的。在 OSI7 个层次的基础上，将安全体系划分为 4 个级别：网络级安全、系统级安全、应用级安全及企业级安全管理，而安全服务渗透到每一个层次，从尽量多的方面考虑问题，有利于减少安全漏洞和缺陷。

安全服务是由参与通信的开放系统的某一层所提供的服务，是针对网络信息系统安全的基本要求而提出的，旨在加强系统的安全性及对抗安全攻击。ISO 7498-2 标准中确定了五大类安全服务，即鉴别、访问控制、数据保密性、数据完整性和禁止否认。

（1）鉴别（Authentication）。这种服务用于保证双方通信的真实性，证实通信数据的来源和去向是我方或他方所要求和认同的。鉴别包括对等实体鉴别和数据源鉴别。

（2）访问控制（Access Control）。这种服务用于防止未经授权的用户非法使用系统中的资源，保证系统的可控性。访问控制不仅可以提供给单个用户，也可以提供给用户组。

（3）数据保密性（Data Confidentiality）。这种服务的目的是保护网络中各系统之间交换的数据，防止因数据被截获而造成泄密。

（4）数据完整性（Data Integrity）。这种服务用于防止非法用户的主动攻击（如对正在交换的数据进行修改、插入，使数据延时及丢失数据等），以保证数据接收方收到的信息与发送方发送的信息完全一致，包括可恢复的连接完整性、无恢复的连接完整性、选择字段的连接完整性、无连接完整性、选择字段无连接完整性。

（5）禁止否认（Non-Repudiation）。这种服务有两种形式：第一种形式是源发证明，即某一层向上一层提供的服务，它用来确保数据是由合法实体发出的，它为上一层提供对数据源的对等实体进行鉴别，以防假冒；第二种形式是交付证明，用来防止发送数据方发送数据后否认自己发送过数据，或接收方接收数据后否认自己收到过数据。

（二）安全机制

为了实现以上这些安全服务，需要一系列安全机制作为支撑。安全机制可以分为两大部分共 8 个类别：其一与安全服务有关，是实现安全服务的技术手段；其二与管理功能有关，用于加强对安全系统的管理。ISO 7498-2 所提供的 8 类安全机制如下：

（1）加密机制：应用现代密码学理论，确保数据的机密性。

（2）数字签名机制：保证数据完整性和不可否认性。

（3）访问控制机制：与实体认证相关，且要牺牲网络性能。

（4）数据完整性机制：保证数据在传输过程中不被非法入侵篡改。

（5）认证交换机制：实现站点、报文、用户和进程认证等。

（6）流量填充机制：针对流量分析攻击而建立的机制。

（7）路由控制机制：可以指定数据通过网络的路径。

（8）公证机制：用数字签名技术由第三方来提供公正仲裁。

第三节　系统攻击技术与防御手段

一、系统攻击技术

网络具有连接形式多样性、终端分布不均匀性和网络开放性、互连性等特征，致使网络易受黑客恶意软件和其他不轨行为的攻击。所以网络信息的安全和保密是一个至关重要的问题，无论在局域网还是在广域网中，都存在着自然和人为等诸多因素的脆弱性和潜在威胁，因此网络的安全措施应能全方位地针对各种不同的威胁和脆弱性，这样才能确保网络信息的保密性、完整性和可用性。

网络安全所面临的威胁大体可分为两种：其一是对网络中信息的威胁；其二是对网络中设备的威胁。影响网络安全的因素很多，有些因素可能是有意的，也可能是无意的；可能是人为的，也可能是非人为的，还也有可能是外来黑客对网络系统资源的非法使用。

（一）计算机病毒

在生物学界，病毒（Virus）是一类没有细胞结构，但有遗传、复制等生命特征，主要由核酸和蛋白质组成的有机体。计算机病毒（Computer Vinus）具有与生物界中的病毒极为相似特征的程序。在《中华人民共和国计算机信息系统安全保护条例》中，病毒代码被明确定义为"计算机病毒，是指编制或者在计算机程序中插入的破坏计算机功能或者毁坏数据、影响计算机使用，并能自我复制的一组计算机指令或者程序代码"。

通常，人们也简单地把计算机病毒定义为：利用计算机软件与硬件的缺陷，破坏计算机数据并影响计算机正常工作的一组指令集或程序代码。更广义地说，凡是能够引起计算机故障、破坏计算机数据的程序代码都可称为计算机病毒。

病毒主要具有如下特征：

1. 传染性

传染是病毒最本质的特征，是病毒的再生机制。生物界的病毒可以从一个生物体传播到另一个生物体，病毒也可以从一个程序、部件或系统传播到另一个程序、部件或系统。

在单机环境下，病毒的传染基本途径是通过磁盘引导扇区、操作系统文件或应用文件进行传染；在网络中，病毒主要是通过电子邮件、Web 页面等特殊文件和数据共享方式进行传染。一般将传染分为被动传染和主动传染。通过网络传播或文件复制，使病毒由一个载体被携带到另一个载体，称为被动传染。病毒处于激活状态下，满足传染条件时，病毒从一个载体自我复制到另一个载体，称为主动传染。

从传染的时间性上看，传染分为立即传染和伺机传染。病毒代码在被执行瞬间，抢在宿主程序执行前感染其他程序，称为立即传染。病毒代码驻留内存后，当满足传染条件时才感染其他程序，称为伺机传染。

2. 潜伏性与隐蔽性

病毒一旦取得系统控制权，可以在极短的时间内传染大量程序。但是，被感染的程序并不是立即表现出异常，而是潜伏下来，等待时机。

病毒的潜伏性还依赖于其隐蔽性。为了隐蔽，病毒通常非常短小，一般只有几百字节或上千字节，还有可能寄生于正常的程序或磁盘较隐蔽的地方，也有个别以隐含文件形式存在，不经过代码分析很难被发现。

3. 寄生性

寄生是病毒的重要特征。病毒实际上是一种特殊的程序，必然要存储在磁盘上，但是病毒为了进行自身的主动传播，必须使自身寄生在可以获取执行权的寄生对象宿主程序上。

就目前出现的各种病毒来看，其寄生对象有两种：一种是寄生在磁盘引导扇区；另一种是寄生在可执行文件（.EXE 或 .COM）中。这是由于不论磁盘引导扇区还是可执行文件，它们都有获取执行权的可能，病毒寄生在它们的上面，就可以在一定条件下获得执行权，从而使病毒得以进入计算机系统，并处于激活状态，然后进行病毒的动态传播和破坏活动。对于寄生在磁盘引导扇区的病毒来说，病毒引导程序占有了原系统引导程序的位置，并把原系统引导程序搬移到一个特定的地方。这样，系统一启动，病毒引导模块就会自动地装入内存并获得执行权，然后该引导程序负责将病毒代码的传染模块和发作模块装入内存的适当位置，并采取常驻内存技术以保证这两个模块不会被覆盖，接着对该两个模块设定某种激活方式，使之在适当的时候获得执行权。处理完这些工作后，病毒引导模块将系统引导模块装入内存，使系统在带毒状态下运行。对于寄生在可执行文件中的病毒来说，病毒一般通过修改原有可执行文件，使该文件一执行就先转入病毒引导模块。该引导模块也完成把病毒的其他两个模块驻留内存及初始化的工作，然后把执行权交给执行文件，使系统及执行文件在带毒的状态下运行。

病毒的寄生方式有两种：一种是替代法；另一种是链接法。替代法是指病毒用自己的部分或全部指令代码替代磁盘引导扇区或文件中的全部或部分内容。链接法是指病毒将自身代码作为正常程序的一部分与原有正常程序链接在一起，病毒链接的位置可能在正常程序的首部、尾部或中间，寄生在磁盘引导扇区的病毒一般采取替代法，而寄生在可执行文件中的病毒一般采用链接法。

4. 非授权执行性

一个正常的程序是由用户调用的。程序被调用时，要从系统获得控制权，得到系统分配的相应资源来实现用户要求的任务。病毒虽然具有正常程序所具有的一切特性，但是其执行是非授权进行的：它隐蔽在合法程序和数据中，当用户运行正常程序时，病毒伺机取得系统的控制权，先于正常程序执行，并对用户呈透明状态。

5. 可触发性

潜伏下来的病毒一般要在一定的条件下才被激活，发起攻击。病毒具有判断这个条件的功能。下面列举一些病毒的触发（激活）条件：

（1）日期/时间触发：病毒读取系统时钟，判断是否激活。

（2）计数器触发：病毒内部设定一个计数单元，对系统事件进行计数，判定是否激活。

（3）键触发：当输入某些字符时触发（如 AIDS 病毒，在输入 A、I、D、S 时发作），或以击键次数（如 Devil's Dance 病毒在用户第 2000 次击键时被触发）、按键组合等为激发条件（如 Invader 病毒在按 F Ctrl+Alt+Del 键时发作）。

（4）启动触发：以系统的启动次数作为触发条件。例如，Anti-Tei 和 Telecom 病毒当系统第 400 次启动时被激活。

（5）感染触发：以感染文件个数、感染序列、感染磁盘数或感染失败数作为触发条件。

（6）条件触发：用多种条件综合使用，作为病毒代码的触发条件。

6. 破坏性

破坏性体现了病毒的杀伤能力。大多数病毒具有破坏性，并且其破坏方式总在翻新。常见的病毒破坏性有以下几个方面：

（1）占用或消耗 CPU 资源及内存空间，导致一些大型程序运行受阻，系统性能下降。

（2）干扰系统运行，如不执行命令、干扰内部命令的执行、虚发报息、打不开文件、内部栈溢出、占用特殊数据区、时钟倒转、重启动死机、文件无法存盘、文件存盘时丢失字节、内存减小、格式化硬盘等。

（3）攻击 CMOS。CMOS 是保存系统参数（如系统时钟、磁盘类型、内存容量等）的重要场所，有的病毒（如 CIH 病毒）可以通过改写 CMOS 参数破坏系统硬件的运行。

（4）攻击系统数据区。硬盘的主引导记录分区引导扇区 FAT（文件分配表）、文件目录等是系统重要的数据，这些数据一旦受损，将造成相关文件的破坏。

（5）攻击文件。现在发现的病毒中，大多数是文件型病毒，这些病毒会使染毒文件的长度、文件存盘时间和日期发生变化。

（6）干扰外部设备运行，如封锁键盘、产生换字、抹掉缓存区字符、输入紊乱、使屏幕显示混乱及干扰声响、干扰打印机等。

（7）破坏网络系统的正常运行，如发送垃圾邮件、占用带宽、使网络拒绝服务等。

（二）病毒的分类

按照不同的分类标准，病毒可以分为不同的类型，下面介绍几种常用的分类方法。

1. 按照所攻击的操作系统分类

DOS 病毒：攻击 DOS 系统。

UNIX/linux 病毒：攻击 UNIX 或 Linux 系统。

Windows 病毒：攻击 Windows 系统，如 CIH 病毒。

OS/2 病毒：攻击 OS/2 系统。

Macintosh 病毒：攻击 Macintosh 系统，如 Mac. simpsons 病毒。

手机病毒。

网络病毒。

2. 按照寄生位置分类

（1）引导型病毒

引导型病毒是寄生在磁盘引导区的病毒。磁盘有两种引导区，即主引导区和分区的引导区，所以就有两种引导型病毒。

①MBR 病毒，也称主引导区病毒。该类病毒寄生在硬盘主引导程序所占据的硬盘。头 0 柱面第 1 个扇区中，典型的病毒有大麻病毒、2708 病毒、火炬病毒等。

②BR 病毒，也称为分区引导病毒。该类病毒寄生在硬盘活动分区的逻辑。扇区（即 0 面 0 道第 1 个扇区），典型的病毒有 Brain、小球病毒、Girl 病毒等。

（2）引导兼文件型病毒

这类病毒在文件感染时还伺机感染引导区，如 CANCER 病毒、HAMMER V 病毒等。

（3）文件型病毒

文件型病毒按照所寄生的文件类型可以分为 4 类。

①可执行文件，即扩展名为 COM、EXE、PE、BAT、SYS、OVL 等的文件。一旦运行这类病毒的载体程序，就会将病毒注入、安装并驻留在内存中，伺机进行感染。感染了该类病毒的程序往往会减慢执行速度，甚至无法执行。

②文档文件或数据文件，如 Word 文档、Excel 文档、Access 数据库文件。宏病毒（Macro）就感染这些文件。

③Web 文档，如 HTML 文档和 HTM 文档。已经发现的 Web 病毒有 HTML/Prepend 和

HTML/Redirect 等。

④目录文件，如 DIR2 病毒。

（4）CMOS 病毒

CMOS 是保存系统参数和配置的重要地方，它也存在一些没有使用的空间。CMOS 病毒就隐藏在这一空间中，从而可以躲避磁盘的格式化清除。

3. 按照是否驻留内存分类

（1）非驻留（Nonresident）病毒

非驻留病毒选择磁盘上一个或多个文件，不等它们装入内存，就直接进行感染。

（2）驻留（Resident）病毒

驻留病毒装入内存后，发现另一个系统运行的程序文件后进行传染。驻留病毒又可进一步分为以下几种：

①高端驻留型。

②常规驻留型。

③内存控制链驻留型。

④设备程序补丁驻留型。

4. 按照病毒形态分类

（1）隐身病毒

隐身病毒对所隐身之处进行修改，以便藏身。其可以分为两种情形。

①规模修改：病毒隐藏感染一个程序之后，立即修改程序的规模。

②读修改：病毒可以截获已感染引导区记录或文件的读请求并进行修改，以便于隐藏。

（2）多态病毒

这种病毒形态多样，它们在复制之前会不断改变形态及自己的特征码，以躲避检测。例如，臭名昭著的"红色代码"病毒几乎每天变换一种形态。

（3）逆录病毒

这是一种攻击病毒查防软件的病毒，可以分为 3 种攻击方式。

①关闭病毒查防软件。

②绕过病毒查防软件。

③破坏完整性校验软件中的完整性数据库。

（4）外壳病毒

这种病毒为自己添加一层保护外套，躲过病毒查防软件的检测、跟踪和拆卸。

（5）伴随病毒

这种病毒首先创建可执行文件，并在此基础上扩展，以便抢先执行。

（6）噬菌体病毒

这种病毒用自己的代码替代可执行代码，可以破坏触到的任何可执行程序。

5. 按照感染方式分类

（1）寄生病毒

这类病毒在感染的时候，将病毒代码加入正常程序之中，原来程序的功能部分或者全部被保留。根据病毒代码加入的方式不同，寄生病毒可以分为文件型病毒头寄生、尾寄生、中间插入和空洞利用 4 种。

头寄生是将病毒代码加入文件的头部，具体有两种方法：一种是将原来程序的前面一部分拷贝到程序的最后，然后将文件头用病毒代码覆盖；另一种是生成一个新的文件，首先在头的位置写上病毒代码，然后将原来的可执行文件放在病毒代码的后面，再用新的文件替换原来的文件，从而完成感染。头寄生方式适合于不需要重新定位的文件，如批处理病毒和 COM 文件。

尾寄生是将病毒代码加入文件的尾部，避开了文件重定位的问题，但为了先于宿主文件执行，需要修改文件头，使用跳转指令使病毒代码先执行。不过，修改头部也是一项复杂的工作。

中间插入是病毒将自己插入被感染的程序中，可以整段插入，也可以分成很多段，靠跳转指令连接。有的病毒通过压缩原来的代码的方法保持被感染文件的大小不变。

空洞利用多用于视窗环境下的可执行文件。因为视窗程序的结构非常复杂，其中会有很多没有使用的部分，一般是空的段或者每个段的最后部分。病毒寻找这些没有使用的部分，然后将病毒代码分散到其中，这样就实现了难以察觉的感染（著名的 CIH 病毒就使用了这种方法）。

（2）覆盖病毒

这种病毒的手法极其简单，是初期的病毒感染技术，它仅仅直接用病毒代码替换被感染程序，使被感染的文件头变成病毒代码的文件。

（3）无入口点病毒

这种病毒并不是真正没有入口点，在被感染程序执行的时候，并不立刻跳转到病毒的代码处开始执行，病毒代码无声无息地潜伏在被感染的程序中，可能在非常偶然的条件下才会被触发，开始执行。采用这种方式感染的病毒非常隐蔽，杀毒软件很难发现在程序的某个随机的部位有这样一些在程序运行过程中会被执行到的病毒代码。

（4）伴随病毒

这种病毒不改变被感染的文件，而是为被感染的文件创建一个伴随文件（病毒文件），这样，当被感染文件执行的时候，实际上执行的是病毒文件。

（5）链接病毒

这类病毒将自己隐藏在文件系统的某个地方，并使目录区中文件的开始簇指向病毒代码。这种感染方式的特点是每个逻辑驱动器上只一份病毒的副本。

6. 按照破坏能力分类

按照破坏能力可将病毒分为以下几种类型。

（1）无害型：除了传染时减少磁盘的可用空间外，对系统没有其他影响。

（2）无危险型：这类病毒仅仅是减少内存、显示图像、发出声音等。

（3）危险型：这类病毒在计算机系统操作中会造成严重的错误。

（4）非常危险型：这类病毒会删除程序、破坏数据、清除系统内存区和操作系统中重要的信息。

（三）蠕虫

1982 年，Xerox PARC 的 John F. Shoch 等人为了进行分计算的模型实验，编写了称为蠕虫（Worm）的程序。他们没有想到，这种"可以自我复制"并可以"从一台计算机移动到另一台计算机"的程序，后来竟给计算机界带来了巨大的灾难。1988 年，被罗伯特·莫里斯（Robert Morris）释放的 Morris 蠕虫在 Internet 上爆发，在几个小时之内迅速感染了所能找到的、存在漏洞的计算机。

蠕虫与病毒都是具有恶意的程序代码，简称恶意代码，它们都可以传播，但两者也有许多不同，如表 5-1 所示。

表 5-1　蠕虫与病毒的比较

比较项目	蠕虫	病毒
存在形式	独立存在	寄生在宿主程序中
运行机制	自主运行	条件触发
攻击对象	计算机、网络	文件
繁殖方式	自我复制	感染宿主程序
传播途径	系统漏洞	文件感染

下面进一步说明蠕虫的特点。

（1）存在的独立性。病毒具有寄生性，寄生在宿主文件中；而蠕虫是独立存在的程序个体。

（2）攻击的对象是计算机。病毒代码的攻击对象是文件系统，而蠕虫的攻击对象是计算机系统。

（3）感染的反复性。病毒与蠕虫都具有感染性，它们都可以自我复制。但是，病毒与蠕虫的感染机制有三点不同：

①病毒感染是一个将病毒代码嵌入宿主程序的过程，而蠕虫的感染是自身的复制。

②病毒的感染目标针对本地程序（文件），而蠕虫是针对网络上的其他计算机。

③病毒是在宿主程序运行时被触发进行感染，而蠕虫是通过系统漏洞进行感染。

此外，由于蠕虫是一种独立程序，所以它们也可以作为病毒的寄生体，携带病毒，并在发作时释放病毒，进行双重感染。病毒防治的关键是将病毒代码从宿主文件中摘除；蠕虫防治的关键是为系统打补丁（Patch），而不是简单地摘除，只要漏洞没有完全修补，就会重复感染。

（4）破坏的严重性。病毒虽然对系统性能有影响，但破坏的主要是文件系统。而蠕虫主要是利用系统及网络漏洞影响系统和网络性能，降低系统性能。例如，它们的快速复制及在传播过程中的大面积漏洞搜索，会造成巨量的数据流量，导致网络拥塞甚至瘫痪。对一般系统来说，多个副本形成大量进程，会大量耗费系统资源，导致系统性能下降，对网络服务器尤为明显，其破坏的严重性造成了巨大的经济损失。

（5）攻击的主动性。计算机使用者是病毒感染的触发者，而蠕虫的感染与操作者是否进行操作无关，它搜索到计算机的漏洞后即可主动攻击进行感染。也就是说，蠕虫与病毒的最大不同在于它不需要人为干预，能够自主不断地复制和传播。所以通常认为：Internet蠕虫是不需要计算机使用者干预即可运行的独立程序，它通过不停地获得网络中存在漏洞的计算机上的部分或全部控制权来进行传播。

（6）行踪的隐蔽性。由于蠕虫传播过程的主动性，不需要像病毒那样由计算机使用者的操作触发，因而难以察觉。从上述讨论可以看出，蠕虫虽然与病毒有些不同，但也有许多共同之处。如果将凡是能够引起计算机故障、破坏计算机数据的程序统称为病毒代码，那么，从这个意义上说，蠕虫也应当是一种病毒。它以计算机为载体，以网络为攻击对象，是通过网络传播的恶性病毒。

（四）木马

木马是一种危害性极大的恶意代码。它执行远程非法操作者的指令，进行数据和文件的窃取篡改与破坏，释放病毒，以及使系统自毁等任务。下面介绍它的特征。

（1）目的性和功能特殊性。一般说来，每个木马程序都赋有特定的使命，其活动目的都比较清楚，例如盗号木马、网银木马、下载木马等。木马的功能都是十分特殊的，除了普通的文件操作以外，还有些木马具有搜索高速缓存中的口令、设置口令、扫描目标计算机的 IP 地址、进行键盘记录、远程注册表的操作以及锁定鼠标等功能。

（2）非授权性与受控性。所谓非授权性是指木马的运行不须由受攻击系统用户授权；所谓受控性是指木马的活动大都是由攻击者控制的。一旦控制端与服务器端建立连接后，控制端将窃取用户密码，获取大部分操作权限，如修改文件、修改注册表、重启或关闭服务器端操作系统、断开网络连接、控制服务器端鼠标和键盘、监视服务器端桌面操作、查看服务器端进程等。这些权限不是用户授权的，而是木马自己窃取的。

（3）非自繁殖性、非自传播性。一般说来，病毒具有极强的感染性，蠕虫具有很强大的传播性，而木马不具备繁殖性和自动感染的功能，其传播是通过一些手段植入的。例如，可以在系统软件和应用软件的文件传播中人为植入，也可以在系统或软件设计时被故意放置进来。例如，微软公司曾在其操作系统设计时故意放置了一个木马程序，可以将客户的相关信息发回其总部。

（4）欺骗性。隐藏是一切恶意代码的存在之本，而木马为了获得非授权的服务，还要通过欺骗进行隐藏。例如，它们使用的是常见的文件名或扩展名，如 dll \ winlsyslexplorer 等字样；或者仿制一些不易被人区别的文件名，如字母 I 与数字 1、字母 O 与数字 0，木马经常修改基本文件中的这些难以分辨的字符，更有甚者干脆借用系统文件中已有的文件名，只不过将它保存在不同的路径之中。木马通过这些手段便可以隐藏自己，更重要的是，通过偷梁换柱的行动，让用户把它当作要运行的软件启动。这类网购木马利用多款银行交易系统接口，后台自动查询银行卡余额，可将中毒网民银行卡的所有余额一次窃走。例如，"秒余额"网购木马采用的骗术是：当网民在淘宝网买完东西，骗子说你的订单被卡单了，需要联系某某人处理，不明真相的网民联系后，会被诱导运行不明程序，这个程序就是网购木马。中毒后，只要网民继续购物，就会造成网银资金损失。

木马、病毒及蠕虫之间的比较如表 5-2 所示。

表 5-2   木马、病毒及蠕虫之间的比较

	木马	病毒	蠕虫
自我繁殖	几乎没有	强	强
攻击对象	网络	文件	计算机、进程
传播途径	植入	文件感染	漏洞
欺骗性	强	一般	一般
攻击方式	窃取信息	破坏数据	消耗资源
远程控制	可	否	否
存在形式	隐藏	寄生在宿主程序中	独立存在
运行机制	自主运行	条件触发	自主运行

第六章　通信技术与应用

第一节　通信技术类型

一、基带传输技术

基带传输是一种最简单、最基本的传输方式。从信号分析的角度来看，基带信号是指没有经过任何波形变换、直接包含特征信息的信号。在信道中直接传输基带信号的通信系统被称为基带传输系统。根据基带信号的不同，其可以分为模拟基带传输系统和数字基带传输系统。

由贝尔（Bell）设计的最早的电话系统就是一种典型的模拟基带传输系统，它的形式非常简单，通常由发送端的话筒、接收端的听筒和传输信号的电话线这三部分组成。在发送端，人们对着话筒讲话，声音就会振动话筒表面的薄膜，引起话筒内部电阻阻值的变化，并进一步产生与声音信号相对应的电压或电流信号。这个信号的波形跟声音信号的波形是一致的，都是随时间和状态连续变化的，所以通常被称为模拟基带信号。基带信号产生后，系统不对该信号进行波形变换，直接将这个携带了语音信息的基带信号通过电话线传输到接收端，这就完成了模拟基带信号的信道传输。在接收端，用接收的基带电信号驱动听筒发出声音，就可以把电信号重新恢复成原始的声音信号。

随着通信技术的发展，数字基带信号传输方式被普遍用于计算机局域网的信号传输中。在计算机系统中，人们通常把要发送的信息进行编码，形成由"1"和"0"构成的二进制码组序列。而二进制码组序列最基本的电信号形式为方波，即"1"和"0"分别用高（或低）电平和低（或高）电平表示，人们通常把方波固有的频带称为基带，把方波电信号称为数字基带信号。而由在计算机间相互连接的网线直接传输这种方波信号的方式则被称为数字基带传输方式。一般来说，要将信源的数据经过变换变为直接传输的数字基带信号，这项工作由编码器完成。在发送端，由编码器实现编码；在接收端，由译码器进行解码，恢复发送端发送的原始数据。

比较以上两种基带传输系统可以发现，基带传输的特点就是直接对携带有原始信息的电信号进行传输，而不对其进行复杂的信号处理。采用基带传输的通信系统，优点是技术简单、设备便宜，缺点是由于基带信号中含有直流和低频分造成信号波形容易衰减变形或受干扰和噪声影响，从而造成信噪比下降和误码，因此基带信号不适合长距离传输。所以基带传输系统通常用于近距离信号传输。另外，虽然长距离通信时需要采用频带传输方式，但是频带信号是由基带信号调制而来的，所以频带传输系统实际上也包含了基带传输系统。

二、调制解调技术

计算机是一种数字设备，通常从计算机通信端口输出的都是二进制的数字基带信号，若传输距离不太远且通信容量不太大时，数字基带信号可以直接传送，即数字信号的基带传输，但是当需要进行长距离传输时，或者利用电话线、光纤或无线信道传输时，数字基带信号则必须经过调制，将信号频谱搬移到高频处才能在信道中传输，即数字信号的频带传输。完成这一变换的设备称为调制器，接收端可以通过与之对应的解调器将频带信号恢复成基带数字信号，调制器和解调器通常被集成在一个终端里，称为调制解调器。这种包括调制和解调过程的传输系统称为频带传输系统，采用频带传输系统可充分利用现有公用电话网的模拟信道，使其进行数据通信。

常见的调制方式包括 3 类，分别为调幅、调频和调相，它们是用基带信号分别对高频正弦载波信号的幅度、频率和相位进行调制，形成具有相应特征的频带信号。这些频带信号既包含基带信号的信息，又具有载波信号频率高、无直流分量的特点，适合进行远距离的传输。数字系统的调制方式跟模拟系统的调制方式原理相同，调制数字基带信号时，这 3 种调制方式通常对应振幅键控、频移键控和相移键控。不管应用于哪种系统，调制的目的主要包括以下 3 个方面：

一是将基带信号变换成适合在信道中传输的已调信号。人们发出的语音信号的频率在几十赫兹到几万赫兹范围内，它同计算机的数字基带信号一样都属于低频信号。这种信号在进行远距离传输时容易受到干扰和衰减的影响发生变形，因此在传输此类信号时必须通过调制，把频率搬移到适合传播的信道频谱范围内。

二是通过调制，增强信息信号的抗噪声能力。通信的可靠性和有效性是相互矛盾的，我们可以通过牺牲其中一方面来换取另一方面的提高。例如，当信道噪声比较严重时，为了确保通信的可靠，可以选择某种合适的调制方式（比如调频）来增加信号频带的宽度。

这样，虽然传输信息的速率相同而所需的频带却加宽，显然信息传输的效率（有效性）降低了，但抗干扰能力却增强了。

三是实现信道的多路复用。信道的频率资源十分宝贵，在一个物理信道上仅传输一个信息信号就像在一条宽阔的公路上只允许通过一辆汽车一样，是极大的浪费。为了提高信道频率资源的利用率，可以采用调制的方法对多个信号进行频谱搬移，将它们的频谱按一定的规则排列在信道带宽的相应频段内，从而实现同一信道中多个信号互不干扰地同时传输，这就是频分多路复用技术，它是以调制技术为基础的。

由于具有以上功能，调制技术在现代的通信中已经变得不可或缺，任何一种通信设备中都有相关的调制解调模块。近年来，随着通信技术的飞速发展，新的调制技术和相关设备不断涌现，确保了当前通信的顺利进行。

三、多路复用技术

随着通信技术的发展和通信系统的广泛使用，通信网的规模和需求越来越大。因此，通信系统的容量就成为一个非常重要的问题。一方面，原来只传输一路信号的链路上，现在可能要求传输多路信号；另一方面，常见通信系统一条链路的频带很宽，足以容纳多路信号传输。比如，通常人们的语音信号的带宽约为 4kHz，即使是数字电话也只不过占用 64kHz 的带宽，而家里电话线的带宽大概是 100MHz。如果每条电话线路只传输一路电话，就像是在一座有着 10 条车道的大桥上面，每次只允许一辆汽车通过，的确太浪费信道资源了。可以将多路信号通过一条信道来进行传输，这种技术被称为多路复用技术。

要想实现一条传输信道的多路复用，关键在于把多路信号汇合到一条信道上之后，在接收端必须能正确地分割出各路信号。分隔信号的依据是各信号之间参数的差别，信号之间的差别可以是频率上的不同、信号出现时间的不同或者信号码型结构上的不同，所以多路复用技术实质上也是信号的分割技术。目前，常用的多路复用技术分为 3 种：频分多路复用、时分多路复用和码分多路复用。

（一）频分多路复用

当要传输的信号带宽小于传输媒质的可用带宽时，可以采用频分多路复用技术。频分多路复用时把每路信号调制到不同的载波频率上，而且各载频之间保留足够的距离，使相邻的频率之间不会互相重叠，同时在相邻的频率之间设置一定的保护带宽，使得接收到的各路信号不会相互干扰。这样在接收端，我们通过调谐就能把需要的信号分离出来。通常，家中所看的有线电视就是采用了这种方式，可以在一条同轴电缆中发送数十路电视信号。

当频分多路复用技术用于光纤通信的时候，被称为波分复用技术。它可以实现在同一根光纤中同时让两个以上的光波长信号通过不同光信道各自传输信息。其具体方式是，在发送端将各路光信号先通过棱柱/衍射光栅聚在一起，共同使用一条光纤进行数据传输，到达目的节点后，再经过棱柱/衍射光栅分开。频分多路复用（FDM）技术和波分复用（WDM）技术无明显区别，因为光波是电磁波的一部分，所以光的频率与波长具有单一对应关系。

（二）时分多路复用

时分多路复用是以时间作为分割信号的依据的，它是利用各信号样值之间的时间空隙，使各路信号互相穿插而不重叠，从而达到在一个信道中同时传输多路信号的目的。在时分多路复用方式下，各路信号占用不同的时隙，因此各路信号是周期性间断发射的。时分多路复用实际上是多个发送端轮流使用信道的一种方式，感觉上多个发送端在同时发送数据，但实际上每一时刻只有一个发送端在发送数据。

（三）码分多路复用

各种复用技术都是利用信号的正交性来区分信号的，在码分多路复用方式下，各路信号码元在频谱和实践上都是混叠的。但是代表每个码元的码组是正交的，因此在发送端首先将各路信号调制到不同的正交码组序列上，而接收端可以根据码组序列的不同将各路信号区分开。

同步就是步调一致的意思。在数字通信中，同步是十分重要的。常见的同步方式包括载波同步、位同步、帧同步和网同步。

载波同步主要用于频带信号的相干解调，保证接收端的本地载波与发送端的载波频率相同，以便正确地恢复出载波中所携带的数字基带信号。

位同步是指使接收端与发送端保持相同的时钟频率，以保证单位时间读取的信号单元数相同，使得人们能够正确地判断每个码元的起止位置，保证传输信号的准确性。

帧同步是指当发送端通过信道向接收端传输数据信息时，如果每次发出一个字符（或数据帧）的数据信号，接收端必须识别出该字符（或该帧）数据信号的开始位和结束位，以便在适当的时刻正确地读取该字符（或该帧）数据信号的每一位信息，否则就会造成错误。

网同步是指在整个通信网内部实现同步，解决网中各站的载波同步、位同步和帧同步的问题。

如果通信两端不能够保持同步就称为失步，这对于数字通信来讲是致命的，它会导致通信双方无法正常地传输信号，使整个系统陷于瘫痪。

根据通信系统收发两端实现同步方式的不同，我们可以将通信方式分为异步传输与同步传输。二者之间的主要区别在于发送器或接收器是否向对方发送时钟同步信号，但是它们均存在上述基本同步问题。一般采用字符同步或帧同步信号来识别传输字符信号或数据帧信号的开始和结束。

异步传输以字符为单位传输数据，发送端和接收端具有相互独立的时钟信号（频率相差不大），并且二者中的任一方都不向对方提供时钟同步信号。异步传输的发送器与接收器双方在数据可以传送之前不需要协调。发送端可以在任何时刻发送数据，而接收端必须随时都处于准备接收数据的状态。计算机主机与输入、输出设备之间一般采用异步传输方式。

同步传输以数据帧为单位传输数据，可采用字符形式或位组合形式的帧同步信号，由发送端向接收端提供专用于同步的时钟信号。在短距离的高速传输中，该时钟信号可由专门的时钟线路传输；而在长距离的信号传输过程中，比如在计算机网络中采用同步传输方式时，常将该时钟同步信号插入数据信号帧中，在接收端可以通过提取该同步信号来实现与发送端的时钟信号同步。为了实现同步，除在通信设备中要相应地增加硬件和软件外，还时常要在信号中增加使接收端同步所需的信息。这意味着在我们所发送的信息中，同步信号占据了一部分位置，这样降低了信息传输速率，带来了系统可靠性的提高。

四、光纤和光缆

光纤是由高纯度的石英玻璃拉制而成的，直径约为 $125\mu m$，由纤芯、包层和涂敷层构成。成品光纤的最外层往往还包有缓冲层和套塑层，用以保护光纤。纤芯和包层是两种不同折射率的石英玻璃，包层的折射率要小于纤芯的折射率，只要入射光的入射角足够小，就会在两种介质的分界面上发生全反射，这就使光信号不会从纤芯中泄漏出去，而能够一直沿着光纤传输。光纤可以按照不同的属性进行分类。

根据管线断面折射率的不同，光纤可分为阶跃型光纤和渐变型光纤。阶跃型光纤纤芯的折射率和保护层的折射率都是一个常数。在纤芯和保护层的交界面，折射率呈阶梯形变化渐变型光纤纤芯的折射率随着半径的增加按一定规律减小，在纤芯与保护层交界处减小为保护层的折射率。纤芯的折射率的变化近似于抛物线。

按照光纤中光信号的传输模式划分，可以分为单模光纤和多模光纤。单模光纤的纤芯直径很小，在给定的工作波长上只能以单一模式传输，传输频带宽，传输容量大。多模光纤是在给定的工作波长上，能以多个模式同时传输的光纤。与单模光纤相比，多模光纤的传输性能较差。

光纤与传统的电线电缆相比具有诸多优点，如通信容量大、传输损耗低、泄漏小、保密性好、抗干扰能力强等。但是同时光纤的连接方式也比较复杂，常见的光纤连接方式包括：①可以把光纤接入连接头并插入光纤插座实现连接，这种方式下在连接头要损耗10%~20%的光，但是它使重新配置系统很容易；②可以用机械方法将其接合，方法是将两根切割好的光纤一端放在一个套管中，然后钳起来；③可以让光纤通过结合处来调整，以使信号达到最大，两根光纤可以合在一起形成坚实的连接。合在一起的光纤和单根光纤差不多是相同的，但也有一点衰减。对于这3种连接方式，结合处都有反射，并且反射的能量会和信号交互作用。

光导纤维的线径比较小，机械强度比较差。为了能够在工程中使用，往往需要把多根光纤和一些加强部件共同组成光缆，使它具有一定的强度，并且能适用于不同的环境。光缆是数据传输中最有效的一种传输介质，常见的通信光缆的结构有层绞式光缆、单位式光缆、骨架式光缆和带状式光缆，可以根据不同的使用环境选择不同的光缆。

由于光缆传输具有巨大的传输容量，同时还具有不怕电磁干扰和保密性强等优点，因此光缆已经成为下一代通信网络的物理基础。传统的单模光纤在适应超高速、长距离传送方面已暴露出"力不从心"的态势，开发下一代新型光纤已成为开发下一代网络基础设施的重要组成部分。

第二节　移动通信网

一、我国的移动通信产业

几乎全球有名和小有名气的通信设备厂商自中国改革开放以来都来到了中国，他们把各种各样的产品卖给当时中国唯一的运营商（中国电信总局）。然而当网络建好之后，产生了"后遗症"，这就是所谓的"七国八制"，在一张全程全网的通信网络上，存在着十几个品牌的设备，这些设备都声称符合国际标准，但它们之间仍有互联互通问题。为了让这些设备能够协同工作，运营商不得不做补充性开发，或者增购设备，前后投资巨大。

回顾我国电信过去几十年在运营体制、技术和产业方面所取得的成就，实在令人欣慰。当前，我国电信产业面临的主要问题是以半导体集成电路（特别是高频集成电路）为代表的电子信息基础产业与世界的差距还较大，加速电子信息基础产业的发展已迫在眉睫。

蜂窝移动通信系统有多种体制，第二代有 GSM、CDMA，第三代有 WCDMA、CDMA-2000 和 TD-SCDMA。不同体制的数字蜂窝移动通信系统，它们的无线工作环境、系统的模块组成和网络的结构形式等方面都基本相同，不同的只是信号接口协议、信道编码方式、信号调制方式和在信号无线传输过程中对信号、信道的分配、处理等参数有所不同。

（一）移动通信系统的工作环境

相对于固定通信而言，移动通信采用无线传输，工作在电磁波环境中，它不仅要给用户提供与固定通信一样的通信业务，而且由于用户的移动性，其管理技术要比固定通信复杂得多。同时，由于移动通信网中无线电波的传播环境复杂，有高楼、山脉等物体对电波的反射，会使接收信号电平极不稳定。归纳起来，移动通信有如下主要特点。

1. 用户的移动性

移动性引起电平变化，距离近强，距离远弱；移动性造成位置变化，可能进入其他小区，使网络必须跟踪用户的进入或者退出。

2. 移动通信的电波多径传播

移动台很少会处在电波的直射路径上，而是处在建筑和障碍物之间、之后，这时移动台接收的电波往往是多条路径反射的叠加。各条路径由于所走距离不同，因而到达移动台的相位也不同，同相相加，反相相消，使信号电平起伏可达 40 dB 以上。相位与波长有关，对于 30 cm 波长（1000 MHz）的电波，路径相差 15 cm 的两条路径的信号将相差180°，而使两信号相消。

3. 移动台运动会产生多普勒频移

多普勒频移会改变 1.0 数码的波形，使接收判决错误，增加误码。人们在日常生活中也可感受到多普勒频移的存在。当两列火车对开时，听到的鸣笛声调是变化的，这就是产生了多普勒频移。

4. 多用户工作

在一个小区内通常会有数人或者数十人同时通话，这会引起移动台之间的相互干扰。

（二）工作频段

移动通信宜选择微波频段的低频区段 300~3000 MHz 作为工作频率。频率太高，电磁波的"似光性"明显，使室内、室外及车内、车外的电平相差会更大，会增加系统对电平调整的难度；频率太低，天线尺寸过大，携带不便。但在这一区段可供移动通信使用的频段总共还只有约 700 MHz 的带宽，其他区段都已分配有其他应用。例如，300~456.25 MHz 是电视（增补）第 18~37 频道，471.25~559.25 MHz 是电视第 13~24 频道，567.25~599.25 MHz 是电视（增补）第 38~42 频道，607.25~863.25 MHz 是电视第 25~57 频道，等等。还有手机电视、卫星移动通信、无线接入、无线数据传输、无线集群通信等也需占用这一区段，因而这一区段的频率资源十分紧张，这就要求移动通信在体制设计方面要提高频谱利用率。

目前，所谓移动通信系统使用 800 MHz 频段、900 MHz 频段、1800 MHz 频段等，实际上只是在那一频率区间的一小段。频率资源是由国际电联和各国政府的管理机构分配和管理的。另外，无线接入系统不存在漫游问题，因此可在不同的地区、不同的用户、不同的环境下，在不干扰已有无线电业务的情况下，灵活使用不同的频段。由于无线接入只是有线的补充和延伸，因比目前未给无线接入分配给专用的频段，而是与其他无线电业务在互不干扰的前提下共用一个频段。

（三）无线蜂窝结构

为什么要划分成"蜂窝"呢？一个蜂窝内放置一个基站，即放置一台收发信机，工作在某一频道。以当前的技术条件，一个频道内最多可容纳 30 个用户。每一个小蜂窝内都可以有 30 个人打电话，10 个小蜂窝就可以增加至 300 人的接入容量。人口越密，蜂窝越小，微型蜂窝的直径只有几十米。每一个蜂窝内架设一个基站，通常还划分 3~4 个扇区，由定向天线向扇区内发射。实际的小区可能有大有小，结构也可能不是六边形的，它取决于各地点的信号电平。各小区基站分别和手机（移动台）进行通信。其网络电子硬件设备的配置大致是几个小区要配一台基站控制器（BSC），一个地区要配一台市话交换机或局用交换机。市话交换机和局用交换机的区别是市话交换机不能转接固定电话。

（四）网络结构与功能

蜂窝移动通信用户在一次通话过程中，可能要从一个小区漫游到另一个小区，从一台交换机漫游到另一台交换机，通话不能中断，信号传输不能受丝毫影响。这就要求网络在完成一次通话服务中要进行很多硬件、软件的操作，而且要使用户完全不会察觉网络对手机所进行的操作。除在一个地区漫游外，还可能在城市之间漫游，或国家之间漫游。如何才能做到这些呢？这是由移动通信网络实现的。各种数字蜂窝移动通信系统的网络结构略有不同，但主要模块的基本功能和原理是相同的。

GSM 数字蜂窝移动通信系统的网络结构包含两个子系统：基站子系统和网络子系统。基站接收手机信号并送基站控制器。基站控制器要对各基站的参数（如发射功率等）实施控制，同时还要对基站中各手机的参数进行控制，另外还要控制手机的越区切换等。基站控制器还要完成对信号的信道解码、解交织，尔后将语音数码信号送移动交换机。移动交换机和固定交换机的硬件结构、原理基本相同，只是交换的数据不同、接口协议不同、数据库不同，因此一台固定交换机在基本不改变硬件系统的条件下，只更新软件就可以将其改造成一台数字移动交换机。移动交换机和固定交换机的主要不同是它有两个数据库，即访问位置寄存器和归属位置寄存器。所有处在交换机连接的各小区之内的手机用户，只要接通了电源，都将定时发送信号和网络联系，并将用户参数记录在 VLR 中。网络也会不断发送信号告知手机现在处在何小区、何服务区，以及有关参数等。

二、移动通信的其他类型

移动通信的种类繁多，除数字蜂窝移动通信外，其他应用较广的有以下几种：

（一）集群移动通信

集群移动通信也称作大区制移动通信。它的特点是只有一个基站，天线高度为几十米至百余米，覆盖半径约 30 km，发射机功率可高达 60 W，甚至更大。用户数可以是几十人、几百人、几万人，甚至数十万人，可以是车载台，也可以是手持台。它们可以与基站通信，也可以通过基站与其他移动台及市话用户通信，基站与市站通过有线网连接。集群移动通信多为单工制，单工制是指通信双方交替地发送和接收的通信方式，适用于用户量不大的专业移动通信业务，通常用于点到点通信。根据使用频率的情况，单工制通信又可分为同频单工和双频单工。

同频单工是通信双方使用相同的工作频率，其操作采用"按、讲"开关方式。平时，电台甲和电台乙均处于收听状态。当电台甲欲与电台乙通信时，则按下甲方的发话控制按钮，即关闭甲方的接收机，使其发射机处于发射状态。此时，因为乙方处于接收状态，所以可实现甲到乙的通信。若乙方要与甲方通信，过程与上相同。由于同一部电台的收发信机是交替工作的，因此收发信机是使用同一副天线，而不需要天线共用器。这种通信方式具有设备简单、功耗小及组网方便等优点，但操作极不方便。

（二）卫星移动通信

卫星移动通信是利用卫星转发信号实现的移动通信，可采用赤道固定卫星转接，也可以采用中低轨道的多颗星座卫星转接。卫星移动通信的代表是铱星系统。

所谓铱星系统，是美国摩托罗拉公司提出的第一代真正依靠卫星通信系统提供联络的全球个人通信方式，旨在突破现有基于地面的蜂窝无线通信的局限，通过太空向任何地区、任何人提供语音、数据、传真及寻呼信息。铱星系统是 66 颗无线链路相连的卫星（外加 6 颗备用卫星）组成的一个空间网络。设计时原定发射 77 颗卫星，因铱原子外围有 77 个电子，故取名为铱星系统。后来又对原设计进行了调整，卫星数目改为 66 颗，但仍保留原名称。

铱星系统工作于 L 波段的 1616~1626 MHz，卫星在 780 km 的高空，100 min 左右绕地球一圈。系统主要由三部分组成：卫星网络、地面网络、移动用户。系统允许在全球任何地方进行语音、数据通信铱星系统有 66 颗低轨卫星，分布在 6 个极平面上，每个极平面分别有 1 颗在轨备用卫星。用户由所在地区上空的卫星提供服务，网络的特点是星间交换，极平面上的 12 颗工作卫星，就像无线电话网络中的各个节点一样，进行数据交换。6 颗在轨备用卫星随时待命，准备替换由于各种原因不能工作的卫星，保证每个极平面至少有 1 颗卫星覆盖地球。每颗卫星与其他 4 颗卫星交叉链接，两个在同一个轨道面，两个在邻近的轨道面。地面网络包括系统控制部分和关口站。系统控制部分是铱星系统管理中心，它负责系统的运营及业务的提供，并将卫星的运动轨迹数据提供给关口站。系统控制部分包括 4 个自动跟踪遥感装置和控制节点、通信网络控制、卫星网络控制中心。关口站的作用是连接地面网络系统与铱星系统，并对铱星系统的业务进行管理。铱星电话的全球卫星服务，使人们无论是在偏远地区还是地面有线网络、无线网络受限制的地区，都可以进行通话。当你拨了电话号码以后，信号首先到达离你最近的一颗铱星，然后转送到地面上该手机归属的关口站，关口站相当于一个呼叫中心，用户必须向它登记，以便在使用铱星电话时能进行校验、寻找路由及计费。然后关口站再把信号传送到铱星网上并在铱星间传送，直到到达目的地为止。目的地可以是另一部铱星手机，也可以是一部普通固定电话或蜂窝移动电话手机。整个过程会在 10 s 内完成。

（三）无绳电话

无绳电话是指室内外慢速移动的手持终端的通信，特点是小功率、通信距离近、轻便。它可以进行点到点通信，或者与市话用户进行单向或双向的通信。

三、移动通信的主要技术

可以说，现代移动通信是现代电子信息技术和通信技术的集成。首先是半导体集成电路，包括微波集成电路和多芯片组装，只有利用了这些技术才能实现移动终端（手机）的小型化；其次是通信理论和技术的进步，包括语音编码技术、信号调制理论、信道编码技术和信号检测理论等。

（一）通信理论和技术

1. 语音编码技术

在固定通信中采用 PCM 编码，语音的数据速率是 64 kbit/s，在 CDMA 移动通信系统中已将其压缩至 1.2 kbit/s，使得在原固定电话的带宽内可以容纳 53 人同时通话。语音编码技术的进步对于解决移动通信频率资源有限和系统大容量之间的矛盾发挥了重大作用。

2. 信号调制理论

视频应用要求高速率，从互联网上下载资料也要求高速率，目前 WCDMA 的增强型技术 HSPDA 在 1.25 MHz 的带宽内的下行速率可达到 14 Mbit/s，没有先进的调制技术是不可能做到的 OFDM、64QAM 和 MIMO 等先进调制技术已普遍在移动通信和无线接入等系统中应用。

3. 信道编码技术

移动通信的信道条件是所有通信信道中最恶劣的，接收信号电平存在快衰落和多普勒频移，由于采用 K 先进的信道纠错编码和交织技术，因此保证了信号传输的可靠性，降低了误码。在移动通信系统中应用较多的有卷积码、Turbo 码和 LDPC 码等。信道编码技术包括编码理论和实现技术，在实现技术中又有硬件实现和软件实现两类。信道编码是一个技术含量高、应用范围广的重要领域。

4. 信号检测理论

在低信噪比条件下的信号检测、在衰落信道条件下的信号检测，以及在多重调制制度信号结构条件下的信号检测等，是先进的信号检测理论和技术保证了移动通信信号的正确接收。

（二）系统集成技术

现代数字蜂窝移动通信系统是现代电子信息技术、器件从微波到基带的集成，是各类复杂软件，包括数据库、实时操作系统、单片机、DSP 等的集合，所传送的信息包括语音、数据和视频。数字蜂窝移动通信技术代表了当代电子信息技术的最高水平。要实现这一系统的集成，使之发挥其技术的潜力，则是一项名副其实的系统工程。我国提出的第五代移动通信体制，说明了我国技术人员在系统集成技术方面的进步。

1. TD-SCDMA

TD-SCDMA 使用了第二代和第三代移动通信中的所有信号接入技术，包括 TDMA、CDMA 和 SDMA，其中的创新部分是 SDMA。SDMA 可以在时域/频域之外增加容量和改善性能，SDMA 的关键技术是利用多天线对空间参数进行估计，对下行链路的信号进行空间合成。另外，将 CDMA 与 SDMA 技术结合起来也起到了相互补充的作用，尤其是当几个移动用户靠得很近并使得 SDMA 无法分出时，CDMA 就可以很轻松地起到分离作用了，血 SDMA 本身又可以使相互干扰的 CDMA 用户降至最小。SDMA 技术的另一重要作用是可以大致估算出每个用户的距离和方位，可用于对用户的定位，并能为越区切换提供参考信息。总的来讲，TD-SCDMA 有价格便宜、容量较高和性能优良等诸多优点。

2. 智能天线

智能天线技术是 TD-SCDMA 中的重要技术之一，是基于自适应天线原理的一种适合于第三代移动通信系统的新技术。它结合了自适应天线技术的优点，利用天线阵列的波束集合和指向，产生多个独立的波束，可以自适应地调整其方向图以跟踪信号的变化，同时可对干扰方向调零以减少甚至抵消干扰信号，增加系统的容量和频谱效率。智能天线的特点是能够以较低的代价换得天线覆盖范围、系统容量、业务质量、抗阻塞和抗掉话等性能的提高。智能天线在干扰和噪声环境下，通过其自身的反馈，控制系统改变天线辐射单元的辐射方向图、频率响应及其他参数，使接收机输出端有最大的信噪比。

3. WAP

WAP 已经成为数字移动电话和其他无线终端上无线信息和电话服务的实际标准。WAP 可提供相关服务和信息，提供其他用户进行连接时的安全、迅速、灵敏和在线的交互方式。WAP 驻留在因特网上的 TCP/IP 协议环境和蜂窝传输环境之间，但是独立于所使用的传输机制，可用于通过移动电话或其他无线终端来访问和显示多种形式的无线信息。WAP 规范既利用了现有技术标准中适应于无线通信环境的部分，又在此基础上进行了新的扩展。由于 WAP 一端连接现有的移动通信网网络，一端连接因特网，因此只要移动用户具有支持 WAP 协议的媒体手机终端，就可以进入互联网，实现一体化的信息传送。可以开发出无线接口独立、设备独立和完全可以交互操作的手持设备 Internet 接入方案，从而使得 WAP 方案能最大限度地利用用户对 Web 服务器、Web 开发工具、Web 编程和 Web 应用的既有投资，保护用户现有利益，同时也解决了无线环境所带来的新问题。

4. 无线 IP 技术

无线 IP 技术将是未来移动通信发展的重点，宽带多媒体业务是最终用户的基本要求。

现代的移动设备越来越多了（手机、笔记本式计算机、掌上电脑等），采用无线 IP 技术与第三代移动通信技术结合将会实现高速和移动的愿望。由于无线 IP 主机在通信期间需要在网络上移动，其 IP 地址就有可能经常变化。传统的有线 IP 技术将导致通信中断，但第三代移动通信技术因为利用了蜂窝移动电话呼叫原理，将可以使移动节点保持和手机一样的固定不变的 IP 地址，一次登录即可实现在任意位置上或在移动中保持与 IP 主机的单一链路层连接，完成移动中的数据通信。

5. 软件无线电技术

在不同工作频率、不同调制方式、不同多址方式等多种标准共存的第三代移动通信系统中，软件无线电技术是一种最有希望解决这些问题的技术之一。软件无线电技术可使模拟信号的数字化尽可能地接近天线，即将 AD 转换器尽量靠近 RF 射频前端，利用 DSP 的强大处理能力和软件的灵活性实现信道分离、调制解调、信道编码译码等工作，从而可以为第二代移动通信系统向第三代移动通信系统的平滑过渡提供一个良好的无缝解决方案。软件无线电技术基于同一硬件平台，通过加载不同的软件，就可以获得不同的业务特性。对于系统升级、网络平滑过渡、多频多模的运行环境来说，软件无线电技术相对简单容易、成本低廉，对移动通信系统的多模式、多频段、多速率、多业务、多环境特别有利，将为移动通信的软件化、智能化、通用化、个人化和兼容性带来方便有效的解决方案。

第三节　卫星通信

一、卫星通信概述

（一）卫星通信概念

卫星通信是利用人造地球卫星作为中继站转发无线电波，在两个或多个地球站之间进行的通信。卫星天线的波束覆盖了各地球站所在的区域，各地球站的天线指向卫星。各地球站之间可通过卫星实现互联互通，通信卫星的作用就相当于距地面很高的中继站，当地球上的各个地球站都能同时"看到"卫星时，就能经卫星中继站进行全球通信。如果卫星运行的轨道太低，那么距离较远的两个地球站便不能同时"看到"卫星了，此时就需通过其他的卫星转发。卫星通信使用微波频段（300 MHz～300 GHz），其主要原因是卫星处于外层空间（电离层之外），地面上发射的电磁波必须穿透电离层才能到达卫星。同样，从卫星到地面的电磁波也必须穿透电离层，而微波的上述频段的波束恰好具备这一条件。气象卫星和通信卫星的工作频段、功能等有所不同，它不是转发，而是接受指令向地球传送它探测的图像。

1. 卫星通信的优点

（1）通信距离远，覆盖范围大

利用静止卫星，最大的通信距离可达 18 000 km，卫星视区（从卫星"看到"的地球区域）可占全球表面积的 42.4%，原则上只需 3 颗卫星，就可建立除地球两极附近以外的全球不间断通信。因此，卫星通信是远距离越洋通信和全球电视转播的重要手段。

（2）便于实现多址连接

微波通信通常为点对点通信，而在卫星通信中，卫星所覆盖的区域内，所有地面站都能利用这一卫星进行通信，这种能同时实现多方向、多地点通信的能力，称为"多址连接"。卫星通信的这种优点，为通信网络的构成提供了高效率和灵活性。

（3）卫星通信的频带宽、容量大

由于卫星通信采用微波频段，因此可供使用的频带很宽。而且在一颗卫星上可设置多个转发器，可成倍地增加卫星通信的容量和传输的业务类型。

（4）卫星通信机动灵活，不受地理条件限制

卫星通信的地面站可以建立在边远山区、岛屿及汽车上、飞机上、舰艇上，既可以是永久站，也可以临时架设，建站迅速，组网快。

（5）卫星通信线路较稳定、通信质量好

卫星通信的电波主要是在大气层以外的自由空间传播，而电波在自由空间传播十分稳定，因此卫星通信几乎不受气候和气象变化的影响，而且通常只经过一次转接，噪声影响小，通信质量好。

（6）卫星通信可以自发自收，有利于监测

由于地球站以卫星为中继站，卫星将系统内所有地球站发来的信号转发回地面。因此，进入地球站接收机的信号中，包含本站发出的信号，从而可监视本站信息传输质量的优劣。

2. 卫星通信的缺点

（1）卫星通信完全依赖于卫星的高可靠、长寿命

实现卫星的高可靠、长寿命并不容易。一个通信卫星内要装几万个电子元件和机械零件，如果在这些元件中有一个出了故障，都可能导致整个卫星失灵，修理或替换装在卫星

内部的元器件几乎是不可能的。此外，卫星完全依赖太阳能电池供电，电池寿命也是一大挑战。因此，人们在制造和装配通信卫星时，不得不做大量的寿命试验和可靠性试验。通信卫星的设计寿命一般为 10~15 年。

（2）静止卫星的发射与控制技术比较复杂

随着季节的变化，卫星在空中的姿态须定期调整，地面卫星接收天线的指向也须微调，这些都增加了系统控制的复杂性。同时，随着卫星传输容量的增加，卫星电源的容量和重量也须相应增大，这也增加了卫星本身的能耗和调整的复杂性。

（3）存在日凌中断和星蚀现象

当卫星处于太阳和地球之间，并在一条直线上时，地球站的卫星天线在对准卫星接收信号的同时，会因对准太阳而受到太阳辐射的干扰，从而造成每天几分钟的通信中断，这种现象称为日凌中断。另外，当卫星进入地球的阴影区时，还会出现星蚀现象，须由卫星上的电池供电。

（4）电波的传播时延较大并存在回波干扰

利用静止卫星进行通信时，信号由发端地球站经卫星转发到收端地球站，单程传输时间约为 0.27% 当进行双向通信时，约为 0.54 s。如果是进行通话，会给人带来一种不自然的感觉。与此同时，如不采取回波抵消器等特殊措施，还会由于收、发话音混合线圈的不平衡等原因，产生回波干扰，使发话者在 0.5 s 以后，又听到了自己讲话的回音，从而造成干扰。

总而言之，卫星通信有许多优点，也存在一些缺点。但卫星通信作为一类独特的通信方式，在某些情况下是无法取代的。

3. 卫星通信系统的分类

目前，世界上已建有许多卫星通信系统，可从不同的角度，对卫星通信系统进行分类。

（1）按卫星运动轨道分为高轨道同步卫星通信系统和低轨道移动卫星通信系统。

（2）按通信覆盖区分为国际卫星通信系统、国内卫星通信系统和区域卫星通信系统。

（3）按用户性质分为公用卫星通信系统和专用卫星通信系统（气象、军用等）。

（4）按通信业务分为固定业务卫星通信系统、移动业务卫星通信系统、广播业务卫星通信系统和科学试验卫星通信系统。

（5）按多址方式分为频分多址卫星通信系统、时分多址卫星通信系统、空分多址卫星信系统、码分多址卫星通信系统和混合多址卫星通信系统。

（6）按基带信号分为模拟卫星通信系统和数字卫星通信系统。

（二）卫星通信系统

1. 卫星通信系统的组成

卫星通信系统由通信卫星、跟踪遥测分系统、监控管理分系统、地球站分系统四大部分组成。跟踪遥测分系统的任务是对卫星进行准确可靠的跟踪测量，控制卫星准确进入定点位置。卫星正常运行后，还要定期对它进行轨道修正、位置保持及姿态保持等控制。

（1）通信卫星

通信卫星在空中起到中继站的作用，即把地球站发来的电磁波放大后再反送回另一地球站。包括收发天线和通信信号收发分机、星体上遥测指令、控制系统和电源等。

（2）跟踪遥测分系统

跟踪遥测分系统是对卫星进行跟踪测量，控制卫星准确进入静止轨道上的指定位置，并对卫星的轨道、位置、姿态进行监视和校正。

（3）监控管理分系统

监控管理分系统是对在轨卫星的通信性能及其参数进行业务开通前的监测和业务开通后的例行监测和控制，如转发器功率、天线增益，地球站发射功率、射频频率和带宽，以保证通信卫星的正常运行和工作。

（4）地球站分系统

地球站分系统包括地球站和通信业务控制中心设备系统，天线和馈电设备，发、收设备，通信终端，跟踪与伺服系统，等等。

2. VSAT 卫星通信

VSAT 是卫星通信的一种，意思是甚小天线地球站，通常指终端天线口径在 1.2 m、2.8 m 左右的卫星通信地球站。VSAT 卫星通信之所以得到发展，除它本身固有卫星通信的优势外，还有以下两个主要特点：

第一，VSAT 通信设备结构简单，全固态化，尺寸小，耗能小，系统集成与安装方便。VSAT 通信设备通常只有室内和室外两个单元（机箱），安装极为方便，可以安装在用户所在地。人们所熟知的并正在大量使用的卫星电视接收站，实际上就是一种单向（只有接收而无发射）的 VSAT 卫星通信。VSAT 卫星通信由于设备轻巧、机动性好，因此适于建立流动卫星通信地面站。在汶川大地震期间，临时架设的卫星地面站即是 VSAT 终端。

第二，VSAT 卫星通信组网方式灵活方便，通信网络结构形式可分为星形网络、网状网络和混合网络 3 类，它们各具特色。

星形网络：由一个主站（一般是处于中心城市的枢纽站）和若干个 VSAT 小站（远端用户终端站）组成。主站具有较大口径的天线和较大功率的发信设备，除负责网络管理外，还要承担各个 VSAT 小站之间信息的发送与接收，即为各小站间提供传输信道和交换功能，因此主站具有控制功能。一个星形网络系统可以容纳数百个至上千个小站，网络内所有小站都与主站建立直接通信链路，可直接通过卫星（小站—卫星—主站）沟通联络。小站与小站之间不能直接进行通信，必须经过主站转接，按"小站—卫星—主站—卫星—小站"方式构成通信链路。由此可以看到小站之间的链路要两次通过卫星，即经过"双跳"连通，因此具有约 0.45 s 的传输时延，小站之间的用户在通话时会感到有些不习惯。这是星形录音电话，而不适用于实时语音业务。

网状网络：由一个主站和若干小站组成，只是小站之间可以按"小站—卫星—小站"通信链路实现"单跳"通信，而无须再经过主站转接。从而传输时延比星形网络减少一半，只有 0.27 s，用户在通话时还可适应。此时的主站借助于网络管理系统，负责各 VSAT 小站分配信道和监控它们的工作状态。

混合网络：集星形网络和网状网络于一体的网络，集中各自有利的方式完成连接，各 VSAT 小站之间可以不通过主站转接，而直接进行双向通信。VSAT 通信系统综合了诸如分组信息的传输、交换、多址协议及频谱扩展等多种先进通信技术，进行数据、语音、视频图像、图文传真和随机信息等多种信息的传输。一般情况下，星形网以数据通信为主，兼容语音业务，网状网络和混合网络以语音通信为主，兼容数据传输业务。和一般的卫星通信一样，VSAT 通信的一个基本优势是可利用同一个卫星实现多个地球站，即 VSAT 小站之间的同时通信，称为"多址连接"。实现多址连接的关键是各地球站所发信号经过卫星转发器混合与转发后，能为相应的对方站所识别，同时各地球站信号之间的干扰要尽量少些。实现多址连接的技术基础是信号的分割。只要各信号之间在某一参量上有差别，如信号频率不同、信号出现的时间不同或信号所处的空间不同等，就可将它们分割开来。为达到此目的，需要采用一定的多址连接方式。

在 VSAT 通信系统中，又常因传输的业务类别而采用不同的多址连接方式。例如，在同一个地球站，传输语音时采用频分多址技术，传输数据时则采用时分多址技术。与多址连接方式紧密相关的还有一个信道的分配问题，就是怎样将频带、时隙、地址码等有序地分配给各站使用，称为信道分配技术。

多址方式的信道分配技术方法很多，在 VSAT 通信系统中，常采用的有预分配方式和按需分配方式。预分配方式又分为固定预分配方式和按时预分配方式。前者是按事先约定，固定分配给每个 VSAT 站一定数目的载波频率，VSAT 站只能使用分配给它的专用频率与有关的 VSAT 站通信，其他站不能占用这些频率，由于各个 VSAT 站都有专用的载波频率，故建立通信较快。但因各 VSAT 站不管是否工作，始终占据着一个载波频率，也使得频率利用较低。所以这种方式适用于业务量大的线路。后者是为了提高信道利用率，根据 VSAT 站不同时间的业务量而提出的预分配方式。

按需分配方式也称按申请分配方式，它克服了预分配方式的缺点，而是什么时间需要信道，就什么时间申请信道。通信完毕后，信道返还管理与控制中心再行分配使用，这样便大大提高了利用率。

VSAT 通信技术目前已比较成熟，新技术、新产品也在逐步丰富 VSAT 通信，使其更加完善，运营更加方便。

（三）我国卫星通信技术的发展

我国在卫星通信技术方面已具备了较好基础，今后除加速发展固态微波器件等基础产业外，在卫星通信技术方面主要的发展趋势是：专用卫星通信网进一步发展小型化、智能化的 VSAT 站和 VSAT 网，采用固态微波组件，更广泛采用超大规模的专用集成电路 VLSI 和 ASIC，以及数字信号处理器（DSP），使 VSAT 网从单一的数据为主或话音为主，发展为数话兼容的混合网络设备，更进一步发展为话音、数据、图文、电视兼容的综合业务数字网；移动卫星通信网积极发展与同步轨道移动卫星通信系统相关的技术，如同步卫星上的 12~18 m 大天线的制造与展开、拆收技术；功率 0.2 W、微带天线长 7 cm 的小型多模卫星通信手持机技术；星上多波束切换技术和信关站技术，在中低轨道移动卫星系统中的星上交换、星上处理、星间链路技术、越区切换技术和信关站有关的技术；开展卫星通信网与其他异构网的互通、互联、网络同步与交换技术，完成该网与异构网协议变换，信令呼叫接口技术等；网络管理和控制及网络动态分配处理的自动化技术；卫星通信网的网络安全、保密技术；与我国卫星通信设备产业化发展有关的生产、工艺加工技术；等等。

在 21 世纪，卫星通信将获得重大发展，尤其是新技术，如光开关、光信息处理、智能化星上网控、超导、新的发射工具和新的轨道技术的实现，将使卫星通信发生革命性的变化，卫星通信将对我国的国民经济发展和产业信息化产生巨大的促进作用。

二、GPS 全球定位系统

GPS 是具有在海、陆、空进行全方位实时三维导航与定位能力的新一代卫星导航与定位系统。GPS 能够实现数据采集、故障诊断、跟踪监测、卫星调度、导航电文编辑等功能，用户端使用 GPS 接收设备可实现定位导航功能。GPS 实现全球地面连续覆盖，能保证全球、全天候连续实时定位的需要，可向全球用户精确、实时、连续地提供动态目标的三维位置、三维速度和时间信息，实时、定时、速度快；采用伪码扩频通信技术，发送的信号具有良好的抗干扰性和保密性。

（一）GPS 系统组成

GPS 系统由三大部分组成：GPS 卫星星座、地面控制部分和用户部分——GPS 信号接收机。

1. GPS 卫星星座

由 21 颗工作卫星和 3 颗在轨备用卫星组成的 GPS 卫星星座，称为（21+3）GPS 星座。24 颗卫星均匀分布在 6 个轨道平面内（每个轨道平面 4 颗），此外还有 4 颗有源备份卫星在轨运行。卫星的分布使得在全球任何地方、任何时间都可观测到 4 颗以上的卫星，并能保持良好定位解算精度的几何坐标图形，这就提供了时间连续的全球导航能力。在用 GPS 信号导航定位解算时，地面站为了计算三维坐标，必须观测 4 颗以上的 GPS 卫星，以获得定位星座。这 4 颗卫星在观测过程中的几何位置分布对定位精度有一定的影响。对于某地某时，甚至不能测得精确的点位坐标，这种时间段叫作"间隙段"。但这种时间间隙段是很短暂的，并不影响全球绝大多数地方的全天候、高精度、连续实时的导航定位测量。GPS 卫星发送两组电码：C/A 码的频率为 1.023 MHz，重复周期 1 ms，码间距 1 μs，相当于 300 m；P 码的频率为 10.23 MHz，重复周期 266.4 天，码间距 0.1 μs，相当于 30 m。P 码因频率较高，不易受干扰，定位精度高，因此受美国军方管制，并设有密码，民间无法解读，主要为美国军方服务。C/A 码人为采取措施而刻意降低精度后，主要开放给民间使用。

2. 地面控制部分

地面控制部分由 1 个主控站、5 个全球监测站和 3 个地面控制站组成。监测站均配装有精密的铯钟和能够连续测量到所有可见卫星的接收机，监测站将获得的星观测数据，包括电离层和气象数据，经过初步处理后，传送到主控站。主控站设在范登堡空军基地。主控站从各监测站收集跟踪数据，计算出星的轨道和时钟参数，然后将结果送到 3 个地面控制站，地面控制站在每颗卫星运行至上空时，把这些导航数据及主控站指令注入卫星，每颗 GPS 卫星每天一次，并在卫星离开注入站作用范围之前进行最后的注入。如果某地面站发生故障，那么在卫星中预存的导航信息还可用一段时间，但导航精度会逐渐降低。

3. 用户设备部分——GPS 信号接收机

用户设备部分即 GPS 信号接收机。其主要功能是捕获按一定卫星截止角所选择的待测卫星，并跟踪这些卫星的运行。当接收机捕获到跟踪的卫星信号后，即可测量出接收天线至卫星的伪距离和距离的变化率，解调出卫星轨道参数等数据，根据这些数据，接收机中的微处理计算机就可以按定位解算方法进行定位计算，计算出用户所在地理位置的经纬度、高度、速度、时间等信息。接收机硬件、机内软件及GPS数据的后处理软件包构成完整的GPS用户设备。GPS接收机的结构分为天线单元和接收单元两部分。接收机一般采用机内和机外两种直流电源；设置机内电源的目的在于更换外电源时不中断连续观测。在用机外电源时，机内电池自动充电。关机后，机内电池为RAM存储器供电，以防止数据丢失。目前，各种类型的接收机体积越来越小，重量越来越轻，便于野外观测使用。汽车导航仪已成为家用小汽车广泛使用的设备，一些蜂窝移动通信手机也集成有GPS功能，CPS的应用已越来越广。全球定位系统的主要特点为全天候、全覆盖、三维定速定时、高精度、快速、省时、高效率等。

（二）GPS系统的特点与应用

1. 特点

（1）定位精度高

C/A码的误差是2.93~29.3 m。一般的接收机利用C/A码计算定位。美国在20世纪90年代中期为了自身的安全考虑，在信号中加入了选择可用性（SA），使接收机的误差增大到100 m左右。2000年5月2日，SA取消，所以现在的GPS精度在20 m以内。P码的误差为0.293~2.93 m，是C/A码的1/10。但是P码只供美国军方使用，及电子欺骗技术（AS）是在P码上加上的干扰信号。

（2）观测时间短

20 km以内快速静态相对定位只需15~20 min；当每个流动站与参考站相距在15 km以内时，流动站观测时间只需1~2min。

（3）可提供三维坐标

GPS可同时精确测定测站点的三维坐标。通过局部大地水准面精化，GPS水准可满足四等水准测量的精度。

CPS还有其他特点：操作简便，全天候作业，GPS观测可在24小时内的任何时间进行；功能多、应用广，可用于测量、导航、精密工程的变形监测，还可用于测速、测时。

2. GPS 的应用

（1）GPS 应用于导航

GPS 主要是为船舶、汽车、飞机等运动物体进行定位导航。例如，船舶远洋导航和进港引导、飞机航路引导和进场降落、汽车自主导航、地面车辆跟踪和城市智能交通管理、紧急救生、个人旅游及野外探险、个人通信终端（集手机、PDA、电子地图等于一体）。

（2）GPS 应用于授时校频 GPS 时间系统

GPS 全部卫星与地面测控站构成一个闭环的自动修正时间系统，采用协调世界时 UTC（USNO/MC）为参考基准。

（3）GPS 应用于高精度测量

各种等级的大地测量、控制测量，道路和各种线路放样，水下地形测量，地壳形变测量，大坝和大型建筑物变形监测，CIS 数据动态更新，工程机械（推土机等）控制，精细农业，等等。

（三）其他卫星定位系统

1. 伽利略全球卫星导航系统

伽利略全球卫星导航系统在卫星与地面站之间的信号传送方式上和美国 CPS 略有不同。美国 GPS 的卫星信号上传和控制部分均处于同一个波段，而伽利略全球卫星导航系统则有 3 个波段分别传送，因此可使地面系统在任何时候都可以同任何一个卫星进行信号传递。此外，美国 GPS 只有 24 颗运行卫星，而伽利略全球卫星导航系统由 27 颗运行卫星和 3 颗预备卫星组成，因此全球覆盖面更广。"伽利略"计划为地面用户提供 3 种信号：免费使用的信号、加密且须交费使用的信号、加密且须满足更高要求的信号。其精度依次提高，最高精度比 GPS 高 10 倍，即使是免费使用的信号精度也能达到 6 m，最高可以达到 1 m。如果说美国的 GPS 只能找到街道，那么"伽利略"可找到车库门。

美国 GPS 在建立之初是应用于军事的，因此对民用领域有许多限制。例如，目前 GPS 的精度虽然可以达到 10 m 以内，但美国考虑自身的利益，对国际上开放的民用精度只有 30 m，而且可在任何时间中断服务。伽利略计划的实施，结束了美国 GPS 的垄断局面。

伽利略计划是由欧盟委员会（EC）和欧洲空间局（ESA）共同发起并组织实施的欧洲民用卫星导航计划，旨在建立欧洲自主、独立的民用全球卫星导航定位系统。

伽利略系统的另一个优势在于它能够与美国的 GPS 系统、俄罗斯的 GLONASS 系统实现多系统内的相互兼容。伽利略系统的接收机可以采集各个系统的数据或者通过各个系统数据的组合来实现定位导航的要求。

2. 俄罗斯的全球卫星导航系统

GLONASS 系统是苏联从 20 世纪 80 年代初开始建设的，是与美国 GPS 系统相类似的卫星定位系统，也由卫星星座、地面监测控制站和用户设备 3 部分组成。现在由俄罗斯空间局管理。GLONASS 系统的卫星星座由 24 颗卫星组成，均匀分布在 3 个近圆形的轨道平面上，每个轨道面有 8 颗卫星，轨道高度 19 100 km，运行周期 11.025 h，轨道倾角 64.8°。与美国的 GPS 系统不同的是，GLONASS 系统采用频分多址（FDMA）的方式，根据载波频率来区分不同卫星。每颗 GLONASS 卫星发送两种 L 波段的载波的频率（约为 1575.42 MHz 和 1227.6 MHz）。载波上也调制了两种伪随机码——S 码和 P 码。俄罗斯对 GLONASS 系统采用了军民合用、不加密的开放政策。GLONASS 系统单点定位精度水平方向为 16 m，垂直方向为 25 m。

3. 北斗卫星导航系统

我国独立研制的区域性北斗卫星导航系统初期只覆盖中国及周边地区，不能在全球范围内提供服务；"北斗"系统有军民两种用途，与美国相类似。1994 年，我国正式批准了该项目上马，命名为"北斗卫星导航系统"。2000 年，我国发射了第一颗导航试验卫星，2003 年又发射了 2 颗导航试验卫星。第二代"北斗"卫星导航系统空间段由 5 颗静止轨道卫星和 30 颗非静止轨道卫星组成，提供两种服务方式，即开放服务和授权服务。开放服务是在服务区免费提供定位、测速和授时服务，定位精度为 10 m，授时精度为 50 ns，测速精度为 0.2 m/s；授权服务是向授权用户提供更安全的定位、测速、授时和通信服务信息。

北斗卫星导航系统是中国自行研制的全球卫星导航系统，是继美国 CPS 系统、俄罗斯 GLONASS 系统之后第三个成熟的卫星导航系统。中国的北斗卫星导航系统和美国的 GPS 系统、俄罗斯的 GLONASS 系统、欧盟的伽利略系统，是联合国卫星导航委员会认定的供应商。

北斗卫星导航系统由空面段、地面段和用户段三部分组成，可在全球范围内全天候、全天时为各类用户提供高精度、高可靠的定位、导航、授时服务，并具备短报文通信能力，已经初步具备区域导航、定位和授时能力，定位精度 10 m，测速精度 0.2 m/s，授时精度 10 ns。2018 年 12 月 26 日，北斗三号基本系统开始提供全球服务。2019 年 9 月，北斗系统正式向全球提供服务，在轨 39 颗卫星中包括 21 颗北斗三号卫星，有 18 颗运行于中圆轨道，1 颗运行于地球静止轨道，2 颗运行于倾斜地球同步轨道。2019 年 9 月 23 日 5

时 10 分，在西昌卫星发射中心用长征三号乙运载火箭，成功发射第 47、48 颗北斗导航卫星。2019 年 11 月 5 日凌晨 1 时 43 分，成功发射第 49 颗北斗导航卫星，北斗三号系统最后一颗倾斜地球同步轨道（IGSO）卫星全部发射完毕；12 月 16 日 15 时 22 分，在西昌卫星发射中心以"一箭双星"的方式成功发射第 52、53 颗北斗导航卫星。至此，所有中圆地球轨道卫星全部发射完毕。2020 年 3 月 9 日 19 时 55 分，中国在西昌卫星发射中心用长征三号乙运载火箭，成功发射第 54 颗北斗导航卫星。2023 年 5 月 17 日 10 时 49 分，中国在西昌卫星发射中心用长征三号乙运载火箭，成功发射第 56 颗北斗导航卫星。

北斗卫星导航系统与 CPS 系统和 GLONASS 系统最大的不同，在于它不仅能使用户知道自己的所在位置，还可以告诉别人自己的位置，特别适用于导航与移动数据通信场所，如交通运输、调度指挥、搜索营救、地理信息实时查询等。"北斗"系统可满足中国及周边地区用户对卫星导航系统的需求，并将进行系统组网和试验，逐步扩展成为全球卫星导航系统。

计算机信息技术的不断进步更好地为人们的工作与生活服务，它的智能软件开发创新及多域扩展可以极大地满足人们的基本生活需求及精神需求。计算机信息技术将朝着多功能方向发展，给人们带来方便的同时，也给各领域的发展提供更多的可能。因此，多元化发展更加符合计算机信息技术、软件开发等领域的发展之路。

第七章　大数据背景下的人工智能技术

第一节　人工智能在大数据中的学习

一、学习概念

学习可以是训练或者说明，也可以是从自己或其他人的经验中学习并执行动作的反复过程。学习的目标是改进行为的效果（或是结果，可以是手动或者自动），因此如何进行适应（适应自然、商业或者社会环境等）就是比较重要的问题了。自然适应性是"生命"的重要特征，这是达尔文主义的观点，而且是基于无学习的自然选择，其中随机因素占主要地位。对商业和社会环境的适应不是机会的问题，这一想法是基于通过学习个人经验或者通过知识传播可以获得信息这一前提而提出的。

这种方法对于人的成长是非常关键的，因为人在生命周期的开始学习基本技能，如识别某种声音或熟悉的脸、学习理解语言的含义、走路和说话等。这样一来，知识就可以代代相传，而且每一代也能加入自己的经验体会。由于目前所居住的世界的复杂性，我们不得不找到一种知识传播的方法。在我们的信息和通信（音视频媒体、互联网）社会中，学习可能等同于被告知，但这种方法是不完善的，信息当然是学习周期中的一个重要组成部分，但告知和训练还是不一样的。为了实现真正的学习，学习者（对于人工智能而言就是算法）必须能够根据自己的目标，从多个方案中选择一个进行学习，其最终会转变为经验，并逐渐构成学习的初级层次。我们将人工智能方案中这一层次的学习称为"自学习"。

二、数字学习

数字学习的概念并不新鲜，解决方案在很久之前就可以描述过去的情况了，不过一般需要比较复杂的统计处理过程（如历史回溯）。我们希望能在历史数据（过去的记录）中，找到可以代表所构建场景的元素（如年龄、国籍、社会经济状况、消费记录等）。例如，我们可以利用这些元素解释某个顾客的购买行为、某个产品或服务的销售率及企业的财务状况等。这些模型可以作为企业的数字存储器，并在预测分析处理（预测未来的能力）中成为其中的一个输入。这些分析需要不断调整（考虑到概率的演化与未来的预测相关，24 小时的天气预报通常要比 15 天的可靠），这样公司的管理也可以适应当前的情况。

只要模型元素表现得相对稳定（大多可在几个月到一年的时间段内重现），基于这种模型的预测也会相对稳定（对模型数据相关的概率取模），模型的“静态”部分就成为阿喀琉斯之踵（说明变量定义在模型的入口处，预测困难）。模型的惯性也可以加入，但这样预测在适应变化时会比较困难，而且惯性会对商业活动产生影响。

模型有时无法适用（取决于模型是怎么实现的），这样也就促使新模型的出现，将这些变化考虑进去。综合所有情况，我们会得到一个冗长且复杂的统计数据处理任务，但间接结果是“推向市场的时间（实现时间）”巨大。由于我们所在世界的时间和机会紧密相关，我们可以设想出很多种使用这种方法没有效果的情形。但不管怎么说，这种方法是许多预测和优化方案的基础。

三、大数据环境下的人工智能

（一）互联网改变了玩法

随着互联网的出现，很多事情都变得复杂起来，而且随后的电子商务（始于 20 世纪 90 年代）的蓬勃发展则使得全球的数字化程度不断加深，越来越多的人和互联网联系在一起，手机和平板电脑则使得这样的连接更加紧密，几乎不受时间和空间的限制，服务和内容已经可以适用于新的应用。对于企业而言，客户体验变得尤为关键，它可以帮助企业获得更大的市场份额，使企业无论处在何种环境中，都能在恰当的时机以合适的价格推出正确的产品。而这些都处于这个数字化的世界中，而且各种行为都存在很大的变数。

企业正在面临这些挑战，而且情况变得越发糟糕。决策应该尽可能接近设计实现，基于这一准则，企业需要综合考虑决策系统（客户知识数据库）和业务系统（电子商务网站及呼叫中心等）。

推荐引擎（规则管理）的存在使其成为可能。其功能主要涉及给客户关联产品/服务/内容等，如在与购物车中产品相关或者类型相似的客户（根据客户购买历史）选择的产品的基础上，推荐一定数量的其他产品。这些推荐引擎主要是通过决策系统实现的，其主要“缺点”在于，由于在实时分析过程中的输入端，模型取决于同样的说明变量（用于构建模型的那些变量），因此需要预先定义所期望的结果。最终，在没有或者很少考虑网络用户的动态背景的情况下，会得到同样的分析结果（如客户评分）。系统对行为的变化缺少反应，若模型恰好不再适用，就需要重新计算。为了避免这种情况的出现，企业需要建立对目标而言不太精确的模型，尽管其个性化的东西很少甚至没有，但这样也具备了某种稳健性。

（二）大数据和物联网将会重新进行洗牌

若不是大数据及物联网的出现，很多事物不会有什么变化。

在物联网中，物理设备和软件间通过一个识别系统进行通信，而联网设备也越来越多地出现在我们的日常生活中，而这也仅仅是个开始，很快，我们还会拥有联网的自动驾驶汽车。谁也不知道未来会出现什么，不过有一点是确定的，世界的联系会越来越紧密。Web2.0已经开启了这项运动，创造了新的需求并产生了新的机遇。以当前社会的认知来看，没有人会否认社交网络对社会、政治和经济等方面的影响，谁掌握了这些通信方式及所关联的数据，谁就会有凌驾于其他人之上的优势。

在不远的将来，我们的日常用品大多是"智能"且联网的。为了实现这个将来（可能非常近），联网设备需要具备完全的自动化，而且这种自动化还有一个名字——人工智能。新的算法使得联网设备具有解决问题或执行任务的能力，而且这些新技术也将知识和客户服务提升到了一个新高度。我们可以更好地了解客户，也可以说强化了对客户的了解（每次新访问都会增加信息）。

人工智能还可以实现新的健康服务（联网病人）及交通（联网和自动驾驶汽车）、家居自动化（智能家居）等。为了利用这笔巨大的财富，需要有能力处理这些海量信息（大数据），以提取出有用的信息，而且这一切都要实时完成（这就是人工智能大展身手的场合）。

我们将从一个数字化的世界转移到联网的世界，那些围绕我们周围及我们所穿、所用的东西都会联网且每天24小时生成信息。如今，各企业都对物联网非常重视，且将其纳入了提高用户体验的策略中。

四、数字学习的关键

目前，只有那些经过精心设计的算法才能实时处理大数据，而近年来，由于要处理的原材料变成了大数据，因此随着数据量的日益增多（互联网这个数据源看来是永不会枯竭的），学习越来越快的人工智能重新兴起。大数据处理方案能汇集、总结及分析各个数据源产生的大量数据，而人工智能则会从中提取出所有有用的价值。除了应用于大数据以外，人工智能也可以提取出含义，且通过持续的学习确定更优的结果，以便做出实时决断。

大数据和人工智能技术的结合伴随着全球的数字化转变，而且必定会成为改变企业及其战略的一个机会。人工智能看起来就像一个天赋十足的"小学生"，但我们如何让计算机程序从它的经验中学习？换句话说，我们要问的是：若没有编程人员的干预，仅仅对指定目标相关的每次任务结果做出评估，程序可以修正自己的操作吗？就像一个孩子一样，计算机程序能够从自己所处的环境中学习吗？尽管道路还很漫长，但在一些大公司对该领域的巨大投资的推动下，机器学习近年来已经取得了巨大的进步。最负盛名的一个公开技术成果无疑就是谷歌大脑，其在 2012 年利用一台机器分析了网上数以百万计的图片（无标记）以确定对话的含义。

五、监督学习

（一）初级监督学习

机器学习的目标是让程序能够从给定的输入中计算出期望的输出，而不需要给出一个明确的方法。举个例子，机器学习的一个经典应用是文本识别，即获取手写文本并将其转录成文字。在此，给定的输入是手写文本的图片；期望的输出是手写文本表示的字符串。

任何一位邮政工作者都可以告诉你，文本识别很难。每个人的字迹都不同，而且还有人笔迹潦草，有时候钢笔墨水会漏在纸上，有些书写的纸又脏又破。这不像玩棋盘类游戏，我们有理论上可以实现的步骤，只是需要启发式应用。我们并不知道图像识别的步骤是什么，所以需要一些特别的方式，这就让机器学习有了用武之地。

对于文本识别的机器学习程序，我们通常需要给它提供许多手写字符的范例来进行训练，每个范例都标有对应的实际字符。

刚才描述的这种机器学习类型被称为监督式学习，它有一个要点：机器学习需要大量的数据。事实上，正如我们即将看到的，提供精心制作的训练数据集合对机器学习的成功至关重要。

我们训练程序进行机器学习时，必须仔细设计训练数据集合。首先，我们通常只会使用一小部分可能的输入和输出来训练程序，在手写数字识别示例中，我们不可能向程序展示所有可能存在的手写字符，那根本不现实。而且，如果我们可以向程序展示所有可能的输入集，那么就根本不需要机器来学习什么了，机器只需要记住每一个输入对应的输出就行了。无论何时对它进行输入，它只需要查找相应的输出即可，这不算机器学习。因此，一个程序必须只能使用可能存在的输入输出集合的一小部分进行训练，但是如果训练数据量太小，那么程序没有足够的信息来学会人们所期望的输入到输出的映射。

训练数据的另一个基本问题是特征提取。假设你在一家银行工作，银行需要一个机器学习程序来学习识别不良信贷风险。程序的训练数据是过去许多客户的记录，每个客户的记录上会标注其信贷记录是否良好。客户记录通常包括他们的姓名、出生日期、住址、年收入、交易记录、贷款记录和相应的还款信息等。这些信息在训练数据中被称为特征。其中某些特征可能和该客户的信贷风险毫无关系。如果你事先不知道哪些特征和机器要学习的目标有关系，那么你可能试图将所有特征都放入训练数据中。但是，这样就会产生一个很严重的问题，被称为维度诅咒：训练数据包含的特征越多，你需要给程序提供的训练数据量就越大，程序学习的速度也就越慢。

最简单的应对方式就是只在训练数据中包含少量的特征，但这也会引起一些问题。一方面，你可能不小心忽略了程序正确学习所必需的特征，即确实标明客户信贷记录不良的特征；另一方面，如果你没有合理地选择特征，可能会在程序中引入偏差。例如，假设你给不良信贷风险评估程序训练数据里导入的唯一特征是客户地址，那么很可能会导致程序在完成机器学习以后会带有地域歧视。

监督学习是最常见的机器学习技术，其目的在于使机器具有识别某个包含在一段数据流（图像、声音等）中的事物的能力。这项技术意味着我们对预期结果要有个概念，如从一幅图中找出一辆车。为使程序学习识别某个物体、一张脸、一种声音或者其他东西，我们必须提交数以万计甚至数百万有此类标记的图片。这种训练需要数日的处理，而且分析人员要监督并确认何时进行学习，甚至需要修正错误（程序无法进行这种处理）。在这种训练阶段，将新的图像（未在学习阶段用过）提交给程序，以评估机器学习的等级。

这项技术相对较老，但对于近来的技术提高而言迈出了一大步。目前可用的数据量及工程师掌握的计算能力，也大大提高了算法的效率。新一代的监督学习已经进入我们的日常生活中，如机器翻译工具就是一个绝佳的例子。通过分析大量结合了文字及其翻译的数据库，程序会找出统计规律，并基于该规律对每个词语、短语甚至是句子做出最恰当的翻译。

监督学习分为以下 4 个阶段：

①对结果应该是什么样的有个概念。

②教会机器识别具有某些标记数据的图像（学习作为模型使用的数据）。

③原始数据（待分类）被加入机器中。

④我们确认结果，然后生成输出。

（二）强化监督学习

在另一种机器学习方式——强化监督学习中，我们不给程序任何明确的训练数据。它通过决策来进行实验，并且接收这些决策的反馈，以判断它们是好是坏。例如，强化学习被广泛应用于训练游戏程序。程序玩某个游戏，如果它赢了，就会得到正反馈，如果它输了，就会得到负反馈。不管正负，它得到的反馈都被称为奖励。程序将会在下一次玩游戏的时候考虑奖励的问题，如果它得到的是正面的奖励，那么下一次玩的时候它更倾向使用同样的玩法，如果是负面的，那它就不太可能这样做。

强化学习的关键困难在于，许多情况下，奖励反馈可能需要很长的时间，这使得程序很难知道哪些行为是好的，哪些行为是坏的。假设强化学习的程序输了一场游戏，那么，究竟是游戏中的哪一步导致了失败呢？如果认为游戏中的每一步都是错误的，那肯定算总结过度。但我们怎么分辨究竟哪一步是错的？这就是信用分配问题。我们在生活中也会遇见信用分配问题。如果你抽烟的话，很可能在未来收到与之有关的负面反馈，但是这种负面反馈通常会在你吸烟很久以后（通常是几十年）才会收到。这种延迟的反馈很难让你戒烟。如果吸烟者在吸烟以后立即就能收到负面反馈（以危及生命和健康的方式），那么烟民数量一定会锐减。

由此可以看出，监督学习的强化基于学习输入（手头用于任务的模型）和输出（期望的结果）之间相关性的"奖励"模式。"奖励"实际上是对错误的估计（失败和成功的比值），它将会被代入（以权重或概率的形式）任务中用到的每个模型。通过这个过程，系统就会知道它所提供的输出是否正确，但并不知道正确的答案。结果和要达到的目标相关，强化监督学习需要为结果的衡量设置一个规则，其会被代入模型中，并且可以提高某个特定模型对任务贡献的概率。

六、无监督学习

无监督学习代表了人工智能的未来，这也是我们在自然界中发现的学习类型。知识和经验的结合得到了新的知识，这些经验推动了我们的学习。而无监督学习使人类和动物理解了如何在自己的环境中进化，如何适应并最终生存下来。和监督学习不同，无监督学习算法不需要处理数据的任何信息，我们也可以将其称为"不可知"或者"无师自通"。它在对信息一无所知或所知很少的情况下（和已知预期结果的监督学习相反）将类似信息汇集整理，这是一种非常有效的手段，它可以揭露一些我们无法自然而然地想到的信息（利用数据的"隐藏"部分）。

这种无监督学习方式可被称作"无师自通"，机器通过一种名为"聚类"的方法自己学习。神经网络具有多层连续结构，可以逐步对物体、面部及动物等进行识别（层数和复杂程度相关）。

第二节　人工智能系统

人工智能（AI）已经成为现代社会的一部分，它在许多方面改变了我们的世界。从自动驾驶到虚拟助手，AI技术正在日益普及，并在商业和消费领域发挥重要作用。

今天，人工智能的机制已经从单一技术转变为多种技术的综合体。5种AI系统已经发展出来，它们各有特点，但共同构成了未来AI的框架。

机器学习（ML）是一种人工智能技术，它可以根据给定的输入数据学习并实现自动化任务。机器学习可以帮助AI系统更好地理解数据，并从中提取有价值的信息以完成指定任务。

自然语言处理（NLP）是一种用于理解和处理人类语言的AI技术。NLP可以帮助AI系统更好地理解人类语言，并能够从中获取有价值的信息。

计算机视觉（CV）是一种人工智能技术，用于帮助AI系统识别图像和视频中的内容。它可以帮助AI系统分析图像，以识别图像中不同的物体，并理解图像中的内容。

深度学习（DL）是一种人工智能技术，它使用多层神经网络来进行数据处理和模型训练。深度学习可以帮助AI系统更好地理解数据，从而更好地完成指定任务。

强化学习（RL）是一种人工智能技术，它使用模拟环境来学习策略。强化学习可以帮助AI系统更好地分析环境，从而学习如何执行更有效的行为。

一、机器学习（ML）系统

（一）机器学习系统的基本原理

1. 机器学习的概念

机器学习是一种通过数据和模型进行自动学习的方法。它借助统计学、概率论和优化算法等数学技术，让计算机能够从数据中学习规律，并运用这些规律来做出预测、分类、决策等。

2. 机器学习系统的构成

机器学习系统通常由数据、模型和算法三部分构成。数据是机器学习的基础，用于训练和测试模型；模型是机器学习的核心，用于表达数据之间的关系；算法是机器学习的引擎，用于训练和优化模型。

（二）机器学习系统的应用场景

1. 自然语言处理

在自然语言处理领域，机器学习系统可以通过学习大量的语言数据，自动识别和理解自然语言的含义和结构。这使得机器能够进行文本分类、情感分析、机器翻译等任务，为人机交互提供更智能的支持。

2. 图像识别

在图像识别领域，机器学习系统可以通过训练大量的图像数据，学习图像的特征和模式。这使得机器能够识别和分类图像内容，实现人脸识别、物体检测、图像生成等功能，广泛应用于安防、医疗和娱乐等领域。

3. 推荐系统

在推荐系统中，机器学习系统可以通过学习用户的历史行为和偏好，自动为用户推荐个性化的内容和服务。这使得推荐系统能够为用户提供更符合其兴趣和需求的信息，提高用户的满意度和黏性。

（三）机器学习系统在智能时代的重要意义

1. 推动科技创新

机器学习系统的发展推动了科技的创新。它为各个领域带来了新的可能性，提升了数据处理和决策能力，推动了人工智能技术的不断进步。

2. 提高生产效率

在工业生产和商业运营中，机器学习系统可以实现智能化的生产和管理。它可以优化生产流程、提高产品质量，帮助企业更加高效地运营和管理。

3. 促进社会发展

机器学习系统在教育、医疗、交通等领域也有广泛应用。它可以为教育提供个性化的教学和辅助学习，为医疗提供精准的诊断和治疗，为交通提供智能的交通管理和规划。

综上所述，机器学习系统是建立在机器学习算法基础上的智能系统，它在自然语言处理、图像识别、推荐系统等领域展现了巨大的潜力。在智能时代，机器学习系统的发展将推动科技创新、提高生产效率，并促进社会发展。然而，面对数据隐私与安全问题、解释性和可解释性等挑战，我们需要持续投入研究和探索，不断优化机器学习系统的性能和应用，为人工智能技术的普及和发展做出更大的贡献。

二、自然语言处理（NLP）

（一）概念和技术

1. 信息抽取（IE）

信息抽取是将嵌入在文本中的非结构化信息提取并转换为结构化数据的过程，从自然语言构成的语料中提取出命名实体之间的关系，是一种基于命名实体识别更深层次的研究。信息抽取的主要过程有三步：首先，对非结构化的数据进行自动化处理；其次，有针对性地抽取文本信息；最后对抽取的信息进行结构化表示。信息抽取最基本的工作是命名实体识别，而核心在于对实体关系的抽取。

2. 自动文摘

自动文摘是利用计算机按照某一规则自动地对文本信息进行提取、集合成简短摘要的一种信息压缩技术，旨在实现两个目标：首先，使语言的简短；其次，要保留重要信息。

3. 语音识别技术

语音识别技术就是让机器通过识别和理解过程把语音信号转变为相应的文本或命令的技术，也就是让机器听懂人类的语音，其目标是将人类语音中的词汇内容转化为计算机可读的数据。要做到这些，首先必须将连续的讲话分解为词、音素等单位，还需要建立一套理解语义的规则。语音识别技术从流程上讲有前端降噪、语音切割分帧、特征提取、状态匹配几个部分。而其框架可分成声学模型、语言模型和解码 3 个部分。

4. Transformer 模型

Transformer 模型在 2017 年，由 Google 团队中首次提出。Transformer 是一种基于注意力机制来加速深度学习算法的模型，模型由一组编码器和一组解码器组成，编码器负责处理任意长度的输入并生成其表达，解码器负责把新表达转换为目的词。Transformer 模型利用注意力机制获取所有其他单词之间的关系，生成每个单词的新表示。Transformer 的优点是注意力机制能够在不考虑单词位置的情况下，直接捕捉句子中所有单词之间的关系。模型抛弃之前传统的 encoder-decoder 模型必须结合 RNN 或者 CNN（Convolutional Neural Networks，CNN）的固有模式，使用全 Attention 的结构代替了 LSTM，减少计算量和提高并行效率的同时不损害最终的实验结果。但是此模型也存在缺陷。首先此模型计算量太大，其次还存在位置信息利用不明显的问题，无法捕获长距离的信息。

5. 基于传统机器学习的自然语言处理技术

自然语言处理可将处理任务进行分类，形成多个子任务，传统的机械学习方法可利用 SVM（支持向量机模型）、Markov（马尔科夫模型）、CRF（条件随机场模型）等方法对自然语言中多个子任务进行处理，进一步提高处理结果的精度。但是，从实际应用效果上来看，仍存在着以下不足：①传统机器学习训练模型的性能过于依赖训练集的质量，需要人工标注训练集，降低了训练效率；②传统机器学习模型中的训练集在不同领域应用会出现差异较大的应用效果，削弱了训练的适用性，暴露出学习方法单一的弊端，若想让训练数据集适用于多个不同领域，则要耗费大量人力资源进行人工标注；③在处理更高阶、更抽象的自然语言时，机器学习无法人工标注出来这些自然语言特征，使得传统机器学习只能学习预先制定的规则，而不能学规则之外的复杂语言特征。

6. 基于深度学习的自然语言处理技术

深度学习是机器学习的一大分支，在自然语言处理中须应用深度学习模型，如卷积神经网络、循环神经网络等，通过对生成的词向量进行学习，以完成自然语言分类、理解的过程。与传统的机器学习相比，基于深度学习的自然语言处理技术具备以下优势：①深度学习能够以词或句子的向量化为前提，不断学习语言特征，掌握更高层次、更加抽象的语言特征，满足大量特征工程的自然语言处理要求；②深度学习无需专家人工定义训练集，可通过神经网络自动学习高层次特征。

（二）关联技术

1. 计算机科学

自然语言处理的最初目的就是实现人和计算机的自然语言对话，计算机作为对话的一个主体是自然语言处理这个概念提出的先决条件。长久以来人们对于机器人应用于生活，成为重要生产力推动社会发展，尤其是使机器人拥有"人的智能"就充满了憧憬，自然语言处理作为人工智能领域的一个重要组成部分，对于推动机器人的真正智能化有标志性作用。近年来计算机性能在数据存储能力、处理速度等方面的大幅提升，为海量数据的处理、概率统计，为发现语言的规律、获得内在联系成为可能。

2. 互联网技术

互联网的出现使信息的传播更加便捷，依托于互联网技术出现的各种新媒体是信息已成为信息传播的主要途径，各种网络聊天软件增加了人们沟通交流的途径，这些以文字形式出现具有保存一定时间要求的信息带来了数据的爆炸式增长，为利用基于统计的自然语言处理提供了海量资源。依托于互联网技术出现的开源平台，也是研究者们获取研究资源的重要途径。

3. 机器学习方法

机器学习是利用数据和经验改进计算机算法、优化计算机性能的多领域交叉学科，可以追溯到 17 世纪的最小二乘法、马尔科夫链，但是其真正发展起来应该从 20 世纪 50 年代算起，经历了"有无知识的学习"的执行、基于图结构及逻辑结构进行系统描述、结合各种应用拓展到对多个概念学习 3 个阶段的发展，自 20 世纪 80 年代中叶进入更新的、能够真正使计算机智能化的第四阶段。

利用半监督或无监督的机器学习方法对海量自然语言进行处理也与机器学习的发展历程相对应，大致可以分为两个阶段：基于离散性表示的线性模型的传统机器学习，基于连续性表示的非线性模型的深度学习。

深度学习是一种计算机自动学习算法，包括输入层、隐含层、输出层三部分，其中输入层是研究人员提供的大量数据，是算法的处理对象，隐含层的层数由实验人员确定，是算法对数据进行特征标记、发现其中规律、建立特征点间联系的过程，输出层则是研究人员可以得到的结果，一般来说输入层得到的数据越多，隐含层的层数越多，对数据的区分结果也就越好，但是带来的问题是计算量的加大、计算难度的提升，所幸计算机硬件在近年来取得飞跃。作为推动自然语言处理的最新动力，机器学习展现出了前所未有的优势：

（1）克服了语言特征人工标记的稀疏性的缺点，深度学习可以利用分布式向量对词做分类，词类标签、词义标签、依存关系等可以得到有效标记。

（2）克服了语言特征人工标记不完整的问题，人工的语言标记由于工作量的繁重，被遗漏的可能性很大，而高效率的计算机进行此项工作可以大大减少这种失误。

（3）克服了传统机器学习算法计算量大、计算时间长的问题，深度学习利用矩阵进行计算将计算量大幅压缩。

（三）自然语言处理系统未来展望

自然语言处理领域一直是基于规则和基于统计 2 种研究方法交替占据主导地位，2 种研究都先后遇到瓶颈，基于规则和传统机器学习的方法到达一定阶段后就很难再取得更大的突破，直到计算能力和数据存储的提升才极大地促进了自然语言处理的发展。语音识别的突破使得深度学习技术变得非常普及。取得较大进展的还有机器翻译，谷歌翻译目前用深度神经网络技术将机器翻译提升到了新的高度，即使达不到人工翻译标准也足以应对大部分的需求。信息抽取也变得更加智能，能更好地理解复杂句子结构和实体间关系，抽取出正确的事实。深度学习推动了自然语言处理任务的进步，同时自然语言处理任务也为深度学习提供了广阔的应用前景，使得人们在算法设计上投入得更多。人工智能的进步会继续促进自然语言处理的发展，也使得自然语言处理面临着如下挑战：

（1）更优的算法。人工智能发展的三要素（数据、计算能力和算法）中，与自然语言处理研究者最相关的就是算法设计。深度学习已经在很多任务中表现出了强大的优势，但后向传播方式的合理性近期受到质疑。深度学习是通过大数据完成小任务的方法，重点在做归纳，学习效率是比较低的，而能否从小数据出发，分析出其蕴含的原理，从演绎的角度出发来完成多任务，是未来非常值得研究的方向。

（2）语言的深度分析。尽管深度学习很大程度上提升了自然语言处理的效果，但该领域是关于语言技术的科学，而不是寻找最好的机器学习方法，核心仍然是语言学问题。未来语言中的难题还需要关注语义理解，从大规模网络数据中，通过深入的语义分析，结合语言学理论，发现语义产生与理解的规律，研究数据背后隐藏的模式，扩充和完善已有的知识模型，使语义表示更加准确。语言理解需要理性与经验的结合，理性是先验的，而经验可以扩充知识，因此需要充分利用世界知识和语言学理论指导先进技术来理解语义。分布式词向量中隐含了部分语义信息，通过词向量的不同组合方式，能够表达出更丰富的语义，但词向量的语义作用仍未完全发挥，挖掘语言中的语义表示模式，并将语义用形式化语言完整准确地表示出来让计算机理解，是将来研究的重点任务。

（3）多学科的交叉。在理解语义的问题上，需要寻找一个合适的模型。在模型的探索中，需要充分借鉴语言哲学、认知科学和脑科学领域的研究成果，从认知的角度去发现语义的产生与理解，有可能会为语言理解建立更好的模型。在科技创新的今天，多学科的交叉可以更好地促进自然语言处理的发展。

深度学习为自然语言处理带来了重大技术突破，它的广泛应用极大地改变了人们的日常生活。当深度学习和其他认知科学、语言学结合时，或许可以发挥出更大的威力，解决语义理解问题，带来真正的"智能"。

尽管深度学习在 NLP 各个任务中取得了巨大成功，但若大规模投入使用，仍然有许多研究难点需要克服。深度神经网络模型越大，使得模型训练时间延长，如何减小模型体积但同时保持模型性能不变是未来研究的一个方向。此外深度神经网络模型可解释性较差，在自然语言生成任务研究进展不大。但是，随着深度学习的不断研究深入，在不久的将来，NLP 领域将会取得更多研究成果和发展。

三、计算机视觉（CV）

（一）计算机视觉（CV）定义

计算机视觉就是用各种成像系统代替视觉器官作为输入敏感手段，由计算机来代替大脑完成处理和解释。计算机视觉的最终研究目标就是使计算机能像人那样通过视觉观察和理解世界，具有自主适应环境的能力。要经过长期的努力才能达到的目标。因此，在实现最终目标以前，人们努力的中期目标是建立一种视觉系统，这个系统能依据视觉敏感和反馈的某种程度的智能完成一定的任务。例如，计算机视觉的一个重要应用领域就是自主车辆的视觉导航，还没有条件实现像人那样能识别和理解任何环境，完成自主导航的系统。因此，人们努力的研究目标是实现在高速公路上具有道路跟踪能力，可避免与前方车辆碰撞的视觉辅助驾驶系统。这里要指出的一点是，在计算机视觉系统中计算机起代替人脑的作用，但并不意味着计算机必须按人类视觉的方法完成视觉信息的处理。计算机视觉可以而且应该根据计算机系统的特点来进行视觉信息的处理。但是，人类视觉系统是迄今为止，人们所知道的功能最强大和完善的视觉系统。如在以下的章节中会看到的那样，对人类视觉处理机制的研究将给计算机视觉的研究提供启发和指导。因此，用计算机信息处理的方法研究人类视觉的机理，建立人类视觉的计算理论。这方面的研究被称为计算视觉（Computational Vision）。计算视觉可被认为是计算机视觉中的一个研究领域。

（二）计算机视觉系统

计算机视觉系统的结构形式很大程度上依赖于其具体应用方向。有些是独立工作的，用于解决具体的测量或检测问题；也有些作为某个大型复杂系统的组成部分出现，比如和机械控制系统、数据库系统、人机接口设备协同工作。计算机视觉系统的具体实现方法同时也由其功能决定——是预先固定的抑或是在运行过程中自动学习调整。尽管如此，有些功能却几乎是每个计算机系统都需要具备的：

1. 图像获取

一幅数字图像是由一个或多个图像感知器产生，这里的感知器可以是各种光敏摄像机，包括遥感设备、X 射线断层摄影仪、雷达、超声波接收器等。取决于不同的感知器，产生的图片可以是普通的二维图像、三维图组或者一个图像序列。图片的像素值往往对应于光在一个或多个光谱段上的强度（灰度图或彩色图），但也可以是相关的各种物理数据，如声波、电磁波或核磁共振的深度、吸收度或反射度。

2. 预处理

在对图像实施具体的计算机视觉方法来提取某种特定的信息前，一种或一些预处理往往被采用来使图像满足后继方法的要求。例如：二次取样保证图像坐标的正确；平滑去噪来滤除感知器引入的设备噪声；提高对比度来保证实现相关信息可以被检测到；调整尺度空间使图像结构适合局部应用。

3. 特征提取

从图像中提取各种复杂度的特征。例如：线，边缘提取；局部化的特征点检测如边角检测，斑点检测；更复杂的特征可能与图像中的纹理形状或运动有关。

4. 检测分割

在图像处理过程中，有时会需要对图像进行分割来提取有价值的用于后继处理的部分，例如筛选特征点；分割一或多幅图片中含有特定目标的部分。

5. 高级处理

到了这一步，数据往往具有很小的数量，例如图像中经先前处理被认为含有目标物体的部分。这时的处理包括：

验证得到的数据是否符合前提要求；

估测特定系数，比如目标的姿态、体积；

对目标进行分类。

高级处理有理解图像内容的含义，是计算机视觉中的高阶处理，主要是在图像分割的基础上再进行对分割出的图像块进行理解，例如进行识别等操作。

四、深度学习（DL）

（一）深度学习概念

深度学习（Deep Learning，DL），由 Hinton 等人于 2006 年提出，是机器学习（Machine Learning，ML）的一个新领域。

深度学习被引入机器学习使其更接近于最初的目标——人工智能（AI，Artificial Intelligence）。

深度学习是学习样本数据的内在规律和表示层次，这些学习过程中获得的信息对诸如文字、图像和声音等数据的解释有很大的帮助。它的最终目标是让机器能够像人一样具有分析学习能力，能够识别文字、图像和声音等数据。

深度学习是一个复杂的机器学习算法，在语言和图像识别方面取得的效果，远远超过先前相关技术。它在搜索技术、数据挖掘、机器学习、机器翻译、自然语言处理、多媒体学习、语音、推荐和个性化技术，以及其他相关领域都取得了很多成果。深度学习使机器模仿视听和思考等人类的活动，解决了很多复杂的模式识别难题，使得人工智能相关技术取得了很大进步。

（二）深度学习特点

区别于传统的浅层学习，深度学习的不同在于：

（1）强调了模型结构的深度，通常有5层、6层，甚至10多层的隐层节点。

（2）明确了特征学习的重要性。也就是说，通过逐层特征变换，将样本在原空间的特征表示变换到一个新特征空间，从而使分类或预测更容易。与人工规则构造特征的方法相比，利用大数据来学习特征，更能够刻画数据丰富的内在信息。

通过设计建立适量的神经元计算节点和多层运算层次结构，选择合适的输入层和输出层，通过网络的学习和调优，建立起从输入到输出的函数关系，虽然不能100%找到输入与输出的函数关系，但是可以尽可能地逼近现实的关联关系。使用训练成功的网络模型，就可以实现我们对复杂事务处理的自动化要求。

（三）深度学习训练过程

2006年，Hinton提出了在非监督数据上建立多层神经网络的一个有效方法，具体分为两步：首先逐层构建单层神经元，这样每次都是训练一个单层网络；当所有层训练完后，使用wake-sleep算法进行调优。

将除最顶层的其他层间的权重变为双向的，这样最顶层仍然是一个单层神经网络，而其他层则变为了图模型。向上的权重用于"认知"，向下的权重用于"生成"。然后使用wake-sleep算法调整所有的权重。让认知和生成达成一致，也就是保证生成的最顶层表示能够尽可能正确地复原底层的节点。比如顶层的一个节点表示人脸，那么所有人脸的图像应该激活这个节点，并且这个结果向下生成的图像应该能够表现为一个大概的人脸图像。wake-sleep算法分为醒（wake）和睡（sleep）两个部分。

wake阶段：认知过程，通过外界的特征和向上的权重产生每一层的抽象表示，并且使用梯度下降修改层间的下行权重。

sleep 阶段：生成过程，通过顶层表示和向下权重，生成底层的状态，同时修改层间向上的权重。

1. 自下上升的非监督学习

就是从底层开始，一层一层地往顶层训练。采用无标定数据（有标定数据也可）分层训练各层参数，这一步可以看作一个无监督训练过程，这也是和传统神经网络区别最大的部分，可以看作特征学习过程。具体地，先用无标定数据训练第一层，训练时先学习第一层的参数，这层可以看作得到一个使得输出和输入差别最小的三层神经网络的隐层，由于模型容量的限制以及稀疏性约束，使得到的模型能够学习到数据本身的结构，从而得到比输入更具有表示能力的特征；在学习得到 n−1 层后，将 n−1 层的输出作为第 n 层的输入，训练第 n 层，由此分别得到各层的参数。

2. 自顶向下的监督学习

就是通过带标签的数据去训练，误差自顶向下传输，对网络进行微调。基于第一步得到的各层参数进一步优调整个多层模型的参数，这一步是一个有监督训练过程。第一步类似神经网络的随机初始化初值过程，由于第一步不是随机初始化，而是通过学习输入数据的结构得到的，因而这个初值更接近全局最优，从而能够取得更好的效果。所以深度学习的良好效果在很大程度上归功于第一步的特征学习的过程。

五、强化学习（RL）

（一）强化学习（RL）定义

强化学习（Reinforcement Learning），缩写 RL，是一种机器学习的方法，强调学习如何通过与环境的互动来做出决定。不要求预先给定任何数据，而是通过接收环境对动作的奖励（反馈）获得学习信息并更新模型参数。深度学习模型可以在强化学习中得到使用，从而形成深度强化学习。其灵感来源于心理学中的行为主义理论，即有机体如何在环境给予的奖励或惩罚的刺激下，逐步形成对刺激的预期，产生能获得最大利益的习惯性行为，侧重在线学习并试图在探索-利用（Exploration-Exploitation）间保持平衡。

强化学习是智能体（Agent）以"试错"的方式进行学习，通过与环境进行交互获得的奖赏指导行为，目标是使智能体获得最大的奖赏，强化学习不同于连接主义学习中的监督学习，主要表现在强化信号上，强化学习中由环境提供的强化信号是对产生动作的好坏做一种评价（通常为标量信号），而不是告诉强化学习系统 RLS（Reinforcement Learning System）如何去产生正确的动作。由于外部环境提供的信息很少，RLS 必须靠自身的经历进行学习。通过这种方式，RLS 在行动-评价的环境中获得知识，改进行动方案以适应环境。

（二）强化学习的 3 种方法

基于价值（Value-Based），目标是优化价值函数 V（s），价值函数会告诉我们，智能体在每个状态里得出的未来奖励最大预期（Maximum Expected Future Reward），由此决定每一步要选择哪个行动。

基于策略（Policy-Based），直接优化策略函数 π（s），抛弃价值函数。策略就是评判智能体在特定时间点的表现，通过策略把每一个状态和它所对应的最佳行动建立联系起来。

基于模型（Model-Based），创建一个模型来表示环境的行为。（不常用）

（三）强化学习的一些经典算法

价值迭代（Value Iteration）：一种动态编程技术，迭代更新价值函数，直到它收敛到最佳价值函数。

Q-learning：一种无模型、非策略性的算法，通过迭代更新其基于观察到的过渡和奖励的估计值来学习最佳的 Q-函数。

SARSA：一种无模型的策略性算法，通过基于当前策略所采取的行动更新其估计值来学习 Q 函数。

深度 Q 网络（DQN）：Q-learning 的扩展，使用深度神经网络来近似 Q-function，使 RL 能够扩展到高维状态空间。

策略梯度算法（Policy Gradient Methods）：一系列的算法，通过基于预期累积奖励的梯度调整其参数来直接优化策略。

以上 5 种 AI 系统，每种系统都具有自己独特的特点，可以为不同应用场景提供更好、更精准的解决方案。未来，这 5 种 AI 系统将继续发挥重要作用，并在不同领域改变我们的生活。

在现代社会，人工智能技术正在改变着我们的生活，5 种 AI 系统构成了未来 AI 的框架，它们将继续改变我们的世界。机器学习（ML）、自然语言处理（NLP）、计算机视觉（CV）、深度学习（DL）和强化学习（RL），以及它们之间的综合，将继续带来商业和消费领域的巨大影响，并在未来改变着我们的生活。

第八章 人工智能的多元影响

第一节 人工智能对工作的影响

随着互联网和电子商务网站的出现，客户关系管理（CRM）在 20 世纪末期经历了几次大的发展。对客户来说，这不是一次进化，而是革命，只须进行几次点击，就可以将多种商品和服务进行比较。这些机会对供应商及客户的关系带来了直接影响，因为客户变成了"所有人"的客户。此时企业也明白了"他们的客户"不再"属于"他们，能用在客户关系中的，也只有客户在浏览他们的电商网站或者联系呼叫中心所花的时间。

这种想法导致了 CRM 的出现。CRM 是一个复杂的系统，涉及构建客户知识数据库，其数据主要来自交易销售系统（如电商网站或呼叫中心），基本前提是通过某种方法可以认识/识别客户（若客户未在网站正式注册，"匿名"浏览就比较难识别了）。借着通信工具（智能手机、平板电脑）技术发展的东风，以永不停歇的互联网为基础，社交媒体网络出现在这个越发数字化的世界中。

我们甚至可以说这些变化源于客户关系的改变。在社交网络中，"控制权"在客户手中：他们自己决定何时，以及用何种方式和企业联系。通过多方努力，社交媒体网络提高了社会主体间的信息共享和交换，但还涉及品牌、产品及体验。相比回答满意度调查（通过邮寄或者电话，甚至是互联网），在脸书等社交网络中发表看法和内容（图像和视频等）分享更加简单高效，这种研究客户关系的新方法被称作社交 CRM。企业不得不考虑自己与客户的社交关系，并重新考虑自己的联系策略是否合适，在以前这是没有过的事。社交 CRM 增强了企业和客户之间的联系，客户以前是这种通信流的下端，在某次市场活动中和其他客户一道被当作目标人群（被识别为同一类，换句话说这些人的购买行为或多或少有相同的地方）。为提高通信的交互模式，客户及其供应商已经通过社交媒体网络建立了直接或间接的联系。

构建企业与客户间更人性化、更自然及更直接的关系，有利于为客户提供最适合的产品和服务。但最重要的是，通过脸书、推特及论坛等不同社交媒体网络上的交互而得到的市场数据库，企业增加了对客户的了解。利用经典客户关系通道很难获取或者根本获取不到的数据，社交 CRM 极大地丰富了 CRM 的内容。例如，利用 CRM 不仅可以跟踪客户对你所在公司的想法，还能了解他们在网络上对公司的一些评论。从目前来看，社交网络是发现别人对你评价的最好渠道，社交 CRM 则扩展了 CRM 的范围，且利用对客户更加精细及广泛的了解，我们也向客户体验管理（CXM）迈出了一大步。社交 CRM 是客户体验管理的组成部分，它超出了客户和企业间的简单交互，已经扩展到每个独立的社交网络中。

一、客户体验管理中智能手机和平板电脑的影响

现如今在谈论客户关系时，我们无法回避无时无刻不在连接我们和这个世界的设备，这些从未离开过我们身边的移动设备已经极大地影响了企业及其客户的关系。移动设备（智能手机或平板电脑，从被人们拥有开始它们就一直和互联网相连）应用广泛，如搜索旅游行程、在网站对比产品、联系客户服务、发送通知、处理行政事务及其他许许多多的应用。

二、CXM 不仅仅是一个软件包

CXM 不仅仅涉及 CXM 应用的实现，更是处理客户关系的一种新手段，其目标是调动整个公司，而不仅是实际管理这种关系的人员（市场或销售），我们指的是企业的范式转变，联系（不管企业是做什么的）的每个方面都会对体验有所帮助，也就是说"以客户为中心"。由于 CXM 更愿意深挖客户旅游行程、善于捕捉交互过程（所有类型，在线、离线及消费等），且将单独分析每次体验，以改进和优化客户体验作为目标，这使 CXM 已经超越了 CRM。这种涉及企业内各个层级的方法，已经成为 CXM 真正的哲学核心。CXM 很显然是 CRM 进化的一部分，涉及掌握和控制企业和客户间的接触点。要想掌握这一手段，需要结合不同方案来管理这些接触点，以及全面捕捉和这些接触点相关的数据（大数据）。

这些大数据接下来会成为体验分析和过程控制中的原料，而且在这一领域处于领先地位的公司会为人工智能方案提供养料，并提取出这些信息中的价值。

CXM 的基本原则是企业区别对待每个客户的需求，为他们旅程中的每个阶段都提供持续更新、个性化、互动及有针对性的体验。

CXM 需要利用订制化工具来推荐最佳产品，并通过自动跨渠道和订制化方案引导这种转变。CXM 方法将客户期望置于企业责任的核心（客户是企业流程的核心），以实现提供一种服务及一种个性化体验的目标，因此有必要组建覆盖整个公司的团队，而不仅仅是

专门处理客户关系的部门。企业里每个成员都要相信自己在客户体验中的价值。

三、CXM 的组成

（一）客户交互

客户交互是信息系统中的整合层，通过这个信息系统，客户和他们的信息源间可以实现实时的信息交换。世界的连接程度和数字化日益提高，时间和移动化非常关键，客户想要在任何地方快速访问所需信息，其中包括产品的价格和库存情况、预订活动（旅行、票据等）、个人数据、行政服务及社交网络。

要满足这些期望（事实上已经变成了需求），互联网是最合适的媒介。

（二）网络内容管理

网络内容管理需要订制符合客户概况及企业联系策略的内容。但尽早展示传输选项，可以提前识别出客户是否来自另一个国家，确定旅程的阶段或者购物车中的内容，这也意味着可以适应不同的用户旅程（销售会话）。

（三）电商网站 APP

电商网站 APP 在设计上必须支持订制化（参见上面的观点），这就需要对表示层（机制上允许显示的内容和浏览顺序）和交互管理层（数据交换和/或商业规则）做正式的区分。

若不做这种区分，内容的动态订制和/或浏览可能会非常困难甚至是不可能的。

（四）大数据湖（DMP）

CXM（作用类似于客户参考系统）的原料是数据（联系数据、购买数据等），数据可以有各种大小和格式。

下面列出了一些常见的方案。

①使用了 Hadoop 技术的大数据架构（可能是任意数据格式：日志、邮件、图像、声音及博客等）。

②数据湖，这是一种在读取时进行结构化的数据库。

③数据管理平台（DMP），是结合了以上两点的版本。

（五）人工智能推荐

这是 CXM 的重点，进行客户体验最优化处理是这个架构的分析部分。其通常会结合数据分析算法（通过数据挖掘分析流程或自学习人工智能方案）及负责优化客户体验的推荐引擎（在分析模块的控制之下）。

利用软件改善业务流程管理时，人们的很多无意识行为有时看上去就像计算机编程的说明书一样。我们要学会思考"是否受理了顾客的咨询"，严格规定应该联系收集、锁定的数据。估算资源、下一次的成本和交货期，使顾客报价（估算）的业务流程具体化、模式化。包括相关处理（功能）数据流通模型、相关文件（表格）及行业要素，很多甚至可以运用人工智能进行夜间批量处理。

如果让机器承担应该由人类负责的工作，那么就相当于已经把责任转交给了人工智能，需要人工智能对信息做出实时反应。另外，如果它能够检测声音是否异常，掌握人类的认知能力，完善相关信息、运用深度学习和知识进行推理，那么就相当于真正做到了替代人类。如果某一环节的人工智能无法全部承担则可以对流程进行进一步分化，讨论人工智能能够承担的部分，或者对于尚不能完全掌握常识的人工智能，我们可以稍做妥协，去掉信息模糊的部分后再逐步把任务交接给人工智能。

无论选择哪种方式，实现人工智能代替人类的目标还需要考虑以下问题：

①首先尽量保证过程链模型的精密度。

②至少达到人类负责这项工作时的水平（如同等的处理密度、速度、效益费用比）。

没有浪费时间，某个事件或功能产生的数据量、处理量的规模没有被破坏。或者能够弥补不足，通过过程链的分时，可以有效利用人工智能，改善经济效益。

人工智能代替人类工作时的贡献度、整个过程的高效、高速、成本控制效果等很难用数字表现出来。人们常常在估算人工智能市场效果方面格外慎重。

如果自然语言解析器同时负责营业报告的分析，或许人工智能也能够完成数值数据的对比，分析接受订单与丢失订单之间的关系。数据量越大，越能显现出机器相较于人类的优势，机器甚至能应对改变数据、进行模拟接受订单概率的实验，完成庞大数据的二次计算。

然而，现在我们能否真正可以把以往营业人员的工作，如接待顾客、听取意见、接受订单等全权委托给机器？在未来，即便出现了超高水平的机器，在这些事情上依然应该由人类去发挥作用。

四、支持智能生产的人工智能

人们对人工智能机器人的关注度越来越高。而在此之前，大数据及其有效利用一度是社会的热门话题。人工智能和大数据并非独立的流行语，两者之间存在着紧密的依存关系和因果关系。单从深度学习技术离不开训练数据、信息爆炸导致未经分析的有用数据流失、物联网机器引发的滞销加速等这些表面现象也能够理解这一点。针对未经分析的大数据，如果存在像人类一样甚至超越人类，能够进行大量、均质、定量分析的人工智能，那么人类将获益良多。

最初，提到"弱人工智能"，大家本能地认为这不过是比较幽默、聪明、能够弥补人类能力的工具，绝不会联想到它将完全替代人类。因为你觉得它仅仅是"弱人工智能"。而如果换成能够熟练掌握人类智慧的"强人工智能"，这时你恐怕就会疑虑"人类究竟该怎样安全地导入、利用人工智能"。答案就是，重新审视现有的工作程序、方法、业务流程，对其解构，也就是说，在目前人工智能能胜任的工作中挑选那些替换成人工智能后能实现更高效、更优性价比或能产生以往没有的良好效果（提升精确度、速度、质量或促进质量均衡等）的部分，积极引入人工智能；或者将人工智能用于评估整体的业务流程和效果，不断根据效果做出调整。

白领阶层所从事的企划、商品服务设计、研究开发，以及在进行市场调查或开展服务时遇到突发情况后的应对策略，通过人工智能的帮助，将取得怎样的改善？20多年前，这些课题就已经作为"知识管理"为人所知。如图8-1所示，为知识管理中的智能制造结构抽象化的产物。

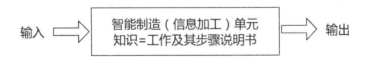

输入　智能制造（信息加工）单元　知识=工作及其步骤说明书　输出

图8-1　具备加工信息知识的智能制造单元和输入输出的信息

这是非常简单的信息处理模型。白领的工作可视为"智能制造单元"的"信息加工"。而信息加工必然涉及输入和输出。

不论是个人还是团队，加工信息时都是在接收"输入信息"后使用加工方法（相当于工厂中的机器和操作手册）对信息进行处理，然后输出信息。被比作工厂中的机器和操作手册的正是对"输入信息"进行有效加工、处理的相应知识。所谓知识就是指导人如何去使用。

操作手册在日语中叫作"手引"。它能够随身携带，方便读者翻阅，然后读者可以据此处理信息做出判断，这些最后将导向行动、发言等"输出"。这才是知识真正的作用。

第二节　人工智能对企业的影响

一、赋能视角的局限

赋能语境下的企业人工智能应用天然带有浓厚的技术色彩，但企业人工智能应用的实际情形远不止技术这一项内容。

首先，一个值得认真讨论的问题就是：赋能的主体是谁？是外部技术服务商还是企业自身？外部服务商主导的人工智能应用与以企业自主研发为主的人工智能应用，在系统架构、项目设计、实施路径方式等方面可能会存在明显差异。考虑到大多数企业对人工智能技术的认知、掌握程度有限，而且真正了解企业资源、能力禀赋，以及经营管理实际情况的还是企业自身，因此，赋能视角下的主体问题其实并不容易权衡。

其次，赋能的过程很难说是一种容易实施严密控制的过程。人工智能在企业的真正落地，必须与企业的业务、产品、组织架构、人力资源、客户结构等有机融合，显然，这样的融合过程需要精心的设计谋划、系统化的组织实施，还需要在过程中根据具体推进的实际情况及时进行有针对性的调整。人工智能技术从投入到产出的过程所对应的是系统性的机制安排，在赋能的视角下，对这样的系统性安排缺乏精确、细节性的描绘（如果不是完全没有）。更加麻烦的是，在某些企业经营管理的场景中，人工智能已经完全替代了企业现有的管理、业务流程，以及相关的人员、岗位，这又明显超出了"赋能"的范畴。就人工智能对企业的影响而言，如果深入到企业内部观察实际正在发生的情形，"赋能"的视角多少显得有些捉襟见肘。

二、人工智能对企业基础管理的冲击

对企业这样一个复杂系统的经济组织活动，可以参考新古典微观经济学分析框架所采用的分层结构，将企业的经营管理活动分为4个层面：底层是企业的资本、技术、人力资源、行业特征、市场区域，以及其他资源等基础禀赋；第二层是企业内外部相关行为人的决策；第三层是企业内外部相关行为人根据他们的决策所采取的行动，以及这些行动之间的相互作用；第四层即顶层，是行为人一系列活动所导致的企业绩效及社会福利产出。通过这个四层结构的分析框架不难看出，与历史上的技术革命相比，人工智能技术不仅像之前一样影响了企业的基础禀赋，还进一步跃升至结构的第二层，对企业相关行为人的决策产生了深刻影响，进而导致人工智能技术对企业的基础管理产生深层次甚至颠覆性的影响。受其影响的基础管理工作不仅包括工作流程、组织架构、人力资源等传统企业管理内容，还包括决定企业未来生存与发展的创新机制，以及新经济形态下越来越重要的数据治理等。

（一）工作流程

为了持续改进经营管理绩效，很多企业管理者经过反复研究采取了一系列他们认为颇有针对性的管理措施，但很多时候难以达到预期效果。其中非常重要的一个原因就是企业仍然在用处理工作任务的思路和方法来处理流程问题。如果企业的流程陈旧、僵化，不能及时适应市场变化和客户需求，哪怕个人、团队或部门对分派给其工作任务的完成绩效再好，企业的整体绩效也可能是糟糕的。现代企业价值创造的关键就在于流程管理，而人工智能的引入恰恰在企业的流程管理方面展示了巨大的应用潜力。

以企业的销售工作为例，销售工作的压力和挑战性无须多说，优秀的销售人员对各家企业都是稀缺资源。人工智能技术在销售流程中的使用，可以帮助销售人员节省大量时间来从事具有更大附加值、与客户面对面交流沟通的工作内容。作为辅助手段，智能机器人可以在第一时间有效识别客户身份，搜集客户的语言、动作等潜在信息，分析判断客户需求。销售人员也可以借助人工智能更好地判断客户对产品特性和价格的反应，从而更加精准地满足客户的购买欲望和需求。人工智能的介入和对人工的替代使传统的销售工作流程变得面目一新，效率提升非常显著。

在企业的决策流程方面同样如此，人工智能系统将大量复杂的数据清洗、分析、汇总、展示等工作进行集成处理，实时供管理者决策使用。人工智能还可以通过机器学习自动生成业务审核、审批决策，或者由系统直接发出管理指令。在人工智能参与或实施决策的场景中，企业决策问题的核心从原先的研究形成决策方案转化为对多种决策方案的评估和选择。从近年来一些企业人工智能应用的实践来看，在人工智能场景中，企业工作流程的设计逻辑、运行方式已经发生了颠覆性的改变，并且贯穿经营管理的前、中、后台，实际上是对企业内部专业化和分工组织模式的彻底重组。

（二）组织架构

现代企业越来越强调员工之间及时深入沟通和充分有效的信息知识互换与分享，这要求企业的组织架构具有更好的灵活性和适应性。然而在传统的管理思维和实践中，组织架构通常被理解为对企业生产经营管理活动的组织安排进行有意识、理性、正式的事先规划和设计。通过流程重组,人工智能从根本上改变了企业专业化和分工组织方式的基础构建,使企业组织架构设计问题有了新的思考方向。以企业为客户提供的服务工作为例,Huang 和 Rust（2018）将这类工作所需要的智力类型分为机械的、分析的、直觉的、情感的 4 种类型。人工智能在机械的、分析类型的工作任务中已经有所应用,随着人工智能技术的进一步发展,包含全部 4 种类型的服务工作交由人工智能机器人来承担是完全可以期待的。

有学者预测人工智能的广泛应用在企业中会催生 3 种新的岗位需求：持续完善差异化算法的技术人员,人工智能系统管理维护人员,人工智能系统使用的培训支持人员。伴随机器、系统对人的部分甚至全部替代,企业的组织架构可能发生深刻的变化：汇报路线和管理层级不断压缩；组织形式更加简单和扁平化；基于客户、市场的项目制、事业部制更加流行；更多业务和管理领域的外包；通过高度整合的信息流、严格的技术标准和运营协议来进行控制基于价值链的合作伙伴、战略联盟等混合组织形式也会不断涌现。

（三）人力资源

人工智能在企业内部的广泛应用将迫使企业人力资源管理的相关工作内容需要重新安排和组织,既包括工资奖金分配、人员招聘、人才培养、工作满意度、员工职业规划等传统人力资源管理职责在内涵和外延方面的扩展,也涉及一些全新的人力资源管理内容。立足人工智能应用的场景,企业人力资源管理需要应对的基础问题包括：新的工作岗位的产生,旧的工作岗位的淘汰、调整,企业内部各业务条线、部门、经营单位人力资源结构的重新配置,以及在特定工作任务中人与人工智能的配置比例；员工健康、工作条件、劳动保护等方面的重新谋划和统筹安排；员工工资收入增长与分配的重新规划；包括众包、平台服务、临时劳务、远程或居家办公等多种弹性用工方式在内的综合用工模式、制度的重新设计。总之,针对人工智能场景中相关工作任务内容、性质的巨大变化,企业人力资源管理工作必须快速增强适应性、创新性,以及大数据应用、信息处理、沟通协调、责任承担、问题解决、组织学习等各方面能力。

（四）创新机制

在机遇与挑战并存的 VUCA 时代,能否持续进行创新直接决定企业未来的生存和发展,其重要性不言而喻。但企业创新受到资金、人才、技术、系统、战略、文化、地理区域、市场环境、行业结构、政府监管等一系列内外部条件的约束,客观上存在一定的创新边界,常常令企业难以突破。而本身就属于重大创新的人工智能技术大大增加了企业突破现有创新边界的可能性。比如，在产品研发方面，可以使用人工智能研究相关大数据中的潜在结构形式来寻找针对复杂组合问题的技术解决方案；通过大数据和机器学习大幅提升分析、预测、发现、利用市场机会的能力，同时避免工作量浩大的手工测试的人工和时间成本。在客户挖掘方面，通过人工智能的语言处理、情绪分析、社会媒体内容（如客户论坛等）的剖析，在规避面对面市场调查的时间耗费和沟通偏差的同时，成功识别客户对某一产品或服务的潜在需求，或者预测客户对产品特性或价格调整的反应，基于人工智能及人类直觉的分析视角和非对称信息的主动掌控来获取市场竞争优势。

（五）数据治理

数据治理对大多数企业而言是一个全新的课题，但企业人工智能应用要想有效实施，可靠的数据质量和良好的数据治理无疑是基本前提。在具体实践中，很多企业都不同程度地存在员工（包括管理人员）对数据治理的内涵认识不清晰、理解有差异、思想不统一，有关客户、产品、组织等主数据的管理职责不清晰，数据源头的控制和纠错机制薄弱，横向跨系统和模块的数据检核规则不完善等方面的问题。

对照"数据驱动"的工作目标，相关刚性约束机制、管理模式、管理规则也不明确。人工智能应用需要企业建立并定期分析评估有关数据治理架构、数据管理、数据安全、数据质量和数据价值实现等方面的工作内容，并花大力气解决一些基础问题，如：完善数据标签，形成维度丰富的客户画像、业务画像，从全流程的视角加强标签质量管控，确保数据标签的准确性；对提升数据质量工作形成专业、制度性的保障，从源头查找原因、通过有效机制推进解决；深化数据应用，建立健全问题发现、问题解决、跟踪评估的工作机制，使数据管理平台真正成为企业的管理系统平台等。

三、企业人工智能应用的系统治理

从企业可持续发展的角度来看，人工智能在一家企业的大规模、广泛应用是关乎企业未来发展的长期性、全局性、方向性的问题，理应与企业战略规划置于同等的管理级别，进行专门的研究和部署推进。按此标准，很多企业在人工智能应用项目上所采用的以科技部门牵头、相关业务部门协同配合的工作模式存在明显不足。上升到战略层面的人工智能应用必须加强顶层设计、提升管理层级、明确有针对性的管理措施，包括：在高级管理层直至董事会设立专门工作团队，由重要部门的核心业务骨干、熟悉企业整体情况的精干管理人员组成，同时考虑引进企业所属行业人工智能方面的技术、管理专家；从企业全局出发，打破部门、条线壁垒，明确实施过程中的难点、重点问题的协调解决机制；引入外部专业咨询机构，加强对市场和同业情况的研究分析，并提供技术支持等。

人工智能在创造巨大经济价值、引领产业变革的同时也可能引发一些风险，需要从主导范式、能动主体、核心愿景、规制体系等方面构建人工智能技术的信任机制，建立健全以法律为保障的风险防控体系和以伦理为导向的社会规范体系。对于人工智能技术存在的人机边界模糊、责任追究困境、价值鸿沟扩大、技术过度依赖等伦理风险，需要政府部门、研究机构、社会组织、技术专家、社会公众共同参与协同治理。因此，通过精心、规范的组织实施，强化干部员工对企业转型迫切性的认同和未来发展方向的明确预期，也是企业在加强人工智能应用的系统治理过程中需要考虑的重要工作内容。

人工智能的应用对于企业而言极具经济价值。对于企业经营管理效率的大幅提升，人工智能技术提供了足够的想象空间。与此同时，与历次技术革命相比，人工智能应用对企业基础管理体系的冲击也是前所未有的。由于人工智能应用同时涉及技术、管理、伦理、社会责任等多方面的重大理论和实践问题，企业人工智能应用的具体组织实施成为一项十分复杂的系统工程，同时还存在不少具体的问题，比如用人工智能替代人工的最优化程度的判断维度和标准，人工智能工作流程、操作风险的控制，人工智能对企业的长期影响等都需要尽快研究。

四、医疗企业

（一）人工智能的医疗应用

成为一个医疗专家所需的知识一直在增加（几乎每年都会翻倍），PubMed 数据库（PubMed 收集医学和生物方面的文章）每年被检索的新文章有 3000 篇之多，医生所处的这个行业充满了竞争，要想掌握所有最新的医学信息几乎是不可能的。人工智能无疑是解决这一问题的最佳方法之一，它能以找出相关性和模型等为目标分析所有可能的信息，帮助医生对每种疾病施行最优的治疗方案。联网设备（传感器）及诊断辅助软件的出现，促进了远程医疗的发展。

医疗专用的联网设备已经成为现实（压力计、血糖检测及药箱等），目前它们还是独立发展的（专用方案，每个设备只能配合自己的应用），没有独立的通信协议（标准）保证数据以相同的格式进行交换。一般来说，网络巨头 GAFA 在预测医疗方面投入巨大，当前的治疗医学（只有在确诊后才能治疗）在不久的将来可能会被基于联网设备（大数据）和人工智能（大数据分析）的预测医疗所代替。在接下来的几十年中，我们可能会见证健康行业的革命性变化，达到更加具有预测性和针对性的医疗水平。具有患病风险的人会带着医疗监控设备（联网传感器），并连接到物联网中。通过对病人的监控，这些联网设备可以实时得到医疗和健康信息，然后由人工智能平台进行分析。由于病人会一直和虚拟医生连接，这也会带来"交互式"医疗的兴起。

哪怕是对政治和经济最不敏感的人都能意识到，不管是对政府还是对企业而言，医疗卫生都是全球最重要的经济问题之一。一方面，在过去的 2 个世纪里，医疗卫生的改善可能是工业化和科技世界带给人们的最大福祉。1800 年，欧洲人的寿命预测不会超过 50 岁，而今天，预测一个人能活到 70 岁是非常合理的。

这些巨变在一定程度上是因为人们对卫生有了更好的认识，但不可否认，药物研究和疾病治疗研究的飞速发展也起到了同样重要的作用。尤其是 20 世纪 40 年代抗生素的出现，首次为细菌感染提供了可靠、有效的治疗方法。当然，这些进步目前还没有覆盖全球所有地区。目前，中非共和国的国民预期寿命仍然只有 51 岁，世界上还有许多地方，分娩对母亲和孩子而言都不啻闯一次鬼门关。但是，总的来说，发展趋势是积极的，这当然值得庆贺。

但这些可喜的进展又带来了新的问题。首先，人类的平均寿命增长了，老年人通常比年轻人需要更多的医疗卫生资源，这就意味着医疗卫生的成本在整体上升。其次，随着我们开发更多的治疗疾病的新方法和研制更多新的药品，可以治疗疾病的总体范围增加了，这也导致了更多的医疗支出。当然，医疗费用昂贵的一个根本原因是，提供医疗保障服务所需要的资源昂贵，具备相应技能和资质的人也很少。例如，在英国，要成为一名合格的全科医生，至少要培训 10 年。

医疗保障至关重要，但实现起来也困难重重。人工智能应用在医学领域已经不是新鲜的事，如 MYCIN 专家系统，它在诊断人类血液疾病病因方面表现得比人类医生更专业，因此广受赞誉。所以在 MYCIN 以后，类似的医疗卫生系统如雨后春笋般涌现出来。不过公平地说，几乎没有多少系统在离开实验室以后还能起作用。不过这些年，人们对人工智能用于医疗的兴趣开始反弹，有新的进展表明，人工智能在医疗应用方面前途无量。

个人医疗健康管理系统是人工智能在医疗健康领域的重要新机遇。可穿戴设备，如以 Apple Watch 为代表的智能手表和以 Fitbit 为代表的运动健身智能手环等的出现，使个人医疗健康管理成为可能。这些设备持续监测我们的生理数据，如心率和体温等。大量的用户不断生成当前健康状况的数据流，人工智能系统可以对这些数据进行分析。

千万不要低估这项技术的潜力，这是有史以来第一次，我们能够对自己的健康状况进行持续监测。在最基本的层面上，基于人工智能的医疗健康管理系统能够为我们的健康管理提供合理的建议。从某种意义上来说，这正是智能手环、智能手表正在做的事情：它们监测我们的运动，还可以为我们设定目标（"每天万步行走挑战赛"就是一个明显的成功案例）。经验证明，我们可以通过将运动目标进行游戏化的方式来提高人们对目标的遵从性。将目标转化为竞赛或者游戏，还可以借助社交媒体来进行交互。

大众市场的可穿戴设备还处于初级阶段，但有许多迹象表明了其未来的发展潜力。2018年9月，苹果推出了第四代Apple Watch，首次包含了心脏监护仪。手表上的心电图应用程序可以监控心率跟踪器提供的数据，并且能够识别心脏病的症状。如果有必要，甚至可以为使用者呼叫救护车。应用程序可以监测心房颤动难以捉摸的迹象——不规则的心跳，这可能是中风或其他突发性疾病的征兆。智能手机中的加速计应用可以用来识别坠落，如果需要，可以代为呼叫救援。这样的系统只需要相当简单的人工智能技术，如现在我们可以随身携带一台功能强大的智能手机，它可以保持互联网连接，并且可以连接到配备了一系列生理传感器的可穿戴设备上。

这些新技术的出现令人兴奋，它们带来了机遇，同时也带来了潜在的隐患，其中最明显的就是隐私问题。可穿戴设备跟人进行亲密接触，它不断监视我们，虽然它获取的数据能够给我们提供帮助，但也为数据滥用埋下了隐患。

保险业是一个值得关注的领域。2016年，健康保险公司Vitality Health开始随保险单附送苹果手表。手表监视你的运动情况，然后根据你的运动状况设定保险费用承诺。如果，某个月，你决定不做任何运动，就躺在沙发上当个懒虫，你可能需要支付全额保费，但你也可以在下个月通过疯狂节食来抵扣，以降低保费。

自动化诊断是人工智能在医疗保健领域的又一个令人兴奋的潜在应用。在过去的10多年里，诸如X射线机和超声波扫描仪之类的医疗成像设备，其成像数据用机器学习的方式来进行分析，受到了极大关注。有研究表明，人工智能系统可以有效识别医学图像中的异常。这是机器学习的一个经典应用：我们通过正常的图像和异常的图像示例来训练机器学习程序，最终的目的是让程序能够识别出图像中的异常。

在这项领域中有一个广为人知的案例。2018年，深度思维公司宣布正在与伦敦的摩菲眼科医院合作，开发从眼部扫描检查中自动识别疾病和异常的技术。眼部扫描检查是摩菲眼科医院的主要检查之一，他们通常每天要做1000次眼部扫描检查，分析扫描检查结果是医院工作中的一个重要部分。

深度思维公司的系统使用了两个神经网络：第一个用于"分割"扫描图像（识别图像的各个部分）；第二个用于诊断。第一个网络大约训练了900个图像，学习人类专家如何对扫描图像进行区分识别。第二个网络训练了大约15 000个案例。实验表明，该系统的性能已经达到甚至超过了专家水平。

这些结果都很好，你也可以随手在网上搜出一大堆其他的引人注目的例子，说明当前的人工智能技术是如何被用来建立具有类似能力的系统的，如在 X 光片上识别恶性肿瘤、通过超声扫描诊断心脏病等。杰夫·辛顿是非常成功的图像识别程序 AlexNet 的创立者之一，他非常确信机器学习将为医学影像诊断提供解决方案。

有不少人认为，我们需要谨慎地推动人工智能在医疗领域的应用。首先，医疗卫生行业是一个人文学科，可能比起任何职业都更需要与人互动和与人交往的能力。全科医生需要"解读"病人，了解病人的社会背景，了解哪些治疗方案对这个病人可能更有效，而哪些方案是无效的，等等，所有证据表明，我们目前建立的人工智能系统，在分析医疗数据方面确实已经达到人类专家的水准，但这只是人类医疗工作者工作的一小部分。

（二）医院大数据

当前，我们正处于一个数据爆炸性增长的时代，各类信息系统在医疗卫生机构的广泛应用，以及医疗设备和仪器的逐步数字化使得医院积累了更多的数据资源，这些数据资源是非常宝贵的医疗卫生信息，对于疾病的诊断、治疗、诊疗费用的控制等都是非常有价值的。如何在大数据的趋势下做好医疗卫生信息化建设，是值得我们去探索的问题。

就现在来说，大数据在医疗行业的应用情况，国外比国内要多一些。国外一些医疗机构利用大数据提供个性化诊疗、个性化治疗、研制新药和预测分析等。而国内大数据的发展，目前来看大部分都是由一些公司自己进行开发的。例如，百度开发的疾病预测平台，利用用户的搜索数据和位置数据构建了疾病预测模型。

从现在的技术和需求来看，大数据的发展趋势分为数据收集、数据预测、提供决策支持分析、数据的价值提取 4 个阶段。就医院而言，在大数据发展阶段，可以承担多重角色：既可以是原始数据（主要是内部数据、结构化数据）供应者，也可以是数据产业的投资者、数据价值的消费者。目前，医疗大数据的发展正处于数据集成阶段。医院对于数据的收集和管理主要集中在结构化临床业务数据、影像数据与病历扫描图像数据、科研文献资料数据等。像医疗设备日志数据、生物信息数据、基因数据、人员情绪数据和行为数据等都还未进行收集和产生。

在大数据发展趋势下，建设医疗信息化的几个关键要点如下：

1. 加强数据集成

中国医院信息化起步相对较晚，很多医院没有从宏观高度统筹规划和系统设计的信息化工作，没有共享信息平台，更没有国家规范与标准，各开发商提供的所谓点对点数据接口也形形色色。异构系统是医院信息系统发展的必然形态。异构数据库系统的目标在于实现不同数据库之间的数据信息资源、硬件设备资源和人力资源的合并和共享。随着信息化技术的发展，医院的信息化已经从一体化发展阶段迈入了集成化阶段。集成化作为当前医院信息化建设的关键，是医院信息化建设的主要内容，在更大层面上体现着医院信息化的效益，更加考验着医院和信息中心的建设能力。医院信息化的集成工作不是单纯地把电子病历集成化，其他一些非电子病历的数据也需要做集成化处理。只有打通各个系统的数据，才能为以后进行大数据分析打下扎实的基础。

2. 提升数据质量

医院信息系统每天采集、传输、存储和处理大量的数字医疗数据，这些医疗数据支撑着整个信息系统的运行，成为医院管理和医疗业务工作的基础。医疗数据质量的高低直接影响和决定着医疗数据和统计信息的使用价值。提升数据质量方面，首先要保证数据的完整性，对电子病历进行结构化处理，才能更有效地进行数据的收集。同时，也要个性化地发展，专科电子病历作为比较火热的领域，为医院的大数据科研打下了非常好的基础。在数据的可用性方面，数据质量一定要有标准可以遵循，医院对于数据的质量要有一个监控的过程。例如，医生利用系统查找出来的数据是 3 年以前的，这样的数据利用起来的话肯定会出问题。在遵循标准的同时，数据采集的过程中也要进行规范化和标准化的管理。

3. 提高数据安全

医疗数据和应用呈现指数级的增长趋势，也给动态数据安全监控和隐私保护带来了极大的挑战。在 2016 年，国务院发布了《关于促进和规范健康医疗大数据应用发展的指导意见》，将健康医疗大数据作为国家重要的基础性战略资源。国家对于健康医疗大数据的安全十分重视。健康医疗大数据应警惕数据安全，保护患者隐私，真正实现数据融合共享、开放应用。

4. 推进大数据应用的三大维度

在大数据时代的发展当中，医院的信息管理方式出现了非常明显的转变，其中的信息数据已经呈现出非常显著的特征。但是，大数据距离临床业务发展成熟仍然是有距离的，目前科研还是大数据应用的主要战场。要更好地推进大数据的发展：首先，要扩大医疗信息化的覆盖面；其次，要有深入的应用，如高值耗材要深入床旁、手术台旁等；息化进行互联互通，产生协同效应。

五、智能制造

智能制造存在于输入信息传播扩散的过程中。比如，在海外技术展览会进行技术考察的员工向上级发送自己的出差报告，国内公司总部研究所及时接收了信息。这里，为了准确把握对自身技术开发战略有利的信息，公司需要通过智能制造（信息加工）单元，进行追加调查，分析输入信息，加工初始信息，进行决策判断，输出新的文字处理文件。这些环节属于信息的范畴。通过智能制造单元，公司内的研发指导方针、专利战略注意事项等都会转化为文字处理文件格式，作为知识产生价值、发挥作用。

在相对大型的组织中，很多智能制造单元间会合作加工信息、解决问题。这些单元间的结合处于频繁变化并不断强化的状态。这时，需要我们自己去研究、探索在智能制造中所必需的而以往又不存在的知识。

目前，能够处理文本、声音、图片等非定性信息，自主检索、分类、概括、变换数据（从图片、图表到文本，以及反向的图表化）的人工智能备受人们的期待。对于人类来说，如果存在这样的人工智能，是非常理想的。它365天24小时无休，能大量搜索企业内部营业数据及外部网站上的信息和知识，并对信息加以汇总，按照相关度、重要性等排列顺序，然后使之能半自动化地应用于问题的解决上。

这种人工智能一旦在结构上实现优化，信息处理、知识量、处理速度都将发生巨变。而且很多时候，通过掌握初始数据，精选信息，或者通过交换粗略的信息，业务流程的全貌也会发生变化。

但是，人类的信息认知能力和表达能力、信息发送能力不会突然进化或发生容量的剧增。因此需要人工智能配合人的处理能力，需要它代替人类修正疏忽，补充欠缺的信息，酌情处理收集信息。这样的人工智能就是"智能体"。

六、人工智能全面重塑现代物流业

当前物流业存在比较明显的劳动力密集及巨量重复烦琐的简单劳动的行业特征，一直成为行业效率提升的桎梏。人工智能正在全面重塑现代物流业，如人工智能机器人、计算机可视系统、会话交互界面及自动运输工具等都是其在物流运营中应用的重要体现。人工智能承担了物流业中简单、烦琐、重复的体力劳动，智能硬件、智能软件及智能算法等通过"替代低水平重复劳动"以及"用户偏好智能识别与匹配"，大幅提高物流企业和物流行业整体作业及运营效率，高效优化物流资源和需求之间的配置，能够自我学习，并从杂乱无章的数据中去芜存菁。人工智能打通了物流、供应链，全面重塑了产品价值链和现代物流业。

（一）智能系统重铸物流价值创造

在大数据、物流网等新技术协力下，以及移动互联网引发的应用广度和深度加强，人工智能重铸现代物流业价值创造。线上线下并行、"电商+网红+直播"、社交电商等打破现代物流业单一的价值传递方式，而进行跨渠道、多渠道价值传递和创造。"电商+网红+直播"逐渐形成一种新的注意力经济。随着移动互联网的高速发展形成了庞大的移动用户规模，网络直播作为新兴的社交方式，所辐射出的强大场景符合消费升级的差异化需求，正引发新一轮资本投资及媒介革命。

以社交电商为例，其通过上游对接品牌方库存，下游为职业微商代购提供正品低价库存，再由微商将商品分销，形成品牌方—平台—微商—消费者的交易体系。阿里巴巴、京东、网易、唯品会等电商巨头发力社交电商。新产品获得客户需要投放相应的广告量，无论是低价补贴、百度关键词竞价、通过应用商店推广或者明星代言，企业要获得新客户就必须支付较高成本。而通过微信群裂变、朋友圈传播而产生的社交流量的广告模式，正处于价格洼地；其线上线下并行的运营管理模式，能够提供闭环的、满足客户的真实需求及满足个性化需求的差异化物流服务，提升消费者消费体验，从而实现价值增值的最大化。因为电商大促期间的快递包裹数量激增，线上线下连通的环保回收体系，使绿色物流得到快速发展。阿里巴巴作为最早尝试将直播和购物结合的企业之一。随着流量的增加，销售量的巨额放大，对物流的需求也将增加。人工智能技术通过分析大量历史数据，从中学习总结相应的知识，建立相关模型来对以往的数据进行解释并预测未来的数据变化情况。

随着科技物流的持续升温，现代物流行业"智能化、无人化"趋势明显。

目前我国智能化物流系统平均渗透率持续增长，整个智慧物流行业进入成长期，通过现代物流智能系统如自动分类分拣系统、无纸化办公系统等重塑物流价值。

（二）智能设备重构物流要素提效降本

人工智能赋予了机器一定的视听感知和思考能力。视觉感知商业价值的逐步实现，不仅能促进现代物流业生产要素的效率提高，而且也会对整个经济与社会的运行方式产生重要持久的影响。智能物流装备拥有广泛的应用基础，如运输设备、仓储设备、配送设备、客服设备、物流信息设备及专有设备等。物流智能设备的自动化水平和信息化程度，大幅提高了物流生产要素的工作效率。

随着人工智能在物流领域应用的加深，综合"看、听、说"的物流作业，机器可以实时对移动传送设备上的货物进行智能分类和拣选。

传统物流行业简单重复低附加值特征较为明显。人工智能的出现，使智能设备重构了物流生产要素，提效降本。例如，菜鸟网络科技有限公司开发的配送机器人——菜鸟小G，就重点解决了最后一公里配送的难题；京东物流推出无人机、无人仓等，既改变了物流行业传统的配送方式，也大大提高了物流效率；顺丰速运有限公司正在探索无人机运输新阶段；敦豪航空货运公司（DHL）的小型高效自动分拣装置专利就利用了部分图像识别技术，在进行快件分拣的同时自动获取数据，并对接 DHL 的相应系统进行数据上传。通过人工智能引擎，不同的摄像头和传感器可以抓取实时数据，继而通过品牌标识、标签和3D 形态来识别物品，使机器和人可以同时对移动传送带上的可回收物品进行分类和挑拣。

（三）智能算法重组物流运作流程

智能供应链与生产制造企业的生产系统直接连接，通过供应链服务提供智能虚拟仓库和精准物流配送，生产企业可以专注于制造，不囿于实体仓库，从根本上改变了制造业的运作流程，提高了管理和生产效率。而在交互可视方面，系统可以将现有各类系统信息整合并予以数字化，运用智能算法重组物流流程，解决短板，提升整体物流的运作效率，如在通关方面，根据既有清关信息及清关习惯提出建议，提高清关效率。

人工智能实质上是一种算法或者系统或者模型。人工智能技术能提高物流信息化水平，实现整个物流流程的自动化与智能化。物流作业过程的智能化包括库存水平的确定、货物运输（搬运）路线的选择、自动导向车的运行轨迹和作业控制、自动分拣机的运行、物流配送中心经营管理的决策支持。

随着语义理解、图像理解、用户理解等人工智能认知层技术的提升，以及人工智能结合物联网的普及，"万物互联"正向着"万物智联"的方向发展，机器人通过对情景的全方位识别，能灵活使用多种交互模型。人工智能自动驾驶、智能车机、车联网等，随着人工智能技术的不断发展，且与大数据、物联网的结合，人工智能技术开始向互联智能、场景融合方向发展。伴随着计算机语音和视觉技术的发展，机器人还可通过识别货物的体积、形状、重量等信息，更加方便快捷地获取和存储货物中以自动导引运输车（AGV）作为小件快递的载体，实现信息百分百自动化，使机械化代替人工操作，改变传统配送行业大量人力集中操作的模式，较人工分拣操作效率提升 8 倍以上。

第三节　人工智能对社会生活的影响

一、"智能"个人助理（或代理）

"智能"个人助理（或者是一个缩减版的机器人）实际上是一个应用，可以帮助我们处理日常事务，其主要特性如下：

第一，具有一定程度的自主权。在用户的控制下，且只有用户才能决定任务的授权等级。

第二，对环境做出反应的能力。在执行动作期间，环境可能会发生变化（如修改一个过期的密码，告知且引导用户通过这个过程）。

第三，和其他软件助手或人类合作的能力。

第四，学习能力，这样会持续改进任务的性能。

概括起来，我们可以说智能个人助理必须有知识（访问任务所需的信息），且能基于知识有所行动（更新）。它必须能够检查自己的目标（如日程管理）、计划自己的动作（和目标相关），而且可能的话要对计划付诸执行。另外，它必须能同其他助理交互，这种智能助理连接会成为互联网应用的一个新的进化源泉，我们将会进入一个新的网络阶段，可能称之为智能互联网更为合适，其对用户的了解（直接或隐含的）也更加全面。

好几种智能助理都具有以下能力：

一是和其他助理通信。

二是在某种环境中工作。

三是了解用户的环境。

四是提供服务。

智能助手很快就会成为我们日常生活中的一部分，现有的智能助手包括谷歌助手、苹果语音助手（Siri）及微软小娜（Cortana）。这些工具有一个共同点，那就是能够进行机器学习。利用我们提供的信息及它们自己获取的信息，这些助手可以给我们提供帮助（推荐、建议等）。它们会越来越多地出现在我们的家庭中，它们和我们之间主要通过声音识别出谁是谁。我们的智能手机现在能够实现的功能（预约、日程管理、预订演唱会票及订餐等），也可由这些助手完成。具有了预测变化和任务相关风险的能力后（因此得以完成目标），它们也就变成了实际的助手（家庭或个人使用）。例如，对于需要外出的预约，为了尽早发现可能的影响因素，智能助手会实时分析交通状况、路上所用的时间及可能的选项等。近期的研究表明大量的智能手机用户已经使用了个人助手。

二、图像和声音识别

图像是互联网中具有革命性的信息传递方式，每天在各种社交网络中分享的图像数以十亿计，它们使互联网的画面感越来越强。图像正在代替文字，线上的玩家仅仅分析"文字"是远远不够的，还需要能解析图像。

图像识别应用并不仅是一个营销概念，而且已经实现了在面部识别、机器人、翻译和广告等方面的应用。

简而言之，学习神经网络需要以下几步：

①收集学习数据是最具结构化也是最耗费时间的一步，需要收集创建（已经确认）模型所需的所有数据。

②建模会定义目标模型的特征，需要提取模型相关的变量，如几何形状、图像中的主要颜色等。这一步非常关键，这些变量的准确程度取决于模型的相关性。这一步还可以用于确定神经网络的特征（类型和层数），就对世界的分析感知而言，这一步也可以说是非常有技术性的。

③网络配置和它的设置（在学习数据和确认所需的数据之间选择）。

④学习阶段的目标是给模型提供数据（学习并确认）、训练并对其进行确认。调整会在比较模型的预测（输出）和预期结果时进行。

⑤输出（预测）是最后一步，在这一步判断模型是否可靠、是否训练良好，以及是否可运行。

神经网络由多个连续层组成，每层处理一个任务，其基本原则是越深的层执行的任务越复杂。对于图像识别，我们首先确认用于定义颜色和轮廓等的像素，然后是更复杂的形状，最后是面部、物体和动物。

三、推荐工具

推荐工具的目标是通过提高转换率（购买者和访客之间的比值）来增加电商网站的商业效率，转换率也反映了提供给互联网用户的产品（商品或服务）是否符合他们的预期。很久以前，主流电商进行推荐的原则是建议符合客户特征的产品和/或已经在他们购物车中的产品。改进转换率或提高购物车平均商品量的一个方法是，提供类型相似的其他用户购买的产品和正在浏览的与产品相关的文章或者其他互联网用户推荐的产品。给客户推荐的产品有无数种可能，而这种交叉销售和追加销售操作起来远没有想象得这么容易。推荐算法需要以浏览数据、客户概况（明确或隐含），以及公司策略为支撑，什么情况下推荐什么产品。

推荐系统利用一组意见和评价帮助用户做出自己的选择，协同过滤则是构建这种推荐系统的一套方法。协同过滤的目的是给用户提供他们可能会感兴趣的产品（商品或服务）。用户可以利用多种方法得到这些推荐：最简单的是基于声明数据，而最复杂的则是基于用户的浏览数据，如访问的页面、访问的频率、购物车的内容（产品关联）、访问的时长及用户对不同商品的投票。

协同过滤基于一种互联网用户间的比较系统，由于互联网和平台成就了分级和评价系统，"数字口碑"也成为可能。主流的线上玩家极大地促进了这些技术的发展。声明部分是非常简单的：其需要将客户和一件产品和评分（或者一个"赞"）联系起来。目的是预测客户是否需要一件他之前从未购买过的产品，这样就能给客户推荐最符合其期望的产品。

协同过滤基于按照以下几种方法产生的客户交互。

①声明式，不管是否购买，这是一种所谓的邻元法，基于客户和他们喜欢或所购买产品的相似性指数（相关性）。这条原则基于一个假设，也就是喜好类似的客户对一些产品的看法也是类似的。

优势：能获得相当大的数据量（甚至是客户的所有浏览数据以及他们的"推荐"和喜好等）。

劣势：仅是声明性的，未被购买确认。

②模型式，其原则和声明式相同，不过只基于购买行为。

优势：相关性基于事实（购买行为），而并非填写的喜好。

劣势：可用的数据相当少（只有百分之几，根据电商网站的访问数）。

③混合式，综合了前面的两种方法（声明式和模型式），因此可以在降低劣势的情况下，利用每种方法的优势。

为了构建顾客概况及推荐给客户最适合的产品，协同过滤可以通过正规（对电商网站的访问）或非正规的方法来识别互联网用户，这也是在实现协同过滤时做的一个假设。

（一）发展人工智能养老产业应该注意的问题

第一，敢于打破传统医疗与智能养老的数据共享政策壁垒。只有实现养老数据与医疗数据的实时共享，人工智能养老才能在医养结合上释放出巨大的优势。健康档案、慢病管理、康复护理等一系列的人工智能养老服务项目都与医疗密切相关。依托人工智能，整合民政、人口、医疗、公安、社保、养老等行业信息资源，构建互联互通的健康养老公共服务平台。

第二，更加注重老年人情感"交流"。老年人其实更需要人与人之间的情感沟通和交流，这种直接、感性的交流方式才是最高效的。目前技术条件下的人工智能机器人更多是从物质需求方面去满足老年人的生活，提供生活上的帮助，它们无法拥有像人类那样的七情六欲，无法真正去与老年人进行情感的交流，因此无法弥补老年人因子女不在身边的内心落差。未来的人工智能机器人应该将"情感交流"作为发展方向，从而进化到能与人类进行感情互动的地步。人到暮年，最大的夙愿就是老有所依、老有所养、颐养天年、儿孙绕膝。即使身边有聪明能干的机器人听候指令，老人们更想看到的还是儿女们那一张张鲜活的脸庞。

（二）人工智能养老产业的市场展望

根据相关报道，在人工智能技术的推动下，Wi-Fi 可以监测睡眠、床垫可以监测心率，无人机监控燃气泄漏等。这些和居民健康、生活息息相关的黑科技已显雏形。基于独创的无线感知理论和技术，利用室内环境无处不在的普通 Wi-Fi 和 4G/5G 信号，对环境中的人和物进行精确的感知，可实现人的呼吸检测、跌倒检测、入侵检测、行为识别和日常生活状态的长期监督。

随着年龄的增加，老年人的平衡能力逐渐下降，跌倒的风险就随之增高。尤其是在深夜，再优秀的护理人员也有疏忽的时候，无法确保每一位老年人的夜间需求。通过人工智能技术手段，可以在第一时间进行行为识别，发现跌倒险情，让医护人员在最短时间内采取相应的措施。此外，长期的睡眠监测，可以发现老年人呼吸和心脏疾病的早期征兆，以便提早干预。这样的技术可以应用于居家养老和机构养老上，帮助家人和护理人员预防和处理各类突发情况。

人工智能技术作为时下智能化的新兴技术手段，在智能化应用上扮演着重要的角色。相信未来养老服务通过智能人脸识别系统、物联网、云计算、大数据、虚拟现实等技术赋能，将迎来更大的发展空间。

（三）实现人工智能与养老产业的深度融合

人工智能发展进入新阶段，正在引发链式突破，推动经济社会各领域从数字化、网络化向智能化加速跃进。实现人工智能与养老产业的深度融合，使其产生"1+1>2"的裂变效应，就必须结合我国老年人群体的不同情况，找出两者的融合点，找准推动融合发展的着力点。

一是需要着力解决人工智能产品设计不简便、成本相对较高，以及用户对智能养老产品使用不习惯等问题。同时也存在新技术研发利用不充分，产品所体现的服务内容不能满足使用者的切实需求的问题。此外，更需要政府主导养老产业融合发展，以满足社会预期需求的政策问题。

二是需要着力解决人工智能产品脱离老年人实际需求，功能繁杂的问题。目前，一些人工智能养老项目没有形成清晰的商业模式或盈利模式，仍在不断探索之中。要根据老年人自身的健康情况、经济收入、知识层次、社会经历等不同需要细分市场，设计出更加符合老年人需要的人工智能产品，使大多数的老年人在人工智能技术的帮助下，享受快乐健康、没有后顾之忧的晚年生活。

三是未来人工智能与养老服务的深度融合，主要体现在依靠人工智能+移动平台全过程搜集老年人的身体健康指标，包括生理指标和心理指标，通过标准化的手段，将市场上性能先进、适老实用的人工智能技术和产品引入养老服务中来，同时通过法律手段合理规避风险。

四是人才。要全力打造一支高水平、高素养、精专业的人才队伍，提供科学的工作机制和合理的薪酬待遇。人工智能上升为国家高级战略后，国家发展服务性制造和生产性制造，同时尽可能地通过服务业的再造和完善，改进我经济产业结构，发挥技术、人才、产业的对接联动效应。未来的养老服务人才不是笨干、苦干，而是实干加巧干，实现脑力劳动的智能机械化，尽可能地减少人力的倦怠感，提高服务效率、质量和速度。

五是机制。人工智能养老产业模式应该由"平台+企业"组成。发展人工智能养老产业，单靠企业行不通，单靠社会组织等平台也无法发展，一定要充分发挥市场主体作用，融合平台和企业的优势，整合政府和社会的资源，探索民办公助、企业自建自营、公建民营等多种运营模式，推动用户、终端企业、系统集成平台、健康养老机构、第三方服务商等实现共赢，形成可持续、可复制的成熟商业模式。

（四）推动人工智能养老产业创新发展

在未来的人工智能养老市场，尤其要重视智能设备、大数据技术和物联网技术的创新发展和推动作用。

①智能设备。在养老智能设备定义方面，主要是研发对老年人"无感"的监测设备。例如，智能睡眠监测仪、智能照护盒子等智能照护硬件，能实时采集老年人的心率、呼吸频率等生命体征数据，以及温度、湿度等室内环境数据，再结合大数据平台强大的多维度数据收集能力、人工智能计算能力，不仅能为老年人提供智能化、科学化、人性化的照护服务，还能为养老服务机构提供即时、精准的异常状况预警服务。智能设备通过大数据挖掘和人工智能自学习后，可以针对不同个体提供专业化、订制化的睡眠改善及健康照护建议。

②大数据技术。由于老年人群体和个体特征分化严重，以及养老服务与医疗救治之间关联紧密，因此需要一个基于大数据的软性环境平台来合理配置、整合养老服务。智慧养

老平台采集老年人睡、行、住、吃等多维度大数据后，对于老年人突发疾病预警、失踪寻找、风险纠纷，以及养老机构的精确营销等都能更加便捷有效。

③物联网技术。在"人工智能+养老"中，除了连接身体健康监测设备，还可通过物联网技术将各类方便老年人起居生活的智能家居连接在一起。例如，将家中的安全监控设备与老年人的体征监测设备连接后，不仅能记录监测老年人的活动轨迹，还能通过生命体征数据综合判断老年人的身体健康状况，让子女在外放心。

人工智能是一个建立在现有信息技术之上、超出了所有人想象的信息技术奇迹。新一代人工智能正在全球范围内蓬勃兴起，为经济社会发展注入了新动能，正在深刻改变着人们的生产生活方式。在世界范围内，中国人工智能产业的发展已处在领先地位，并呈现出大数据、自主化、人机融合等新特征。人工智能与养老产业的有机融合，将极大地提高老年人的幸福生活指数，使老年人的晚年生活幸福美满。

第九章 传感技术及应用

第一节 光电传感技术

　　光电式传感器是基于光电效应把光信号转换成电信号的装置。光电式传感器可用来测量光学量或测量已先行转换为光学量的其他被测量，然后输出电信号。

　　光电式传感器的核心部件是光电器件，测量光学量时，光电器件作为敏感元件使用；而测量其他物理量时，它作为转换元件使用。光电式传感器具有非接触、精度高、反应快、可靠性好、分辨率高等优点。近年来，随着各种新型光电器件的不断涌现，特别是激光技术和图像技术的迅猛发展，光电传感器已经成为传感器领域的重要角色，在非接触测量领域占据绝对的统治地位。目前，光电传感器已经在国民经济和科学技术各个领域得到广泛的应用，并发挥着越来越重要的作用。

一、光电效应及光电器件

　　光子是具有能量的粒子，每个光子的能量可表示为

$$E = hv$$

式中，h 为普朗克常数，$h = 6.626 \times 10^{-34} \text{J} \cdot \text{s}$；$v$ 为光的频率。

　　根据爱因斯坦假设：一个光子的能量只给一个电子。因此，如果一个电子要从物体中逸出，必须使光子能量 E 大于表面逸出功 A_0，这时，逸出表面的电子具有的动能可用光电效应方程表示为

$$E_k = \frac{1}{2}mv^2 = hv - A_0$$

式中，m 为电子的质量，v 为电子逸出初始速度。

　　根据光电效应方程，当光照射在某些物体上时，光能量作用于被测物而释放出电子，这种现象称为光电效应。光电效应中所放出的电子叫光电子。光电效应一般分为外光电效应和内光电效应两大类。根据光电效应可以做出相应的光电转换元件，简称光电器件或光

敏器件，它是构成光电式传感器的主要部件。

（一）外光电效应型光电器件

1. 光电管及其基本特性

（1）结构

光电管有真空光电管和充气光电管（或称电子光电管和离子光电管）两类。两者结构相似，真空光电管由一个阴极和一个阳极构成，并且密封在一只真空玻璃管内。阴极装在玻璃管内壁上，其上涂有光电发射材料；阳极通常用金属丝弯曲成矩形或圆形，置于玻璃管的中央。光电管的阴极受到适当的光线照射后发射电子，这些电子被具有一定电位的阳极吸引，在光电管内形成空间电子流。如果在外电路中串入适当阻值的电阻，则在此电阻上将有正比于光电管中空间电流的电压降，其值与照射在光电管阴极上光的亮度呈函数关系。

过程中，运动着的电子对惰性气体进行轰击，并使其产生电离，会有更多的自由电子产生，从而提高了光电转换灵敏度。

（2）主要性能

①光电管的伏安特性

在一定的光照射下，对光电器件的阴极所加电压与阳极所产生的电流之间的关系称为光电管的伏安特性。阳极电流随着光照强度（光通量）的增加而增加，阴极所加电压的增加也有助于阳极电流的增大。

②光电管的光照特性

当光电管的阳极和阴极之间所加电压一定时，光通量与光电流之间的关系为光电管的光照特性。

③光电管的光谱特性

保持光通量和阴极电压不变，光电管阳极电流与光波长之间的关系称为光谱特性。由于光电阴极对光谱有选择性，所以光电管对光谱也有选择性。具有不同光电阴极材料的光电管，有不同的红限频率，适用于不同的光谱范围。所以，对各种不同波长区域的光，应选用不同材料的光电阴极，以使其最大灵敏度在需要检测的光谱范围内。

2. 光电倍增管及其基本特性

（1）结构

当入射光很微弱时，普通光电管产生的光电流很小，只有零点几微安，不容易被探测，这时常用光电倍增管对电流进行放大。

光电倍增管（Photo Multiplier Tube，简称PMT）由光阴极、次阴极（倍增极）及阳极三部分组成。阴极材料一般是半导体光电材料锐施，收集到的电子数是阴极发射电子数的$10^5 \sim 10^6$倍。次阴极一般是在镍或铜－铍的衬底上涂上锑铯材料，次阴极的形状及位置要正好能使轰击进行下去，在每个次阴极间均依次增大加速电压，次阴极多的可达30级。阳极是最后用来收集电子的，它输出的是电压脉冲。光电倍增管是灵敏度极高，响应速度极快的光探测器，其输出信号在很大范围内与入射光子数成线性（正比）关系。

（2）主要参数

①倍增系数 M

倍增系数 M 等于各倍增电极的二次电子发射系数 δ 的乘积。如果 n 个倍增电极的 δ 都一样，则阳极电流为

$$I = iM = i\delta^n$$

式中，I 为光电阳极的光电流；i 为光电阴极发出的初始光电流；δ 为倍增电极的电子发射系数；n 为光电倍增极数（一般 $9 \sim 11$ 个）。

光电倍增管的电流放大倍数为

$$\beta = I/i = \delta^n = M$$

倍增系数 M 与所加电压有关，反映倍增极收集电子的能力，一般 M 在 $10^5 \sim 10^8$ 范围内。如果电压有波动，倍增系数也会波动。一般阳极和阴极之间的电压为 1000～2500V 范围内。两个相邻的倍增电极的电位差在 50～100V 范围内。对所加的电压越稳定越好，这样可以减少 M 的统计涨落，从而减小测量误差。

②光电阴极灵敏度和光电倍增管总灵敏度

一个光子在阴极上所能激发的平均电子数叫作光电阴极的灵敏度。入射一个光子在阴极上，最后在阳极上能收集到的总的电子数叫作光电倍增管的总灵敏度，该值与加速电压有关。光电倍增管的最大灵敏度可达 10 A/lm，极间电压越高，灵敏度越高。但极间电压也不能太高，太高反而会使阳极电流不稳。另外，由于光电倍增管的灵敏度很高，所以不能受强光照射，否则易于损坏。

③暗电流

一般在使用光电倍增管时，必须把它放在暗室里避光使用，使其只对入射光起作用。但是，由于环境温度、热辐射和其他因素的影响，即使没有光信号输入，加上电压后阳极仍有电流，这种电流称为暗电流。暗电流主要是热电子发射引起，它随温度增加而增加。不过暗电流通常可以用补偿电路加以消除。

④光电倍增管的光谱特性

光电倍增管的光谱特性与相同材料的光电管的光谱特性很相似。

(二) 内光电效应型光电器件

内光电效应是指在光线作用下，物体的导电性能发生变化或产生光生电动势的现象。这种效应可分为因光照引起半导体电阻率变化的光导效应（某些半导体材料在入射光能量的激发下产生电子-空穴对，致使材料电特性改变的现象）和因光照产生电动势的光生伏特效应两种。

基于光导效应的光电器件有光敏电阻；基于光生伏特效应的光电器件有光电池；此外，光敏二极管、光敏三极管也是基于内光电效应。

1. 光敏电阻

光敏电阻又称光导管，是一种均质半导体器件。它具有灵敏度高、光谱响应范围宽；体积小、质量轻、机械强度高；耐冲击、耐振动、抗过载能力强和寿命长等特点，被广泛地用于自动化技术中。

（1）光敏电阻的结构和工作原理

当入射光照到半导体上时，若光电导体为本征半导体材料，而且光辐射能量又足够强，则电子受光子的激发由价带越过禁带跃迁到导带，在价带中就留有空穴，在外加电压下，导带中的电子和价带中的空穴同时参与导电，即载流子数增多，电阻率下降。由于光的照射，使半导体的电阻变化，所以称为光敏电阻。

单晶光敏电阻的结构：一般单晶的体积小，受光面积也小，额定电流容量低。为了加大感光面，通常采用微电子工艺在玻璃（或陶瓷）基片上均匀地涂敷一层薄薄的光电导多晶材料，经烧结后放上掩蔽膜，蒸镀上两个金（或钢）电极，再在光敏电阻材料表面覆盖一层漆保护膜（用于防止周围介质的影响，但要求该漆膜对光敏层最敏感的波长范围内的光线透射率最大）。大面积感光面光敏电阻的表面结构大多采用梳状电极结构，这样可得到比较大的光电流。

光敏电阻的选用取决于它的主要参数和一系列特性，如暗电流、光电流、光敏电阻的伏安特性、光照特性、光谱特性、频率特性、温度特性，以及光敏电阻的灵敏度、时间常数和最佳工作电压等。

（2）光敏电阻的主要参数和基本特性

①光敏电阻的伏安特性

在一定照度下，光敏电阻两端所加的电压与光电流之间的关系称为伏安特性。

②光敏电阻的光照特性

光敏电阻的光照特性用于描述光电流和光照强度之间的关系，绝大多数光敏电阻光照特性曲线是非线性的。不同光敏电阻的光照特性是不相同的。光敏电阻一般在自动控制系统中用作开关式光电信号转换器而不宜用作线性测量元件。

③光敏电阻的光谱特性

光敏电阻的相对灵敏度与入射波长的关系称为光谱特性。对于不同材料制成的光敏电阻，其光谱响应的峰值是不一样的，即不同的光敏电阻最敏感的光波长是不同的，从而决定了它们的适用范围是不一样的。

④光敏电阻的响应时间和频率特性

实验证明，光敏电阻的光电流不能随着光照量的改变而立即改变，即光敏电阻产生的光电流有一定的惰性，这个惰性通常用时间常数来描述。时间常数为光敏电阻自停止光照起到电流下降为原来的 63% 所需要的时间，因此，时间常数越小，响应越迅速。但大多数光敏电阻的时间常数都较大，这是它的缺点之一。不同材料的光敏电阻有不同的时间常数，因此其频率特性也各不相同。

硫化铅的使用频率范围最大，其他都较差。目前正在通过改进生产工艺来改善各种材料光敏电阻的频率特性。

⑤光敏电阻的温度特性

光敏电阻的光谱响应、灵敏度和暗电阻都要受到温度变化的影响。受温度影响最大的例子是硫化铅光敏电阻。

随着温度的上升，其光谱响应曲线向左（即短波的方向）移动。因此，要求硫化铅光敏电阻在低温、恒温的条件下使用。

2. 光电池

（1）光电池原理

光电池也叫太阳能电池，直接把太阳光转变成电。因此光电池的特点是能够把地球从太阳辐射中吸收的大量光能转化换成电能。是一种在光的照射下产生电动势的半导体元件。光电池的种类很多，常用有硒光电池、硅光电池和硫化铊、硫化银光电池等。主要用于仪表，自动化遥测和遥控方面。有的光电池可以直接把太阳能转变为电能，这种光电池又叫太阳能电池。太阳能电池作为能源广泛应用在人造地球卫星、灯塔、无人气象站等处。

光伏发电是利用半导体 PN 结（PN Junction）的光生伏特效应而将光能直接转变为电能的一种技术。这种技术的关键元件是太阳能电池（Solar Cell）。太阳能电池经过串联后进行封装保护可形成大面积的太阳电池组件（Module），再配合上功率控制器等部件就形成了光伏发电装置。光伏发电的优点是较少受地域限制，因为阳光普照大地；光伏系统还具有安全可靠、无噪声、低污染、无须消耗燃料和架设输电线路即可就地发电供电及建设周期短的优点。光伏发电是根据光生伏特效应原理，当 PN 结受光照时，样品对光子的本征吸收和非本征吸收都将产生光生载流子。但能引起光伏效应的只能是本征吸收所激发的少数载流子。因 P 区产生的光生空穴，N 区产生的光生电子属多子，都被势垒阻挡而不能过结。只有 P 区的光生电子和 N 区的光生空穴和结区的电子空穴对（少子）扩散到结电场附近时能在内建电场作用下漂移过结。光生电子被拉向 N 区，光生空穴被拉向 P 区，即电子空穴对被内建电场分离。这导致在 N 区边界附近有光生电子积累，在 P 区边界附近有光生空穴积累。它们产生一个与热平衡 P-N 结的内建电场方向相反的光生电场，其方向由 P 区指向 N 区。此电场使势垒降低，其减小量即光生电势差，P 端正，N 端负。于是有结电流由 P 区流向 N 区，其方向与光电流相反。如果这时分别在 P 型层和 N 型层焊上金属导线，接通负载，则外电路便有电流通过，如此形成的一个个电池元件，把它们串联、并联起来，就能产生一定的电压和电流，输出功率。

（2）光电池结构

光电池是一种特殊的半导体二极管，能将可见光转化为直流电。有的光电池还可以将红外光和紫外光转化为直流电。光电池是太阳能电力系统内部的一个组成部分，太阳能电力系统在替代电力能源方面正有着越来越重要的地位。最早的光电池是用掺杂的氧化硅来制作的，掺杂的目的是影响电子或空穴的行为。其他的材料，例如 CIS’CdTe 和 GaAs，也已经被开发用来作为光电池的材料。有两种基本类型的半导体材料，分别叫作正电型（或 P 型态）和负电型（或 N 型态）。在一个 PV 电池中，这些材料的薄片被一起放置，而且他们之间的实际交界叫作 PN 结。通过这种结构方式，PN 结暴露于可见光，红外光或紫外线下，当射线照射到 PN 结的时候，在 PN 结的两侧产生电压，这样连接到 P 型材料和 N 型材料上的电极之间就会有电流通过。一套 PV 电池能被一起连接形成太阳的模组，行列或面板。用来产生可用电能的 PV 电池就是光电伏特计。光电伏特计的主要优点之一是没有污染，只需要装置和阳光就可工作。另外的一个优点是太阳能是无限的。一旦光电伏特计系统被安装，它能提供在数年内提供能量而不需要花费，并且只需要最小的维护。

3. 光敏二极管和光敏三极管

大多数半导体二极管和三极管都是对光敏感的，当二极管和三极管的 PN 结受到光照射时，通过 PN 结的电流将增大，因此，常规的二极管和三极管都用金属罐或其他壳体密封起来，以防光照。而光敏二极管和光敏三极管则必须使 PN 结能接收最大的光照射。光电池与光敏二极管、光敏三极管都是 PN 结，它们的主要区别在于后者的 PN 结处于反向偏置，无光照时反向电阻很大、反向电流很小，相当于截止状态。当有光照时将产生光生的电子-空穴对，在 PN 结电场作用下电子向 N 区移动，空穴向 P 区移动，形成光电流。

（1）光敏管的结构和工作原理

光敏二极管是一种 PN 结型半导体器件，与一般半导体二极管类似，其 PN 结装在管的顶部，以便接受光照，上面有一个透镜制成的窗口，可使光线集中在敏感面上。

光敏三极管（或称光敏晶体管）是一种 NPN 型三极管，其结构与普通三极管很相似，只是它的基极做得很大，以扩大光的照射面积，且其基极往往不接引线。光敏三极管是兼有光敏二极管特性的器件，它在把光信号变为电信号的同时又将信号电流放大，光敏三极管的光电流可达 0.4~4 mA，而光敏二极管的光电流只有几十微安，因此光敏三极管有更高的灵敏度。

（2）光电器件的应用

利用光电器件进行非电量检测过程中，按信号接收状态可分为模拟式和脉冲式两大类。模拟式光电传感器的工作原理：基于光电器件的光电特性，其光通量随被测量而变，光电流是被测量的函数。其通常有吸收式、反射式、遮光式、辐射式 4 种基本形式。

①吸收式。被测物置于光学通路中，光源的部分光通量由被测物吸收，剩余的透射到光电器件上。透射光的强度取决于被测物对光的吸收大小，而吸收的光通量与被测物的透明度有关，因此常用来测量物体的透明度、浑浊度等。

②反射式。光源发出的光投射到被测物上，被测物把部分光通量反射到光电器件上。反射光通量取决于反射表面的性质、状态和与光源之间的距离—利用这个原理可制成表面粗糙度和位移测试仪等。

③遮光式。光源发出的光通量经被测物遮去其一部分，使作用在光电器件上的光通量发生改变，改变的程度与被测物在光学通路中的位置有关。利用这个原理可以制成测量位移的位移计等。

④辐射式。被测物本身就是光辐射源，发射的光通量直接射向光电器件，也可以经过一定的光路后作用到光电器件上。利用这种原理可制成光电比色高温计。

脉冲式光电传感器的作用方式是使光电器件的输出仅有 2 种稳定状态，即"通"和"断"的开关状态，所以也称为光电器件的开关运用状态。

光电转速计是光电器件的典型应用。它是将转速变换为光通量的变化，再经过光电器件转换成电量的变化，根据其工作方式又可分为直射式和反射式两种。

直射式光电转速传感器由转盘（开孔圆盘）、光源（发光二极管）、光敏器件（光电二极管）及缝隙板等组成，转盘的输入轴与被测轴相连接。光源发出的光通过转盘和缝隙板照射到光电二极管上并被光电二极管接收，将光信号转为电信号输出。

反射式光电转速传感器：当间隔数一定时，电脉冲便与转速成正比，电脉冲送至数字测量电路，即可计数显示。

二、光纤传感器

光导纤维简称光纤，最早应用于通信，随着光纤技术的发展，光纤传感器得到进一步的发展。光纤传感器具有良好的电绝缘性，可用于高压送电设备高电压下的电场和电流测量；光纤可进行极低损失的光传播，不受来自天线和电器设备等电磁性噪声的干扰，可成为远距离传感系统的传输通路；光纤以光为媒介，无电火花，又具有优良的电绝缘性，可用于化学药品处理或煤矿、石油及天然气储存等危险易燃、易爆的场合。与其他传感器相比，光纤传感器灵敏度高、相应速度快、动态范围大、防电磁干扰、超高电绝缘、防燃、防爆、体积小、材料资源丰富、成本低，可以制成任意形状的光纤传感器。

（一）光纤的结构和传输原理

1. 光纤的结构

光纤是采用石英玻璃和塑料等光折射率高的介质材料制成极细的纤维状结构。

光纤中心的圆柱体叫作纤芯，围绕着纤芯的圆形外层叫作包层。纤芯具有大折射率，一般直径为几微米至几百微米，材料主体为二氧化硅。为了提高纤芯的折射率，光纤一般都掺杂微量的其他材料（如二氧化锗等）。围绕纤芯的是有较小折射率的玻璃包层，包层可以是折射率稍有差异的多层，其总直径为 $100 \sim 200 \ \mu m$。为了增强抗机械张力和防止腐蚀，在包层外面还常有一层保护套，多为尼龙材料。光纤的导光能力取决于纤芯和包层的性质，而光纤的机械强度由保护套维持。

2. 光纤的传输原理

光纤传输是利用光的全反射原理，射线在纤芯和包层的交界面会产生全反射，并形成把光闭锁在光纤芯内部向前传播，即使经过弯曲的路光线也不会射出光纤之外。只是在均匀透明的玻璃纤芯上不断进行反射，从一端传导至另端。由于纤芯直径很小，光沿着玻璃纤芯传输，光信号的损耗会比在网线中电信号传输损耗低很多。

光纤是一种由玻璃或塑料制成的纤维，可作为光传导工具，按传输模式可分为：单模光纤和多模光纤。单模光纤：中心玻璃芯较细（芯径一般为 9 或 10 μm），只能传一种模式的光，其模间色散很小，适合远距离的光纤传输。

多模光纤：中心玻璃芯较粗（50 或 62.5 μm），可传多种模式的光，其模间色散较大，多模光纤传输的距离就比较近，一般只有几公里。

光纤为什么要进行熔接？

要保证光纤光信号的长距离传输，进行熔接就非常重要了。将断开的两条光纤通过熔接的方法连接起来，可以有效的降低每个节点的损耗，确保高反射率及传输的稳定。需要用到的设备熔接机、切割刀、测试仪、红光笔等工具，包含了光纤切割、清洁、熔接、监测、盘纤等步骤，对操作者的技术水平要求较高，也是一项细致活。

在光纤连接时，很多考虑到安装的方便、快捷，会采用冷接的技术，冷接不需要太多的设备，光纤切刀即可，但每个接点需要一个快速连接器，也叫冷接子。冷接的缺点是损失偏大，约 0.1 至 0.2 dB 每个点，只适合野外临时使用。考虑光纤使用的长久性，热熔是较好的方式，但成本较高，技术要求也高。

3. 光的调制技术

光的强度调制技术的基本原理是用外界信号改变光的强度，通过测量光的强度来间接实现对外界信号的测量。

光的频率调制是指被测量对光纤中传输的光波频率进行调制，频率的偏移反映了被测量的大小。多普勒法是目前使用较多的调制方法，在实际应用中适合测量血流、气流和其他液体的流速、运动粒子的速度等。

光的波长调制是外界信号通过一定方式改变光纤中传输光的波长，测量波长的变化即可检测到被测量的变化，这种调制方式称为光的波长调制。光波长调制的方法主要有选频和滤波法，常用的有 FP 干涉式滤光、里奥特偏振双折射滤光和光纤光栅滤光等。

（二）光纤传感器的组成与分类

1. 光纤传感器的组成

光纤传感器由光源、敏感元件（光纤或非光纤的）、光探测器、信号处理系统及光纤等组成。由光源发出的光通过源光纤引到敏感元件，被测参数作用于敏感元件，在光的调制区内，使光的某一性质受到被测量的调制，调制后的光信号经光纤耦合到光探测器，将光信号转换为电信号，最后经信号处理系统就可得到所需要的被测量。光源与光纤耦合时，总是希望在光纤的另一端得到尽可能大的光功率，它与光源的光强、波长及光源发光面积等有关，也与光纤的粗细、数值孔径有关。

2. 光纤传感器的分类

光纤传感器的类型较多，大致可以分为功能性和非功能型两大类。

功能型光纤传感器又称全光纤型传感器，光纤在其中不仅是导光媒介，也是敏感元件，光在光纤内受被测量调制。这种类型的传感器结构紧凑、灵敏度高，但是，需要特殊的光纤和先进的检测技术，因此成本高。它典型的例子如光纤陀螺、光纤水听器等。

非功能型光纤传感器又称传光型传感器，光纤在结构中仅仅起导光作用，光照在光敏元件上受被测量调制。此类光纤传感器无须特殊光纤和特殊处理技术，比较容易实现，成本低，但是灵敏度也较低，适用于对灵敏度要求不高的场合，是目前使用较多的光纤传感器。

三、红外传感器

随着科学技术的发展，红外传感技术正在向各个领域渗透，特别是在测量、家用电器、安全保卫等方面得到了广泛的应用。近年来，性能优良的红外光电器件大量出现。以大规模集成电路为代表的微电子技术的发展，使红外线的发射、接收以及控制的可靠性得以提高，从而促进了红外传感器的迅速发展。

（一）红外传感器的工作原理

红外线是一种不可见光，波长为 0.75～100 pm，是介于可见光和微波之间的电磁波，和电磁波一样，以波的形式在空间传播。

红外辐射的物理本质是热辐射，温度越高，辐射红外线越多，辐射能量越强。辐射源根据其几何尺寸、距离远近可视为点源或面源，红外辐射源的基准是黑体炉。

工程上把红外线占据的电磁波谱中的位置分为近红外、中红外、远红外和极远红外4个波段。由于红外波长比无线电波的波长长，因此红外仪器的空间分辨力比雷达的高。另外，红外波长比可见光的波长长，因此红外线透过阴霾的能力比可见光的强。

（二）红外辐射传感器的分类

红外辐射传感器是将红外辐射能量的变化转换为电量变化的一种传感器，也常称红外探测器。按照探测机理不同，红外辐射传感器可以分为热传感器（热电型）和光子传感器（量子型）两大类。

红外热传感器的工作是利用辐射热效应。热探测器在吸收红外能量后，产生温度变化，再由接触型测温元件测量温度变量，从而输出电信号。温度变化引起的电效应与材料特性有关，而且热探测器的响应频段宽，响应范围可以扩展到整个红外区域。

通常红外热传感器吸收红外辐射后温度升高，可以使探测材料产生温差电动势、电阻率变化、自发极化强度变化等，而这种变化与吸收的红外辐射能量成一定的关系，测量出这些物理量的变化就可以测定被吸收的红外辐射能的大小，从而得到被测非电量的值。

热电偶传感器、热敏电阻传感器和热释电传感器都属于红外热传感器或热探测器。对于热释电探测器的敏感元件的尺寸，应尽量减小体积，可以减小灵敏面（提高电压响应率）或减小厚度（提高电流响应率），从而减小热容，提高探测率。

红外光子传感器的工作原理是基于光电效应，通过改变电子能量状态引起电学现象。常用的光子效应有光电效应、光生伏特效应、光电磁效应和光电导效应。红外光子传感器的主要特点是灵敏度高、响应速度快、响应频率高，但需要在低温下才能工作，故需要配备液氮、液氮等制冷设备。

（三）红外辐射传感器的应用

目前红外辐射传感器普遍应用于红外测温、红外遥测、红外摄像机、夜视镜等，红外摄像管成像、电荷耦合器件（CCD）成像是目前较为成熟的红外成像技术。另外，工业上的红外无损检测是通过测量热流或热量来检测、鉴定金属或非金属材料的质量和内部缺陷的。红外监控报警器、自动门、自动水龙头等是日常生活中常见的红外传感器的应用实例。

1. 红外测温

利用红外辐射测温的测量过程不影响被测目标的温度分布，可用于对远距高速运动的物体进行测量，不仅灵敏度高，能分辨微小的温度变化，而且测温范围宽。

比色温度计是通过测量热辐射体在两个以上波长的光谱辐射亮度之比来测量温度的，是一种不需要修正读数的红外测温计。

比色温度计的结构分为单通道和双通道两种。单通道又可分为单光路和多光路两种，双通道又有带光调制和不带光调制之分。所谓单通道和双通道，是针对在比色温度计中使用探测器的个数。单通道是只用一只探测器接收两种波长光束的能量，双通道是用两只探测器分别接收两种波长光束的能量。所谓单光路和双光路，是针对光束在进行调制前或调制后是否由一束光分成两束进行分光处理。没有分光的称为单光路，分光的称为双光路。

2. 红外线气体分析

红外线气体分析仪是利用不同气体对红外波长的电磁波能量具有特殊吸收特性的原理

而进行气体成分和含量分析的仪器。

例如工业用红外线气体分析仪，由红外线辐射光源、滤波气室、红外探测器及测量电路等部分组成。工业过程红外线分析仪选择性好、灵敏度高、测量范围广、精度较高、响应速度快，对能吸收红外线的 CO、CO_2、O_2、SO_2 等气体、液体都可以进行分析。它广泛应用于大气检测、大气污染、燃烧、石油及化工过程、热处理气体介质、煤炭及焦炭生产等过程中的气体检测。此外，红外线气体分析仪器还可用于水中微量油分的测定、医学中肺功能的测定，以及在水果、粮食的储藏和保管等农业生产应用中。

四、光电传感器的应用

（一）条形码扫描笔

条形码扫描笔是一种应用广泛的便携式扫描设备，通过扫描条形码可以获取相关信息。当扫描笔头在条形码上移动时，若遇到黑色线条，发光二极管的光线将被黑线吸收，光敏三极管接收不到反射光，呈高阻抗，处于截止状态。当遇到白色间隔时，发光二极管所发出的光线，被反射到光敏三极管的基极，光敏三极管产生光电流而导通。整个条形码被扫描过之后，光敏三极管将条形码变形一个个电脉冲信号，该信号经放大、整形后便形成脉冲列，再经计算机处理，完成对条形码信息的识别。

（二）光电传感器在烟尘浊度监测仪应用

防止工业烟尘和粉尘污染是环境保护的重要任务之一。为了消除工业烟尘和粉尘污染，必须首先了解粉尘的排放，因此有必要对粉尘源进行监测，自动显示和超标排放。烟气浊度是用来检测通过在烟道中的光的传输过程中的变化。如果烟道浊度增加，由光源发出的光增加了烟尘颗粒的吸收和折射，光探测器达到光检测器的光，光检测器的输出信号的强度可以反映烟道浊度的变化。

（三）测量转速

光电传感器的应用之一就是用来测量转速。光电传感器通过间歇地接收光的反射信号并输出间断的电信号，经过放大器及整形电路放大并整形，最后由电子数字显示器输出电机的转速。

（四）光电传感器在产品计数器应用

产品在传送带上运行时，不断地遮挡光源到光电传感器的光路，使光电脉冲电路产生一个个电脉冲信号。产品每遮光一次，光电传感器电路便产生一个脉冲信号，因此，输出的脉冲数即代表产品的数目，该脉冲经计数电路计数并由显示电路显示出来。

（五）光电式烟雾报警器

光电式烟雾报警器在没有烟雾的情况下，发光二极管发出的光线直线传播，光电三极管没有接收信号，没有输出。

（六）光电传感器在激光武器应用

由于光电传感器对红外辐射，或可见光，或对二者都特别灵敏，因而就更加容易成为激光攻击的目标。此外，电子系统及传感器本身还极易受到激光产生的热噪声和电磁噪声的干扰而无法正常工作。战场上的激光武器攻击光电传感器的方式主要有以下几种：用适当能量的激光束将传感器"致盲"，使其无法探测或继续跟踪已经探测到的目标。或者，如果传感器正在导引武器飞向目标，则致盲将使其失去目标。综上所述，由于传感器在战场上发挥的作用越来越重要，同时又很容易遭受激光攻击，它们已成为低能激光武器的首选目标。

（七）汽车行业

光电传感器可以用于检测汽车的位置、速度、形状等信息，用于自动驾驶，提高汽车的安全性。

（八）应用于监控烟尘污染

光电传感器可以应用于监控烟尘污染，通过检测光线的强度变化来转换成电信号的变化，从而实现对烟尘的监控和计数。

（九）自动抄表系统

光电传感器的应用之一是自动抄表系统。由于科技的进步和人们对便利生活的追求，自动抄表系统得以广泛应用于各个领域。

（十）食品和饮料行业

食品和饮料行业使用光电传感器来帮助生产和包装物品。例如，瓶盖工厂配备正确对齐和定位每个瓶盖的装置，以确保瓶盖准确定位。

（十一）　自动门

自动门是应用于公共汽车、火车、电梯、车库等上的门的一种光电传感器。它需要具有可靠的传感技术，在正确的时间打开和关闭门。

（十二）　机械工程

光电传感器的应用在机械工程中非常重要。对于需要完美同步运行的大型机器，光电传感器可以提供很高的可靠性。光电传感器可以帮助有效地放置和拆卸机器部件，确保机器的精确运行。

（十三）　物料处理

在具有半自动化或半自动化的存储设施中，光电传感器可以有效地跟踪存储中的对象，帮助实现货物的自动存储和堆叠，同时有助于维护库存。

（十四）　制药行业

制药行业在制药包装等医药行业应用中，使用光电传感器来避免出现差异。在包装过程中，可以使用传感器来避免由于生产线上不存在药片而造成的空包装等问题。

（十五）　工业自动化

光电传感器在工业自动化中广泛应用于物体检测、机器人位置检测和数控机床位置测量等场景，可以提高工业生产的效率和精度。

（十六）　燃气热水器中脉冲点火控制器

燃气热水器中的脉冲点火控制器是为了保证燃气热水器能够正常点火而设计的。

（十七）　电子行业

电子行业因为产品的多样性和需求，需要使用光电传感器进行物质之间的传递转换，而光电传感器能够准确传递信号，为电子行业的工作人员提供便利的服务。

（十八）　安全监控

光电传感器可以用于安全监控，通过检测物体的位置、速度、形状等信息，可以保证系统的安全性和准确性。

第二节　视觉传感技术

视觉传感技术是传感技术七大类中的一个，视觉传感器是指通过对摄像机拍摄到的图像进行图像处理来计算对象物的特征量（面积、重心、长度、位置等），并输出数据和判断结果的传感器。视觉传感器是整个机器视觉系统信息的直接来源，主要由一个或者两个图形传感器组成。有时还要配以光投射器及其他辅助设备。视觉传感器的主要功能是获取足够的机器视觉系统要处理的最原始图像。

一、概述

（一）生物视觉与机器视觉

生物视觉功能建立在生物组织和器官的基础上。在视觉通路中，信息的传输和处理是同时进行的，涉及的组织器官大都同时具有传输和处理功能。视觉信息的传输过程和处理过程是紧密耦合的，并且系统结构具有自组织的特点，而生物视觉系统则是一个结构复杂、功能强大、高度智能的信息系统。

鉴于生物视觉系统的强大功能，模拟并构造与生物视觉通路相对应的人工视觉系统，实现类似生物视觉功能一直是研究者努力追求的目标。生物视觉系统极其复杂，模拟仿真生物视觉系统，即使是其中极小部分都非常困难，一个重要因素是生物视觉系统包含理解和认知内容，它们构成了视觉信息处理的一部分，并且和信息的传输、处理相互作用。迄今为止，已经有很多研究工作关注于生物视觉，人们从神经生物学、解剖学、心理学和认知科学等不同角度研究生物视觉的组织结构和处理机制，也取得了卓有成效的结果，但这些工作基本停留在揭示生物视觉主要处理流程的阶段，对于更深层次本质问题的认识还远远不够，运用计算机视觉刻意模仿生物视觉还存在巨大困难。

严格意义上，机器视觉和计算机视觉的研究对象和研究方法是不同的，计算机视觉试图揭示生物视觉机理，属人工智能领域，是基础研究；而机器视觉是应用计算机视觉研究的部分成果，是数字成像技术、图像处理技术和计算机技术的集成应用技术，着重于对获取图像利用计算机强大的数据处理能力进行自动分析处理，提供一个可供机器或自动化设备识别和利用的结果。

机器视觉应用背景广泛，在农业生产、工业制造、医疗仪器、智能交通、航空航天等诸多领域，机器视觉都发挥着越来越重要的作用。如农产品分拣分类、制造过程中的测量与质量控制、自动化设备（机器人）的视觉自动引导、零件及产品缺陷检测、交通监测与管理、跟踪与自导等。

（二）Marr 计算机视觉理论

20 世纪 70 年代中后期，D. Marr 教授在美国麻省理工学院创建了一个视觉理论研究小组，逐步形成了较系统的视觉计算理论。按照 Marr 的理论，视觉的基本功能是通过感知到的二维图像，提取三维环境场景信息，该信息是指场景中三维物体的形状和空间位置的定量信息。Marr 将视觉过程区分为 3 个阶段：图像+要素图→2.5 维图→三维表示。第一阶段，称为早期视觉，由输入二维图像获得要素图。要素图由图像中的边缘点、线段、拐点、纹理等基本几何元素或图像特征组成，目的是从原始二维图像数据中抽取重要信息，减少数据量；第二阶段，称为中期视觉，由要素图获取 2.5 维图，所谓 2.5 维图是一个形象的说法，意指不完整的三维信息描述，是指在以观测者为中心的坐标系下的三维形状和位置，当人眼观测环境场景时，观测者对三维物体的描述是在其自身坐标系中进行的，且这种观测角度是部分的，非全周视角的，观测的结果虽然包含了深度信息，但还不是真正意义上的三维表示，称为 2.5 维图；第三阶段，称为后期视觉，由输入图像、要素图和2.5 维图获得环境场景的三维表示，真正的三维表示是在以物体为中心的坐标系中进行的，是完整的、全周视角的。

在 Marr 视觉计算理论的指导下，计算机视觉的研究有了明确的思路和具体的内容，对于推动计算机视觉研究的发展做出了重要贡献，取得了很大成功，同时也暴露了一些缺陷。按 Marr 理论，视觉过程被看作物理成像过程的逆过程，物理成像过程是三维场景到二维图像的投影变换过程，这是一个复杂的过程，诸多因素的参与会对最终二维图像产生影响，使得相同的三维场景会产生截然不同的三维图像，主要的因素包括：

（1）物理成像过程在数学上是一个透视投影过程，深度和被视线遮挡的信息被丢弃了，使得相同场景在不同视角下得到的二维图像是完全不同的，并且因为必然的视线遮挡，部分场景内容无法反映在二维图像中。

（2）二维图像是依靠图像灰度（亮度）来反映视觉信息的，在成像过程中，图像灰度不仅由三维场景中的物体的位置、姿态、相互关系等有用信息决定，场景中的照明条件、获取图像的摄像机特性（光谱、分辨率、畸变、噪声等）等很多无关因素（部分还是不确定性的）都会和有用信息综合在一起生成二维图像。

视觉过程作为物理成像过程的逆过程，必须从受到多种因素作用的最终二维图像中，提取还原三维场景中的有用信息，这将是非常困难的，特别是在定量分析时，难度更大。

二、图像传感器

摄像管有许多种，但主要工作原理基本相同。

光电摄像管包含镶嵌板、集电环和电子枪 3 个基本部分。镶嵌板的绝缘表面嵌着成千上万个银制的小银圆点，其上镀一层特别的物质，例如铯（光电材料），每一个铯点的作用就像一个小光电管一样。用光线照射光电管，电子被打出，光线越强，失去的电子越多。电子带负电荷，当光电管失去电子，就带正电荷，投影在镶嵌板上的图像，将变成一幅正电荷的分布图。小光电管所放出的电子，由集电环收集，移出光电摄像管。电子枪由电灯丝及带小孔的金属片组成，灯丝用于发射电子，从灯丝发出的电子有一部分穿过小孔，成为电子束，电子束被互相垂直的两套金属极板控制，第一对金属极板上施加适当的交变电压，使电子束沿上下方向扫描，第二对金属极板上施加适当的交变电压使电子束左右扫描。电子束从镶嵌板上的左上角开始扫起，从左到右、自上而下地扫过整个镶嵌板。扫描时，由电子枪发射的电子束补充了光电管上因为光线照射损失的电子，形成一电脉冲，电脉冲与照射到光电管的光线强度成正比，当电子束逐个扫描镶嵌板上的各光电管时，便形成一系列电脉冲。这些电脉冲被增强后用来调制电视载波，合成的电视信号在电视接收机中引起电子运动，使显像管中扫描电子束的强弱发生变化，当它打到电视显像管机的屏幕上时，就使荧光屏再现出电视图像。

电荷耦合器件 CCD（Charge Coupled Device）传感器是由许多感光单元组成，通常以百万像素为单位。由高感光度的半导体材料制成的电荷耦合器件，能够把光信号转变成电荷信号。当光线照射到 CCD 表面时，感光单元就会将入射光强的大小以电荷数量的多少反映出来，这样所有感光单元所产生的信号叠加在一起就构成了一幅完整的图像。

CCD 是应用在摄影摄像方面的高端技术元件，CMOS 则应用于较低影像品质的产品中，它的优点是制造成本较 CCD 更低，功耗也低得多，这也是市场很多采用 USB 接口的产品无须外接电源且价格便宜的原因。尽管在技术上有较大的不同，但 CCD 和 CMOS 两者性能差距不是很大，只是 CMOS 摄像头对光源的要求要高一些，但该问题已经基本得到解决。CCD 元件的尺寸多为 1/3 英寸或者 1/4 英寸，在相同的分辨率下，宜选择元件尺寸较大的为好。图像传感器又叫感光元件。

图像传感器，或称感光元件，是一种将光学图像转换成电子信号的设备，它被广泛地应用在数码相机和其他电子光学设备中。早期的图像传感器采用模拟信号，如摄像管（Video Camera Tube）。随着数码技术、半导体制造技术以及网络的迅速发展，市场和业界都面临着跨越各平台的视讯、影音、通信大整合时代的到来，勾画着未来人类的日常生活的美景。以其在日常生活中的应用，无疑要属数码相机产品，其发展速度可以用日新月异来形容。短短的几年，数码相机就由几十万像素，发展到 400 万、500 万像素甚至更高。数码相机不仅在发达的欧美国家已经占有很大的市场，就是在发展中的中国，数码相机的市场也在以惊人的速度在增长，因此，其关键零部件——图像传感器产品就成为当前及未来业界关注的对象，吸引着众多厂商投入。以产品类别区分，图像传感器产品主要分为CCD 图像传感器、CMOS 图像传感器两种。

三、3D 视觉传感技术

（一）3D 视觉传感原理

单个摄像机的成像过程是 3D 测量空间到 2D 图像平面的透视变换过程，丢失了一维信息，仅依靠一个摄像机无法实现 3D 空间测量。结构光方法和立体视觉方法是两种最直接的基于三角法的 3D 视觉测量方法。以结构光方法和立体视觉方法为基础，还衍生出很多其他方法，如多目视觉、移动视觉等。在解决实际测量问题时，有时测量空间较大，相对测量精度要求高，此时采用单元结构光方法或立体视觉方法不能满足要求，需要将多个测量单元组合在一起，构成一个 3D 视觉测量系统。

3D 视觉传感是一个定量测量过程，为保证测量精度和量值的统一，需要建立精确的测量模型，研究相应的参数标定方法。一般来说，3D 视觉测量模型包括 3 个层次：摄像机成像模型、3D 传感器测量模型、3D 测量系统模型，与此对应，标定问题也分为 3 个层次。

（二）3D 立体成像原理

3D 信号是一个三维坐标的空间信号。在一个精确视觉的定义中，3D 影像应该是一个拥有 3 个空间分量的图像。但是，从广义上讲，视频信号序列可以考虑作为一个 3D 信号，其中包括两维的空间变量和一个一维的时间分量。在真正的 3D 视频信号中，其图像是一个拥有 3 个空间分量的影像；有时，广义上讲 3D 视频信号可以看作四维空间信号，拥有 3 个空间分量和一个时间分量。

人的眼睛看到的景象是一种具有层次和深度的立体影像。人两眼水平分开在两个不同的位置上，当人眼在观察一个三维物体的时候，两个眼睛观察的物体图像是不一样的，存在一个像差，两幅图像传输到大脑，通过大脑的合成处理，人就感觉到一个三维世界的深度立体变化。其基本原理是利用两眼的视觉像差和光学折射原理形成三维图像。一些鸟类的大脑没有三维影像合成的功能，比如公鸡，公鸡通过异步前后移动头脑来获得 3D 的影像。

一般情况下，在三维空间里，物体反射光的密度会不一样，通过监测物体上反射光的密度可以决定物体的三维影像。目前 3D 的图像可以通过适当的工作方式从固体图像传感器（比如 CCD 或者 CMOS 图像传感器）检测物体反射光的密度来获得。

（三）光电 3D 影像技术的发展

根据获取图像信息方法的不同，光电 3D 影像技术分为有源和无源两种技术，无源技术主要是接受物体的辐射或者环境的发射，有源技术是通过投射一束调制的或未调制的光到物体上通过检测物体反射的光来形成 3D 图像。

以前大多数技术研究集中在无源 3D 技术上，利用三角测量原理，通过两台相距一定距离的照相机，左边照相机产生的图像表示深度信息，右边照相机产生差异的二维图像。关键是产生深度信息的照相机需要分离出深度信息。无源 3D 影像技术需要拍摄的物体具有突出的轮廓特点，比如边缘、角、线等。其优点是不需要特殊的硬件条件，并成功使用在好几个方面。这种技术的缺点是需要两台或者更多的高质量的照相机、图像处理软件。图像质量、拍照速度、数据传输等都是这种机制能否被广泛应用的限制因素。

有源 3D 光电图像方法是投射一束有规律的空间分布的线状光到物体上从而产生一个网状格的深度。广泛使用的有源光方法是飞行时间（Time Off Light）方法，最近几年，市场上出现的 3D 照相机都是基于飞行时间方法，这些 3D 照相机主要应用于工业控制。SwissRanger3000 照相机是最近应用这种技术的产品，通过飞行时间方法检测相位来实现 3D 影像。一束几十兆赫兹被调制的近红外光照射到物体上，物体反射的光进入 3D 照相机，由于立体物体的远近距离不同，反射光的相位存在一个延迟，通过检测原始光束及反射光束的相位延迟从而检测出物体的景深，从而实现 3D 图像。这种 3D 图像传感器的制作由 ZMD 公司完成，ZMD 公司根据 3D 图像传感器需要高速的特点从噪声和速度进行工艺优化，响应速度可以到 100MHz 以上。

四、视觉传感技术应用

（一）汽车车身视觉检测系统

在汽车车身制造过程中，分总成或总成上许多关键点（工艺质量控制点）的三维坐标尺寸需要检测，传统的坐标测量机（Coordinate Measuring Machine，CMM）检测方法只能实现离线定期抽样检测，效率低，不能满足现代汽车制造在线检测需求。

（二）钢管直线度、截面尺寸在线视觉测量系统

无缝钢管是一类重要的工业产品，在无缝钢管质量参数中，钢管直线度及截面尺寸是主要的几何参数，是控制无缝钢管制造质量的关键。视觉测量技术的非接触、测量范围大的特点非常适合于无缝钢管直线度及截面尺寸的测量。

系统中每一个传感器实现一个截面上部分圆弧的测量，通过适当的数学方法，由圆弧拟合得到截面尺寸和截面圆心的空间位置，由截面圆心分布的空间包络，得到直线度参数。测量系统在计算机的控制下，可在数秒内完成测量，满足实时性要求。

（三）三维形貌视觉测量

三维形貌数字化测量技术是逆向工程和产品数字化设计、管理及制造的基础支撑技术。将视觉非接触、快速测量和最新的高分辨力数字成像技术结合起来，是当前实现三维形貌数字化测量的最有效手段。三维形貌测量通常分为局部三维形貌信息获取（测量）和整体拼接两部分，先通过视觉扫描传感器（测头），对被测形貌的各个局部区域进行测量，再采用整体拼接技术，对局部形貌拼接，得到视觉扫描测头采用基于双目立体视觉测量原理设计，运用激光扫描实现被测特征的光学标记，兼有立体视觉和主动结构光法两者的优点，分辨力约为 0.01 mm，测量精度在 300 mm×200 mm 的范围内优于 0.1 mm，足以满足大部分的工业产品检测要求。

形貌整体拼接的实质就是将分块局部形貌测量数据统一到公共坐标系下，完成对被测形貌的整体描述。为控制整体精度，避免误差累积，采用全局控制点（分为编码控制点和非编码控制点两种）拼接方法。在测量空间内设置全局控制点，采用高分辨率数码相机从空间不同位置，以不同姿态对全局控制点成像，运用光束定向交汇平差原理，得到控制点的空间坐标并建立全局坐标系。借助全局控制点将扫描测头在每一个测量位置对应的局部测量坐标系和全局坐标系关联，由此实现局部形貌测量数据到全局（公共）坐标系的转换，完成数据拼接。

（四）光学数码三维坐标测量

制造领域内三维坐标的精密测量主要由坐标测量机（CMM）完成，CMM 是一种通用、标准的精密测量设备，是保证制造精度，控制产品质量的必备测量手段。传统的 CMM 测

量是通过导轨机械运动实现的，测量机的主体是 3 个相互正交的精密导轨，其特点是测量精度高、功能强、通用性好，但因为存在机械运动，使得结构复杂、造价高、测量效率低，尤其是对工作环境有很高要求，一般只能安置在专用的测量工作间内使用，不能工作于制造现场环境中。光学数码柔性坐标测量是一种先进的基于视觉测量原理的现场坐标精密测量技术，它采用先进高精度的数码成像器件作为角度传感器，两台传感器构成空间三角交汇测量配置（立体视觉配置），在 LED（Light Emitting Diode，发光二极管）光学测量靶标的配合下，组成工作范围大、通用的空间坐标测量系统。已经研制的基于高分辨率数字成像的光学数码三维坐标测量系统，采用 LED 光学控制点技术结合高精度处理算法，可以稳定地实现约 0.01 像素的图像细分精度，并且采用残差修正方法将成像精度提高到 0.02~0.03 像素，使得测量精度达到 10×10^{-6} 水平。

五、智能视觉传感技术

所谓智能视觉传感技术，是指一种高度集成化、智能化的嵌入式视觉传感技术。它将视觉传感器和数字处理器、通信模块及其他外围设备集成在一起，替代传统的基于 PC 平台（PC-Based）的视觉系统，成为能够独立完成图像采集、分析处理、信息传输的一体化智能视觉传感器。随着嵌入式处理技术和 CCD、CMOS 技术的发展，智能视觉传感器在图像质量、分辨率、测量精度以及处理速度、通信速度方面具有巨大的提升潜力，其发展将逐步接近甚至超越基于 PC 平台的视觉系统。

智能视觉传感器（Intelligent Vision Sensor）是近年来视觉检测领域新兴的一项传感技术。其中，图像处理单元通常由数字处理器组成，主要完成图像信息的分析处理工作，对采集到的图像进行预处理、压缩和选择性的存储，结合针对具体检测任务的图像处理软件对图像进行处理和分析。图像处理软件是智能视觉传感器的重要组成部分，一般需要完成 3 个层次的任务：图像的预处理、图像特征的提取和针对特定检测任务的分析处理。显示单元主要负责显示智能视觉传感器的相关信息，包括传感器的状态信息、检测结果及分析处理的中间状态信息。用户可以通过显示单元查看传感器的状态，进行参数设置，干预指导图像处理过程，读取检测结构等。

第十章 新信息技术应用

第一节 云计算的应用

一、云计算基本概念

对于云计算，业界并没有统一的定义，不同的机构有不同的理解，但普遍认为它是并行处理、分布式计算、网格计算的发展，是由规模经济推动的一种大规模分布式计算模式。它通过虚拟化、分布式处理、在线软件等技术将数据中心的计算、存储、网络等基础设施，以及其开发平台、软件等信息服务抽象成可运营、可管理的 IT 资源，然后通过互联网动态提供给用户，用户按实际使用数量进行付费。可以看出，云计算具有以下几个关键点：①由规模经济推动；②是一种大规模的分布式计算模式；③通过虚拟化实现数据中心硬件资源的统计复用；④能为用户提供包括软硬件设施在内的不同级别的 IT 资源服务；⑤可对云服务进行动态配置，按需供给，按量计费。

就像电力、煤气一样，云计算希望把计算、存储等 IT 资源，通过互联网这个管道输送给每个用户，使得用户拧开开关，就能获得所需的服务。

云服务提供商通过虚拟化等技术把数据中心的 IT 资源集中起来，统计复用后提供给多个租户。为最大化经济效益，云计算要求数据中心最起码具备以下两个能力：①动态调配资源的能力，即按照实际情况动态增加或减少运行实例；②按用户实际使用的资源数量进行计费，例如根据实际使用的存储量和计算资源，按时、月、年等计费。按需供给、按量计费，一方面提高了数据中心的资源利用率；另一方面也降低了云企业用户的 IT 运营成本。

二、云计算关键技术及其应用发展

虚拟化技术、分布式技术、在线软件技术和运营管理技术是云计算的关键技术，是开展云服务的基础。

（一）虚拟化

1. 主要的虚拟化技术

虚拟化是将底层物理设备与上层操作系统、软件分离的一种去耦合技术，它通过软件或固件管理程序构建虚拟层并对其进行管理，把物理资源映射成逻辑的虚拟资源，对逻辑资源的使用与物理资源相差很少或者没有区别。虚拟化的目标是实现 IT 资源利用效率和灵活性的最大化。实际上，虚拟化是云计算相对独立的一种技术，具有悠久的历史。从最初的服务器虚拟化技术，到现在的网络虚拟化、文件虚拟化、存储虚拟化，业界已经形成了形式多样的虚拟化技术。云计算的持续走热，更是促进了虚拟化技术的广泛应用。

（1）服务器虚拟化

服务器虚拟化也称系统虚拟化，它把一台物理计算机虚拟化成一台或多台虚拟计算机。各虚拟机间通过被称为虚拟机监控器（VMM）的虚拟化层共享 CPU、网络、内存、硬盘等物理资源，每台虚拟机都有独立的运行环境。虚拟机可以看成是对物理机的一种高效隔离复制，要求同质、高效和资源受控。同质说明虚拟机的运行环境与物理机的环境本质上是相同的；高效指虚拟机中运行的软件需要有接近在物理机上运行的性能；资源受控制 VMM 对系统资源具有完全的控制能力和管理权限。一般来说，虚拟环境由 3 个部分组成：硬件、VMM 和虚拟机。VMM 取代了操作系统的位置，管理着真实的硬件。

对服务器的虚拟化主要包括处理器（CPU）虚拟化、内存虚拟化和 I/O 虚拟化三部分，部分虚拟化产品还提供中断虚拟化和时钟虚拟化。CPU 虚拟化是 VMM 中最核心的部分，通常通过指令模拟和异常陷入实现。内存虚拟化通过引入客户机物理地址空间实现多客户机对物理内存的共享，影子页表是常用的内存虚拟化技术。I/O 虚拟化通常只模拟目标设备的软件接口而不关心硬件具体实现，可采用全虚拟化、半虚拟化和软件模拟几种方式。

按 VMM 提供的虚拟平台类型可将 VMM 分为两类：①完全虚拟化，它虚拟的是现实存在的平台，现有操作系统无须进行任何修改即可在其上运行；②类虚拟化，虚拟的平台是 VMM 重新定义的，需要对客户机操作系统进行修改以适应虚拟环境。完全虚拟化技术又分为软件辅助和硬件辅助两类。按 VMM 的实现结构还可将 VMM 分为以下 3 类：①Hypervisor 模型，该模型下 VMM 直接构建在硬件层上，负责物理资源的管理以及虚拟机的提供；②宿主模型，VMM 是宿主操作系统内独立的内核模块，通过调用宿主机操作系统的服务来获得资源，VMM 创建的虚拟机通常作为宿主机操作系统的一个进程参与调度；③

混合模型，是上述两种模式的结合体，由 VMM 和特权操作系统共同管理物理资源，实现虚拟化。

（2）存储虚拟化

存储系统大致可分为直接依附存储系统（Directed Accessed Storage，DAS）、网络附属存储（Net Attached Storage，NAS）和存储区域网络（Storage Area Network，SAN）3 类。DAS 是服务器的一部分，由服务器控制输入/输出，目前大多数存储系统属于这类。NAS 将数据处理与存储分离开来，存储设备独立于主机安装在网络上，数据处理由专门的数据服务器完成。用户可以通过 NFS 或 C1FS 数据传输协议在 NAS 上存取文件、共享数据。SAN 向用户提供块数据级的服务，是 SCSI 技术与网络技术相结合的产物，它采用高速光纤连接服务器和存储系统，将数据的存储和处理分离开来。SAN 采用集中方式对存储设备和数据进行管理。

随着年月的积累，数据中心通常配备多种类型的存储设备和存储系统，这一方面加重了存储管理的复杂度，另一方面也使得存储资源的利用率极低。存储虚拟化应运而生，它通过在物理存储系统和服务器之间增加一个虚拟层，使物理存储虚拟化成逻辑存储，使用者只访问逻辑存储，从而实现对分散的、不同品牌、不同级别的存储系统的整合，简化了对存储的管理。通过整合不同的存储系统，虚拟存储具有如下优点：①能有效提高存储容量的利用率；②能根据性能差别对存储资源进行区分和利用；③向用户屏蔽了存储设备的物理差异；④实现了数据在网络上共享的一致性；⑤简化管理、降低了使用成本。

目前，业界尚未形成统一的虚拟化标准，各存储厂商一般根据自己所掌握的核心技术来提供虚拟存储解决方案。从系统的观点看，有 3 种实现虚拟存储的方法，分别是主机级虚拟存储、设备级虚拟存储和网络级虚拟存储。主机级虚拟存储主要通过软件实现，不需要额外的硬件支持。它把外部设备转化成连续的逻辑存储区间，用户可通过虚拟管理软件对它们进行管理，以逻辑卷的形式进行使用。设备级虚拟存储包含两方面内容：一是对存储设备物理特性的仿真；二是对虚拟存储设备的实现。仿真技术包含磁盘仿真技术和磁带仿真技术，磁盘仿真利用磁带设备来仿真实现磁盘设备，磁带仿真技术则相反，利用磁盘存储空间仿真实现磁带设备。虚拟存储设备的实现，是指将磁盘驱动器、RAID、SAN 设备等组合成新的存储设备。设备级虚拟存储技术将虚拟化管理软件嵌入在硬件实现，可以提高虚拟化处理和虚拟设备 I/O 的效率，性能和可靠性较高，管理方便，但成本也高。

网络级虚拟存储是基于网络实现的，通过在主机、交换机或路由器上执行虚拟化模块，将网络中的存储资源集中起来进行管理。有 3 种实现方式：①基于互联设备的虚拟化，虚拟化模块嵌入到每个网络的每个存储设备中；②基于交换机的虚拟化，将虚拟化模块嵌入到交换机固件或者运行在与交换机相连的服务器上，对与交换机相连的存储设备进行管理；③基于路由器的虚拟化，虚拟化模块被嵌入到路由器固件上。网络存储是对逻辑存储的最佳实现。

（3）网络虚拟化

一般而言，在企业数据中心里网络规划设计部门往往会为单个或少数几个应用建设独立的基础网络，随着应用的增长，数据中心的网络系统变得十分复杂，这时需要引入网络虚拟化技术对数据中心资源进行整合。网络虚拟化有两种不同的形式，纵向网络分割和横向节点整合。当多种应用承载在一张物理网络上时，通过网络虚拟化的分割功能（纵向分割），可以将不同的应用相互隔离，使得不同用户在同一网络上不受干扰地访问各自不同应用。纵向分割实现对物理网络的逻辑划分，可以虚拟化出多个网络。对于多个网络节点共同承载上层应用的情况，通过横向整合网络节点并虚拟化出一台逻辑设备，可以提升数据中心网络的可用性及节点性能，简化网络架构。

对于纵向分割，在交换网络可以通过虚拟局域网（VLAN）技术来区分不同业务网段，在路由环境下可以综合使用 VLAN、MPLS-VPM、Multi-VRF 等技术实现对网络访问的隔离。在数据中心内部，不同逻辑网络对安全策略有着各自独立的要求，可通过虚拟化技术将一台安全设备分割成若干逻辑安全设备，供各逻辑网络使用。横向整合主要用于简化数据中心网络资源管理和使用，它通过网络虚拟化技术，将多台设备连接起来，整合成一个联合设备，并把这些设备当作单一设备进行管理和使用。通过虚拟化整合后的设备组成了单一逻辑单元，在网络中表现为一个网元节点，这在简化管理、配置、可跨设备链路聚合的同时，简化了网络架构，进一步增加了冗余的可靠性。网络虚拟化技术为数据中心建设提供了一个新标准，定义了新一代网络架构。它能简化数据中心运营管理，提高运营效率；实现数据中心的整体无环设计；提高网络的可靠性和安全性。端到端的网络虚拟化，通过基于虚拟化技术的二层网络，能实现跨数据中心的互联，有助于保证上层业务的连续性。

2. 虚拟化技术应用

虚拟化经过多年的发展，已经出现很多成熟产品。在 VMware、Micro-soft 等主流虚拟化厂家的推动下，虚拟化产品以其在资源整合以及节能环保方面的优势被广泛应用在各领域。对于 IDC 业务，引入虚拟化能够降低服务提供的粒度，提高资源的利用率和业务开展的灵活性。对云计算而言，虚拟化是必不可少的一项技术，可以说，是虚拟化的成熟，使得基于大规模服务器群的云计算变为可能。虚拟化是开展 IaaS 云服务的基础。下面从这几个方面对虚拟化的应用进行介绍。

（1）企业数据中心整合

企业 IT 规划部门在设计数据中心时，为简化运维，常常将每个业务部署在单独的服务器上，随着业务的增长，数据中心应用系统日趋复杂，服务器数量也越来越庞大。与此同时，服务器的利用率却参差不齐，有的服务器平均利用率不足百分之十，有的服务器则因访问过量而拥塞崩溃。这使得数据中心变得难以管理，IT 资源浪费严重，投资无法精细控制。虚拟化能够整合数据中心的 IT 基础资源，简化数据中心的运维管理。引入虚拟化后，企业数据中心将获得以下几方面的优势：①将多台服务器整合到一台或少数几台服务器上，减少服务器数量；②在单一服务器平台上运行多个应用，极大提升资源的利用率；③实现数据中心资源的集中和自动化管理，降低 IT 运维成本；④避免了旧系统的兼容问题，免除了系统维护和升级等一系列问题。虚拟化技术的引入，有助于构建环保、节能、高效、绿色的新一代数据中心。

（2）IDC 整合

IDC 是中国电信的传统业务，发展至今，遭遇了来自业务领域的瓶颈和来自技术领域的挑战。在业务方面，IDC 业务以空间、带宽、机位等资源出租为主，不同运营商间差异不大，缺乏特色；业务运营密度低，单服务器运行单一业务，导致盈利也低。主机业务面临虚拟主机业务密度高收益低，独立主机收益高密度低的矛盾。在技术方面，IDC 资源利用率低闲置率高，超过 90% 的服务器在 90% 的时间中 CPU 使用率不足 10%，出现一些应用资源过剩，另一些应用资源不足的矛盾。IDC 在管理维护方面也存在困难，维护响应支持时间长、操作慢，备份恢复困难，无集中灾备。在业务和技术双重需求下，IDC 亟须引入虚拟化技术。

引入虚拟化技术，IDC 资源的分割粒度将由原来以服务器为单位转变为以虚拟机为单位，单一服务器平台可以运行多个互相独立的业务，供不同客户使用。虚拟化的引入，还将丰富 IDC 的业务模式。虚拟化能给 IDC 带来以下几方面的改进：①降低 IDC 的运营成本，包括管理、硬件、基础架构、电力、软件方面；②提升现有基础架构的价值；③提升 IT 基础设施的灵活性，以应用为单位实现资源的动态分配；④提高 IDC 的服务保障质量，提供快速的灾备/恢复、轻松的集群配置和高可靠性部署，降低系统升级和更新导致的服务器宕机时间；⑤提供更为轻松的自动化和管理功能。虚拟 IDC 被认为是传统 IDC 业务的发展趋势，它将在业务创新、安全运营、高效管理、绿色节能等方面带来良好的竞争优势。

（3）IaaS 云服务

虚拟化也是开展 IaaS 云服务的基础 IaaS 把计算、存储、网络等 IT 基础设施通过虚拟化整合和复用后，通过互联网提供给用户。对云计算中心而言，虚拟化是 IT 设施的基础架构。在提供 IaaS 服务之前，云提供商须采用虚拟化技术将计算、存储、网络、数据库等 IT 基础资源虚拟化成相应的逻辑资源池。这样可以带来几方面的好处：①把逻辑资源同时提供给多个租户，实现资源的统计复用，可以最大化数据中心 IT 资源的使用率；②基于虚拟资源的动态调配，可以方便地解决数据中心资源分配不均衡的问题；③以虚拟资源为单位提供给客户使用，提高了资源的灵活性；④虚拟化整合了数据中心的服务器、存储系统、网络平台，减少了数据中心的物理设备数量，降低数据中心的复杂度；⑤计算、存储、网络等资源独立管理，简化了运维难度；⑥虚拟化技术本身具有的负载均衡、虚拟机动态迁移、故障自动检测等特性，有助于实现数据中心的自动化智能管理。

（二）分布式处理

分布式处理是信息处理的一种方式，是与集中式处理相对的一个概念，它通过通信网络将分散在各地的多台计算机连接起来，在控制系统的管理控制下，协调地完成信息处理任务。分布式处理常用于对海量数据进行分析计算，它把数据和计算任务分配到网络上不同的计算机，这些计算机在控制器的调度下共同完成计算任务，在设备性能大幅提升的今天，分布式处理的性能主要取决于数据和控制的通信效率。

分布式处理是云计算的一个关键环节，它可以部署在虚拟化之上，解决云计算数据中心大规模服务器群的协同工作问题，由分布式文件系统、分布式计算、分布式数据库和分布式同步机制四部分组成。在云计算出现以前，业界就不乏对分布式处理的理论研究和系统实现。2003 年起，Google 接连在计算机系统研究领域的顶级会议和杂志上发表一系列论文，揭示其内部分布式数据处理方法，正式揭开了人们把分布式处理作为云计算基础架构进行研究的序幕。

Google 基于分布式并行集群方式的云计算基础架构在一定程度上代表了分布式理论在云计算领域的应用。虽然这一云架构本身是针对 Google 内部特定的网络应用程序而制定的，但它在处理超大规模数据方面的优势，还是引起了业界的强烈关注。虽然 Google 并未公开其内部实现细节，互联网开源爱好者还是根据它的设计理念，推出了开源的 Hadoop 分布式软件架构。Hadoop 以其开源、可靠、可扩展和在性能方面的优势，逐渐得到业界的认可。越来越多的云计算企业正在使用或者计划使用 Hadoop 作为自己的分布式计算架构。例如 Amazon 已经在 EC2 中部署 Hadoop 平台，供开发人员在其 AWS 云服务上开发分布式应用程序。

1. 主要的分布式处理技术

一个完整的计算机系统由计算硬件、数据和程序逻辑组成，对于分布式处理而言，计算机硬件由云计算数据中心各服务器、存储和网络设施组成，这些设施可以是虚拟化后的逻辑资源，数据则存放在分布式文件系统或分布式数据库中，程序逻辑由分布式计算模型定义。当分布在网络的计算机访问相同的资源时，可能会引起与资源冲突，因此需要引入并发控制机制，解决分布式同步问题。下面从这几方面对分布式处理技术进行简要介绍：

（1）分布式文件系统

文件系统是共享数据的主要方式，是操作系统在计算机硬盘上存储和检索数据的逻辑方法，这些硬盘可以是本地驱动器，也可以是网络上使用的卷或存储区域网络（SAN）上的导出共享。通过对操作系统所管理的存储空间进行抽象，文件系统向用户提供统一的、对象化的访问接口，屏蔽了对物理设备的直接操作和资源管理。

分布式文件系统是分布式计算环境的基础架构之一，它把分散在网络中的文件资源以统一的视点呈现给用户，简化了用户访问的复杂性，加强了分布系统的可管理性，也为进一步开发分布式应用准备了条件。分布式文件系统建立在客户机/服务器技术基础之上，由服务器与客户机文件系统协同操作。控制功能分散在客户机和服务器之间，使得诸如共享、数据安全性、透明性等在集中式文件系统中很容易处理的事情变得相当复杂。文件共享可分为读共享、顺序写共享和并发写共享，在分布式文件系统中顺序写需要解决共享用户的同一视点问题，并发写则需要考虑中间插入更新导致的一致性问题。在数据安全性方面，需要考虑数据的私有性和冲突时的数据恢复。透明性要求文件系统给用户的界是统一完整的，至少需要保证位置透明并发访问透明和故障透明。此外，扩展性也是分布式文件系统需要重点考虑的问题，增加或减少服务器时，分布式文件系统应能自动感知，而且不对用户造成任何影响。

基于云数据中心的分布式文件系统构建在大规模廉价服务器群上，面临以下几个挑战：①服务器等组件的失效将是正常现象，须解决系统的容错问题；②提供海量数据的存储和快速读取；③多用户同时访问文件系统，须解决并发控制和访问效率问题；④服务器增减频繁，须解决动态扩展问题；⑤需提供类似传统文件系统的接口以兼容上层应用开发，支持创建、删除、打开、关闭、读写文件等常用操作。

以 Google GFS 和 Hadoop HDFS 为代表的分布式文件系统，是符合云计算基础架构要求的典型分布式文件系统设计。系统由一个主服务器和多个块服务器构成，被多个客户端访问，文件以固定尺寸的数据块形式分散存储在块服务器中。主服务器是分布式文件系统中最主要的环节，它管理着文件系统所有的元数据，包括名字空间、访问控制信息、文件到块的映射信息、文件块的位置信息等，还管理系统范围的活动，如块租用管理、孤儿块的垃圾回收以及块在块服务器间的移动。块服务器负责具体的数据存储和读取。主服务器通过心跳信息周期性地跟每个块服务器通信，给他们指示并收集他们的状态，通过这种方式系统可以迅速感知服务器的增减和组件的失效，从而解决扩展性和容错能力问题。

为保证系统的健壮性和可靠性，设置了辅助主服务器（Secondary Master）作为主服务器的备份，以便在主服务器故障停机时迅速恢复过来。

系统采取冗余存储的方式来保证数据的可靠性，每份数据在系统中保存 3 个以上的备份。为保证数据的一致性，对数据的所有修改需要在所有的备份上进行，并用版本号的方式来确保所有备份处于一致的状态。

客户端被嵌到每个程序里，实现了文件系统的 API，帮助应用程序与主服务器和块服务器通信，对数据进行读写。客户端不通过主服务器读取数据，它从主服务器获取目标数据块的位置信息后，直接和块服务器交互进行读操作，避免大量读写主服务器而形成系统性能瓶颈。在进行追加操作时，数据流和控制流被分开。客户端向主服务器申请租约，获取主块的标识符以及其他副本的位置后，直接将数据推送到所有的副本上，由主块控制和同步所有副本间的写操作。

与传统分布式文件系统相比，云基础架构的分布式文件系统在设计理念上更多地考虑了机器的失效问题、系统的可扩展性和可靠性问题，它弱化了对文件追加的一致性要求，强调客户机的协同操作。这种设计理念更符合云计算数据中心由大量廉价 PC 服务器构成的特点，为上层分布式应用提供了更高的可靠性保证。

（2）分布式数据库

分布式数据库（Distributed Database System，DDBS）是一组结构化的数据集，逻辑上属于同一系统，而物理上分散在用计算机网络连接的多个场地上，并统一由一个分布式数据库管理系统管理。与集中式或分散数据库相比，分布式数据库具有可靠性高、模块扩展容易、响应延迟小、负载均衡、容错能力强等优点。在银行等大型企业，分布式数据库系统被广泛使用。分布式数据库仍处于研究和发展阶段，目前还没有统一的标准。对分布式数据库来说，数据冗余并行控制、分布式查询、可靠性等是设计时须主要考虑的问题。数据冗余是分布式数据库区别于其他数据库的主要特征之一，它保证了分布式数据库的可靠性，也是并行的基础。有两种类型的数据重复：①复制型数据库，局部数据库存储的数据是对总体数据库全部或部分复制；②分割型数据库，数据集被分割后存储在每个局部数据库里。冗余保证了数据的可靠性，但也增加了数据一致性问题。由于同一数据的多个副本被存储在不同的节点里，对数据进行修改时，须确保数据所有的副本都被修改。这时，需要引入分布式同步机制对并发操作进行控制，最常用的方式是分布式锁机制及冲突检测。在分布式数据库中，由于节点间的通信使得查询处理的时延大，另一方面各节点具有独立的计算能力，又使并行处理查询请求具有可行性。因此，对分布式数据库而言，分布式查询或称并行查询是提升查询性能的最重要手段。可靠性是衡量分布式数据库优劣的重要指标，当系统中的个别部分发生故障时，可靠性要求对数据库应用的影响不大或者无影响。

基于云计算数据中心大规模廉价服务器群的分布式数据库同样面临以下几个挑战：①组件的失效问题，要求系统具备良好的容错能力；②海量数据的存储和快速检索能力；③多用户并发访问问题；④服务器频繁增减导致的可扩展性问题。

以 Google Big Table 和 Hadoop Hbase 为代表的分布式数据库是符合右计算基础架构要求的典型分布式数据库，可以存储和管理大规模结构化数据，具有良好的可扩展性，可部署在上千台廉价服务器上，存储 petabyte 级别的数据。这类型的数据库通常不提供完整的关系数据模型，只提供简单的数据模型，使得客户端可以动态控制数据的布局和格式。

Big Table 和 Hbas 采取了基于列的数据存储方式，数据库本身是一张稀疏的多维度映射表，以行、列和时间戳作为索引，每个值是未做解释字节数组。在行关键字下的每个读写操作都是原子性的，不管读写行中有多少不同的列。Big Table 通过行关键字的字典序来维护数据，一张表可动态划分成多个连续行，连续行称为 Tablet，它是数据分布和负载均衡的基本单位。Big Table 把列关键字分成组，每组为一个列族，列族是 Big Table 的基本访问控制单元。通常，同一列族下存放的数据具有相同的类型。在创建列关键字存放数据之前，必须先创建列族。在一张表中列族的数量不能太多，列的数量则不受限制。Big Table 表项可以存储不同版本的内容，用时间戳来索引，按时间戳倒序排列。

分布式数据库通常建立在分布式文件系统之上，Big table 使用 Google 分布式文件系统来存储日志和数据文件。Big Table 采用 SS Table 格式存储数据，后者提供永久存储的、有序的、不可改写的关键字到值的映射以及相应的查询操作。此外，Big Table 还使用分布式锁服务 Chubby 来解决一系列问题，如：保证任何时间最多只有一个活跃的主备份；存储 Big Table 数据的启动位置；发现 Tablet 服务器；存储 Big Table 模式信息、存储访问权限等。

Big Table 由客户程序库、一个主服务器（Master）和多个子表服务器（Tablet Server）组成。Master 负责给子表服务器指派 fablet，检测加入或失效的子表服务器，在子表服务器间进行负载均衡，对文件系统进行垃圾收集以及处理诸如建表和列族之类的表模式更改工作。子表服务器负责管理一个子表集合，处理对子表的读写操作及分割维护等。客户数据不经过主服务器，而是直接与子表服务器交互，避免了对主服务器的频繁读写造成的性能瓶颈。为提升系统性能，Big Table 还采用了压缩、缓存等一系列技术。

（3）分布式计算

分布式计算是让几个物理上独立的组件作为一个单独的系统协同工作，这些组件可能指多个 CPU，或者网络中的多台计算机。它做了如下假定：如果一台计算机能够在 5 秒钟内完成一项任务，那么 5 台计算机以并行方式协同工作时就能在 1 秒钟内完成。实际上，由于协同设计的复杂性，分布式计算并不都能满足这一假设。对于分布式编程而言，核心的问题是如何把一个大的应用程序分解成若干可以并行处理的子程序。有两种可能处理的方法，一种是分割计算，即把应用程序的功能分割成若干个模块，由网络上多台机器协同完成；另一种是分割数据，即把数据集分割成小块，由网络上的多台计算机分别计算。对于海量数据分析等计算密集型问题，通常采取分割数据的分布式计算方法，对于大规模分布式系统则可能同时采取这两种方法。

大型分布式系统通常会面临如何把应用程序分割成若干个可并行处理的功能模块，并解决各功能模块间协同工作的问题。这类系统可能采用以 C/S 结构为基础的三层或多层分布式对象体系结构，把表示逻辑、业务逻辑和数据逻辑分布在不同的机器上，也可能采用 web 体系结构。

基于 C/S 架构的分布式系统可借助中间件技术解决各模块间的协同工作问题。中间件是分布式系统中介于操作系统与分布式应用程序之间的基础软件，它屏蔽了底层环境的复杂性，有助于开发和集成复杂的应用软件。通过中间件，分布式系统可以把数据转移到计算所在的地方，把网络系统的所有组件集成为一个连贯的可操作的异构系统。

基于 web 体系架构的分布式系统，或称 web Service，是位于 Internet 上的业务逻辑，可以通过基于标准的 Internet 协议进行访问。web 服务建立在 XML 上，具有松散耦合、粗粒度、支持远程过程调用 RPC、同步或异步能力、支持文档交换等特点。web service 模型是一个良好的、高度分布的、面向服务的体系结构，它采用开放的标准，支持不同平台和不同应用程序的通信，是未来分布式体系架构的发展趋势。

（4）分布式同步机制

在分布式系统中，对共享资源的并行操作可能会引起丢失修改、读脏数据、不可重复读等数据不一致问题，这时需要引入同步机制，控制进程的并发操作。有几种常用的并发控制方法：①基于锁机制的并发控制方法；②基于时间戳的并发控制方法；③乐观并发控制方法；④基于版本的并发控制方法；⑤基于事务类的并发控制方法。对于由大规模廉价服务器群构成的云计算数据中心而言，分布式同步机制是开展一切上层应用的基础，是系统正确性和可靠性的基本保证。Google Chubby 和 Hadoop Zoo Keeper 是云基础架构分布式同步机制的典型代表，用于协调系统各部件，其他分布式系统可以用它来同步访问共享资源。

2. 分布式处理技术应用

经过多年的发展，分布式处理已逐渐成为一项基本的计算机技术，被广泛应用在各行业大型系统的构建中，包括虚拟现实、金融业、制造业、地理信息、网络管理等。它基于网络，充分利用分散在各地的闲散计算机资源，具有大规模、高效率、高性能、高可靠性等优点。对于构建在大规模廉价服务器群上的云计算而言，分布式处理更是必不可少的一项技术，它是 PaaS 云服务的内容，也是提供 SaaS 服务的基础。

PaaS 云服务把分布式软件开发、测试、部署环境当作服务提供给应用程序开发人员，分布式环境成为服务提供的内容。因此要开展 PaaS 云服务，首先需要在云计算数据中心架设分布式处理平台，包括作为基础存储服务的分布式文件系统和分布式数据库、为大规模应用开发提供的分布式计算模式以及作为底层服务的分布式同步设施。其次，需要对分布式处理平台进行封装，使之能够方便地为用户所用，包括提供简易的软件开发环境 SDK、提供简单的 API 编程接口、提供软件编程模型和代码库等。Google 应用引擎（App Engine）是 PaaS 的典型应用，它构建在 Google 内部云平台上，由 Python 应用服务器群、Big Table 数据库及 GFS 数据存储服务组成。用户基于 Google 提供的软件开发环境，可以方便地开发出网络应用程序，并部署运行在 Google 云平台。通过这种方法，Google 成功将其内部云计算基础架构运营起来，供广大互联网应用程序开发人员使用。分布式处理技术，是 GAE 的核心，也是 GAE 得以运营的基础。

分布式处理技术也是提供 SaaS 云服务的基础，这体现在两个方面。首先，分布式网络应用开发技术（这里指中间件技术和 web service 技术）是主要的在线软件技术之一，许多作为 SaaS 服务运营的在线软件，都是基于分布式网络应用技术设计开发的。其次，部署在云计算数据中心的软件系统，需要借助分布式处理技术来协调整个系统的工作，以充分发挥服务器集群的作用。Salesforce 公司是在 SaaS 领域运营最为成功的企业，它的在线 CRM、ERP 等服务就是通过 web service 接口提供给用户的。

3. 分布式处理现状和发展趋势

随着计算机网络技术的发展和电子元器件性价比的不断提升，分布式处理技术逐渐得到各行业的广泛关注和普遍应用。它通过有效调动网络上成千上万台计算机的闲置处理资源及存储资源来组成一台虚拟的超级计算机，为超大规模计算事务提供强大的计算能力。最早，分布式处理技术主要用在科研领域和工程计算中，通过征用志愿者的闲散处理器及存储资源来共同完成科学计算任务。随着 Internet 的迅速发展和普及，分布式计算成为网络发展的主流趋势，中间件技术、web service、网格、移动 Agent 等分布式技术的出现，更是推动了分布式技术的应用，越来越多的大型应用系统都基于分布式技术来构建，以期在性能、可靠性、可扩展性方面达到最佳。

目前网络上的分布式应用系统主要采取三层或多层 C/S 架构，并借助中间件技术进行系统集成。基于标准的 Internet 协议的 web service 技术，以其开放标准和良好的平台兼容性，逐渐得到业界的关注和认可，也被认为是未来分布式体系架构的发展趋势。随着云计算的持续走热，作为云计算基础技术之一的分布式处理技术，必将得到越来越多的重视和研究。分布式处理技术将根据云计算数据中心高带宽、由大规模廉价服务器群组成的特点，在容错性、可靠性和可扩展性方面做出更多地考虑。此外，分布式处理作为 PaaS 的服务内容，将随着互联网应用的发展，在计算模式、存储形式等方面有所改进和完善。SaaS 在线软件运营行业的发展，将促进中间件和 web service 技术这些分布式应用技术的发展和应用。为应对 SaaS 大规模运营的需求，分布式技术将在健壮性、兼容性和性能方面做出改进。虽然分布式处理技术已经发展多年，但是业内并没有形成相关的标准。云计算的发展成熟，有利于促进分布式处理技术行业标准的形成。

（三）在线软件

在线软件技术是我们对 SaaS 服务构建技术的统称。SaaS 的实现方式主要有两种。一种是通过 PaaS 平台来开发 SaaS。PaaS 平台提供了一些开发应用程序的环境和工具，我们可以在线直接使用它们来开发 SaaS 应用。例如，salesforce.com 推出的 force.com 平台，它提供了对 SaaS 构架的完整支持，包括对象、表单和工作流的快速配置，基于它，开发人员可以很快地创建并发布 SaaS 服务。另一种是采用多用户构架和元数据开发模式，使用 web2.0、structs、hibernate 等技术来实现 SaaS 中各层的功能。

（四）运营管理

运营管理是云计算服务提供的关键环节，任何一项业务的成功开展都离不开运营管理系统的支撑。对于 IaaS 而言，当虚拟化技术将闲散的物理资源集中和管理起来后，IaaS 云服务提供商需要考虑如何将这些抽象的虚拟资源提供给用户，并从中创造经济效益。对 PaaS 而言，在云平台上部署分布式存储、分布式数据库、分布式同步机制和分布式计算模式等技术后，平台就具备了分布式软件开发的基本能力，PaaS 云服务提供商需要考虑如何将这个开发平台提供给用户，并解决与此相关的一系列问题。对 SaaS 而言，由于服务本身构建在互联网上，用户具备联网能力即可在线使用。不管哪一种服务的运营管理系统，都需要解决产品在运营过程中涉及的计费、认证、安全、监控等系统管理问题和用户管理。此外，针对业务特点的不同，各业务运营管理系统还须解决各自不同的问题。

IaaS 运营管理系统针对 IaaS 业务，一方面须对 IT 基础设施进行管理，包括屏蔽硬件差异、监控物理资源使用状态、动态分配虚拟资源等；另一方面还须提供与用户交互的接口，包括提供标准的 API 接口、提供虚拟资源的配置接口、提供服务目录供用户查找可用服务、提供实时监视和统计功能等。

PaaS 运营管理系统针对 PaaS 业务，要将整个平台作为服务提供给互联网应用程序开发者，须解决用户接口和平台运营相关问题。

在用户接口方面，包括提供代码库、编程模型、编程接口、开发环境等。代码库封装平台的基本功能如存储、计算、数据库等，供用户开发应用程序时使用。编程模型决定了用户基于云平台开发的应用程序类型，它取决于平台选择的分布式计算模型。对于 PaaS 服务来说，编程模型对用户必须是清晰的，用户应当很明确基于这个云平台可以解决什么类型问题以及如何解决这类型的问题。PaaS 提供的编程接口应该是简单的、易于掌握的，过于复杂的编程接口会降低用户将现有应用程序迁移至云平台，或基于云平台开发新型应用程序的积极性。提供开发环境 SDK 对运营 PaaS 来说不是必需的，但是，一个简单、完整的 SDK 有助于开发者在本机开发、测试应用程序，从而简化开发工作，缩短开发流程。GAE 和 Azure 等著名的 PaaS 平台，都为开发者提供了基于各自云平台的开发环境。

在运营管理方面，PaaS 运行在云数据中心，用户基于 PaaS 云平台开发的应用程序最终也将在云数据中心部署运营。PaaS 运营管理系统须解决用户应用程序运营过程中所需的存储、计算、网络基础资源的供给和管理问题，须根据应用程序实际运行情况动态增加或减少运行实例。为保证应用程序的可靠运行，系统还需要考虑不同应用程序间的相互隔离问题，让它们在安全的沙盒环境中可靠运行。

云计算运营管理是一个复杂的问题，目前业界还未形成相关的标准，也没有可以拿来直接部署使用的系统，云服务提供商须各自实现。

第二节　物联网的应用

一、物联网概述

物联网是物物相连接的网络，但由于其发展时间还不长，目前还没有一个权威统一的概念，我们在这儿介绍一下目前大众比较认可的物联网的概念：物联网是通过条码与二维码、射频标签（RFID）、全球定位系统（GPS）、红外感应器、激光扫描器、传感器网络等自动标识与信息传感设备及系统，按照约定的通信协议，通过各种局域网、接入网、互联网将物与物、人与物、人与人连接起来，进行信息交换与通信，以实现智能化识别、定位、跟踪、监控和管理的一种信息网络。

二、物联网的体系架构

物联网是物物相连的网络，各种物联网的应用依赖于物联网自动连接形成的信息交互网络而完成。物联网系统也可以比拟为一个虚拟的"人"，有类似眼睛和耳朵的感知系统，有信息传输的神经系统，有信息综合处理分析和管理的大脑系统，还有类似手脚去影响外界的执行应用系统。

目前，物联网的体系架构一般分为三层：即感知层、网络层和应用层。也有的分为四层：感知层、传输层、服务管理层（也称智能层）和应用层。本质上讲这两种分法都是一样的。下面简单介绍各层的组成和功能。

（一）感知层

感知层主要用于实现对外界的感知，识别或定位物体，采集外界信息等。主要包括二维码标签、RFID 标签、读写器、摄像头、各种终端、GPS 等定位装置、各种传感器或局部传感器网络等。

（二）传输层

传输层主要负责感知信息或控制信息的传输，物联网通过信息在物体间的传输可以虚拟成为一个更大的"物体"，或者通过网络，将感知信息传输到更远的地方。传输层包括各种有线和无线组网技术、接入互联网的网关等。

（三）服务管理层

服务管理层主要用对感知层通过传输层传输的信息进行动态汇集、存储、分解、合并、数据分析、数据挖掘等智能处理，并为应用层提供物理世界所对应的动态呈现等。其中主要包括数据库技术、云计算技术、智能信息处理技术、智能软件技术、语义网技术等。

（四）应用层

应用层主要用于实现物联网的各种具体的应用并提供服务，物联网具有广泛的行业结合的特点，根据某一种具体的行业应用，应用层实际上依赖感知层、传输层和服务管理层共同完成应用层所需要的具体服务。

三、物联网的关键技术

物联网各种具体应用的实现要完成全面感知、可靠传输、智能处理、自动控制 4 个方面的要求，涉及较多的技术，主要有二维码技术、传感器技术、RFID 技术、红外感知技术、定位技术、无线通信与组网技术、互联网接入技术（如 IPv6 技术）、物联网中间件技术、云计算技术、语义网技术、数据挖掘、智能决策、信息安全与隐私保护、应用系统开发技术等（如嵌入式开发技术、系统开发集成技术等）。

上述物联网的关键技术与物联网的体系架构相对应，大致分为感知与识别技术、通信与组网技术和信息处理与服务技术 3 类技术。下面分别加以陈述。

（一）感知与识别技术

物联网的感知与识别技术主要实现对物体的感知与识别。感知与识别都属于自动识别技术，即应用一定的识别装置，通过被识别物品和识别装置之间的接近活动，自动地获取被识别物品的相关信息，并提供给后台的计算机处理系统来完成相关后续处理的一种技术。识别技术主要实现识别物体本身的存在，定位物体位置、移动情况等，常采用的技术包括射频识别技术如 RFID 技术、GPS 定位技术、红外感应技术、声音及视觉识别技术、生物特征识别技术等，感知技术主要通过在物体上或物体周围嵌入各类传感器，感知物体或环境的各种物理或化学变化等。下面主要介绍一下 RFID 射频识别技术和传感器技术。

1. 射频识别 RFID 技术

射频识别（Radio Frequency Identification，RFID）是一种非接触的自动识别技术，利用射频信号及其空间耦合传输特性，实现对静态或移动物体的自动识别。RFID 技术可实现无接触的自动识别，具有全天候、识别穿透能力强、无接触磨损，可同时实现对多个物品的自动识别等诸多特点，将这一技术应用到物联网领域，使其与互联网、通信技术结合起来，可实现全球范围内物品的跟踪与信息的共享，在物联网"识别"信息和近距离通信的层面中，起着至关重要的作用。另一方面，产品电子代码（EPC）采用 RFID 电子标签技术作为载体，大大推动了物联网的发展和应用。RFID 技术市场应用成熟，标签成本低廉，但 RFID 一般不具备数据采集功能，多用来进行物品的甄别和属性的存储。目前在国内 RFID 已经在身份证、电子收费系统和物流管理等领域有了广泛应用。

2. 传感器技术

传感器技术是一门涉及物理学、化学、生物学、材料科学、电子学，以及通信与网络技术等多学科交叉的高新技术，而其中的传感器是一种物理装置，能够探测、感受外界的各种物理量（如光、热、湿度）、化学量（如烟雾、气体等）、生物量及未定义的自然参量等。传感器是物联网信息采集的基础，是摄取信息的关键器件，物联网就是利用这些传感器对周围的环境或物体进行监测，达到对外"感知"的目的，以此作为信息传输和信息处理并最终提供控制或服务的基础。传感器将物理世界中的物理量、化学量、生物量等转化成能够处理的数字信号，一般需要将自然感知的模拟的电信号通过放大器放大后，再经模拟转化器转换成数字信号，从而被物联网所识别和处理。此外，物联网中的传感器除了要在各种恶劣环境中准确地进行感知，其低能耗和微小体积也是必然的要求。最近发展很快的 MEMS（Micro-Electro Mechanical Systems）微电子机械系统技术是解决传感器微型化的一种关键手段，其发展趋势是将传感器、信号处理、控制电路、通信接口和电源等部件组成一体化的微型器件系统，从而大幅度地提高系统的自动化、智能化和可靠性水平。

另外，传感器技术正与无线网络技术相结合，综合传感器技术、纳米技术、分布式信息处理技术、无线通信技术等，使嵌入到任何物体的微型传感器相互协作，实现对监测区域的实时监测和信息采集，形成一种集感知、传输、处理于一体的终端末梢网络。

（二）通信与网络技术

物联网通信与组网技术实现物与物的连接。从信息化的视角看，物联网本质上就是实现信息化的一种新的流动形式，其主要内容包括：信息感知、信息收集、信息处理和信息应用。信息流动需要网络的存在（更进一步实现信息融合、信息处理和信息应用等），没有信息流动，物体和人就是孤立的，比如你看不到更大区域的整体信息或者更远处的具体信息等。

物联网的实质是将物体的信息连接到网上，因此物联网中网络的作用在于使物体信息能够流通。信息的流通可以是单向的，比如我们可以监测一个区域的污染情况，污染信息流向信息终端。也可以是双向的，比如智能交通控制，既能够监测交通情况，又可以实现智能交通疏导。网络的一个作用是可以把信息传输到很远的地方，另外一个作用是可以把分散在不同区域的物体连接到一起，形成一个虚拟的智能物体。

对于物联网，无线网络具有特别的吸引力，比如不用部署线路并且特别适合于移动物体。无线网络技术丰富多样，根据距离不同，可以组成个域网、局域网和城域网。

其中利用近距离的无线技术组成个域网是物联网最为活跃的部分。这主要因为，物联网被称作互联网的"最后一公里"，也称为末梢网络，其通信距离可能是几厘米到几百米之间，常用的主要有 Wi-Fi、蓝牙、ZigBee、RFID、NFC 和 UWB 等技术。这些技术各有所长，但低速率意味着低功耗、节点的低复杂度和更低的成本，结合实际应用需要可以有所取舍。在物流领域，RFID 以其低成本占据着核心地位。而在智能家居的应用中，ZigBee 逐步占据重要地位。但对于安防使用高清摄像的应用，Wi-Fi 或者直接连接到互联网可能是唯一的选择。

物联网的许多应用，比如比较分散的野外监测点、市政各种传输管道的分散监测点、农业大棚的监测信息汇聚点、无线网关、移动的监测物体（如汽车等）等，一般需要远距离的无线通信技术。常用的远距离通信技术主要有 GSM、GPRS、WiMAX、2G/3G/4G/5G 移动通信，甚至卫星通信等。从能耗上看，长距离无线通信比短距离无线通信往往具有更高的能耗，但其移动性和长距离通信使物联网具有更大的监测空间和更多有吸引力的应用。

从近距离通信网络到远距离通信网络往往会涉及连接到互联网的技术。使用新的网络技术，如 IPv6 可以给每一个物体分配一个 IP 地址，这意味着得到 IP 地址的节点要额外产生较大的能耗。但很多情况下可能不需要给每个物体分配一个 IP 地址，我们或许不关心每一个物体的情况，而仅仅关心多个物体所汇集的信息。一个区域的传感器节点可能仅仅需要一个网络接入点，比如使用一个网关。

（三）信息处理与服务技术

信息处理与服务技术负责对数据信息进行智能信息处理并为应用层提供服务。信息处理与服务层主要解决感知数据如何储存（如物联网数据库技术、海量数据存储技术）、如何检索（搜索引擎等）、如何使用（云计算、数据挖掘、机器学习等）、如何不被滥用的问题（数据安全与隐私保护等）。对于物联网而言，信息的智能处理是最为核心的部分。物联网不仅仅要收集物体的信息，更重要的在于利用这些信息对物体实现管理，因此信息处理技术是提供服务与应用的重要组成部分。

物联网的信息处理与服务技术主要包括数据的存储、数据融合与数据挖掘、智能决策、云计算、安全及隐私保护等。目前由于物联网处于发展的初级阶段，物联网的信息处理与服务还处于发展之中，对于大规模的物联网应用而言，海量数据的处理以及数据挖掘、数据分析正是物联网的威力所在，但这些目前还处于发展阶段的初期。

下面简单介绍一些主要的技术，如云计算技术、智能化技术、安全及隐私保护、中间件技术等。

1. 云计算技术

云技术是处理大规模数据的一种技术，它通过网络将庞大的计算处理程序自动拆分成无数个较小的子程序，再交给多部服务器所组成的庞大系统，经计算分析之后将处理结果回传给用户。通过这项技术，网络服务提供者可以在数秒之内，处理数以千万计甚至亿计的信息，得到和超级计算机同样强大效能的网络服务。

云计算（Cloud Computing）是分布式处理（Distributed Computing）、并行处理（Parallel Computing）和网格计算（Grid Computing）的发展，或者说是这些计算机科学概念的商业实现。云计算通过大量的分布式计算机，而非本地计算机或远程服务器来实现，这使得用户能够将资源切换到需要的应用上，根据需求访问计算机和存储系统。

尽管物联网与云计算经常一同出现，但二者并不等同：云计算是一种分布式的数据处理技术，而物联网可以说是利用云技术实现其自身的应用。但物联网与云计算的确关系紧密。首先，物联网的感知层产生了大量的数据，因为物联网部署了数量惊人的传感器，如RFID、视频监控等，其采集到的数据量很大。这些数据通过无线传感网、宽带互联网向某些存储和处理设施汇聚，使用云计算来承载这些任务具有非常显著的性价比优势。其次，物联网依赖云计算设施对物联网的数据进行处理、分析、挖掘，可以更加迅速、准确、智能地对物理世界进行管理和控制，使人类可以更加及时、精细地管理物质世界，大幅提高资源利用率和社会生产力水平，实现"智慧化"的状态。

因此，云计算凭借其强大的处理能力、存储能力和极高的性价比，成为物联网理想的后台支撑平台。反过来讲，物联网将成为云计算最大的用户，将为云计算取得更大商业成功奠定基石。

2. 智能化技术

物联网的智能化技术将智能技术的研究成果应用到物联网中，实现物联网的智能化。比如物联网可以结合智能化技术如人工智能等，应用到物联网中。物联网的目标是实现一个智慧化的世界，它不仅仅感知世界，关键在于影响世界，智能化地控制世界。物联网根据具体应用结合人工智能等技术，可以实现智能控制和决策。人工智能或称机器智能，是研究如何用计算机来表示和执行人类的智能活动，以模拟人所从事的推理、学习、思考和规划等思维活动，并解决需要人类的智力才能处理的复杂问题，如医疗诊断、管理决策等。

人工智能一般有两种不同的方式：一种是采用传统的编程技术，使系统呈现智能的效果，而不考虑所用方法是否与人或动物机体所用的方法相同，这种方法叫工程学方法（Engineering Approach）；另一种是模拟法（Modeling Approach），它不仅要看效果，还要求实现方法也和人类或生物机体所用的方法相同或相似。

采用工程学方法，需要人工详细规定程序逻辑，在已有的实践中被多次采用。从不同的数据源（就包含物联网的感知信息）收集的数据中提取有用的数据，对数据进行滤除以保证数据的质量，将数据经转换、重构后存入数据仓库或数据集市，然后寻找合适的查询、报告和分析的工具与数据挖掘工具对信息进行处理，最后转变为决策。

模拟法应用于物联网的一个方向是专家系统，这是一种模拟人类专家解决领域问题的计算机程序系统，不但采用基于规则的推理方法，而且采用诸如人工神经网络的方法与技术。根据专家系统处理的问题的类型，把专家系统分为解释型、诊断型、调试型、维修型、教育型、预测型、规划型、设计型和控制型等类型。

另外一个方向为模式识别，通过计算机用数学技术方法来研究模式的自动处理和判读，如用计算机实现模式（文字、声音、人物、物体等）的自动识别。计算机识别的显著特点是速度快、准确性好、效率高，识别过程与人类的学习过程相似，可使物联网在"识别端"——信息处理过程的起点就具有智能性，保证物联网上的每个非人类的智能物体有类似人类的"自觉行为"。

3. 安全及隐私保护

物联网是一种虚拟网络与现实世界实时交互的系统，其特点是无处不在的数据感知、以无线为主的信息传输、智能化的信息处理。正如互联网上的安全问题一样，随着物联网的发展，安全问题摆在了重要位置。

与互联网不同，从物联网的信息处理过程来看，感知信息经过采集、汇聚、融合、传输、决策与控制等过程，整个信息处理的过程体现了物联网的安全特征与传统的网络安全存在着巨大的差异。

物联网一般涉及无线通信。由于无线信道的开放性，信号容易截取并破解干扰，并且物联网包含感知、传输信息、信息处理、控制应用等多个复杂的环节，因此物联网的安全保护更加复杂。一旦物联网的安全得不到保障，将是物联网发展的灾难。物联网也是双刃剑，在利用它好处的同时，我们的隐私也会由于物联网的安全性不够而暴露无遗，从而严重影响我们的正常生活。物联网实现对物体的监控，比如位置信息、状态信息等，而这些信息与我们人本身密切相关。如当射频标签被嵌入人们的日常生活用品中时，那么这个物品可能被不受控制地扫描、定位和追踪，这就涉及隐私问题，需要利用技术保障安全与隐私。

由物联网的应用带来的隐私问题，也会对现有的一些法律法规政策形成挑战，如信息采集的合法性问题、公民隐私权问题等。如果你的信息在任何一个读卡器上都能随意读出，或者你的生活起居信息、生活习性都可以被全天候监视而暴露无遗，这不仅仅需要技术来保障安全，也需要制定法律法规来保护物联网时代的安全与隐私。因此，在发展物联网的同时，必须对物联网的安全问题更加重视，保证物联网的健康发展。

对于物联网的安全，可以参照互联网所设计的安全防范体系，在传感层、网络传输层和应用层分别设计相应的安全防范体系。针对感知层、网络传输层、服务及应用层的安全问题阐述如下：

（1）感知层的安全问题。在物联网的感知端，智能节点通过传感器提供感知信息，并且许多应用层的控制也在节点端实现。一旦节点被替换，感知的数据和控制的有效性都成了问题。如物联网的许多应用可以代替人来完成一些复杂、危险和机械的工作，所以物联网的感知节点多数部署在无人监控的场景中。而一旦攻击者轻易地接触到这些设备，并对它们造成破坏，甚至通过本地操作更换机器的软硬件等，从而破坏物联网的正常应用。因此，需要在感知层加以防范。此外，对于物联网而言，感知节点的另外一个问题是功能单一、能量有限，数据传输没有特定的标准，这也为提供统一的安全保护体系带来了障碍。

（2）网络传输的安全问题。处于网络末端的节点的传输和感知层的问题一样，节点功能简单、能量有限，使得它们无法拥有复杂的安全保护能力，这给网络传输层的安全保障带来困难。对于核心承载网络而言，虽然它具有相对完整的安全保护能力，但由于物联网中节点数量庞大，且常以集群方式存在。因此，对于事件驱动的应用，大量数据的同时发送可以致使网络拥塞，产生拒绝服务攻击。此外，现有通信网络的安全架构都是以人通信的角度设计的，对以物为主体的物联网需要建立新的传输与应用安全架构。

（3）服务及应用层的安全问题。物联网的服务及应用层是信息技术与行业应用紧密结合的产物，充分体现了物联网智能处理的特点，涉及业务管理、中间件、云计算、分布式系统、海量信息处理等部分。上述这些支撑平台要为上层服务管理和大规模行业应用建立起一个高效、可靠和可信的系统，而大规模、多平台、多业务类型使物联网业务层次的安全面临新的挑战。另外考虑到物联网涉及多领域多行业，海量数据信息处理和业务控制策略将在安全性和可靠性方面面临巨大挑战，特别是业务控制、管理和认证机制、中间件及隐私保护等安全问题显得尤为突出。

从以上介绍可以看出，物联网的安全特征体现了感知信息的多样性、网络环境的多样性和应用需求的多样性，呈现出网络规模大和数据处理量大、决策控制复杂等特点，给物联网安全提出了新的挑战。并且物联网的信息安全建设是一个复杂的系统工程，需要从政策引导、标准制定、技术研发等多方面向前推进，提出坚实的信息安全保障手段，保障物联网健康、快速的发展。

4. 中间件技术

中间件是一种位于数据感知设施和后台应用软件之间的应用系统软件。中间件具有两个关键特征：一是为系统应用提供平台服务；二是需要连接到网络操作系统，并且保持运行工作状态。中间件为物联网应用提供一系列计算和数据处理功能，主要任务是对感知系统采集的数据进行捕获、过滤、汇聚、计算、数据校对、解调、数据传送、数据存储和任务管理，减少从感知系统向应用系统中心传送的数据量。同时，中间件还可提供与其他支撑软件系统进行互操作等功能。

从本质上看，物联网中间件是物联网应用的共性需求（如感知、互联互通和智能等层面），与信息处理技术，包括信息感知技术、下一代网络技术、人工智能与自动化技术等的聚合与技术提升。由于受限于底层不同的网络技术和硬件平台，物联网中间件目前主要集中在底层的感知和互联互通。一方面，现实的目标包括屏蔽底层硬件及网络平台差异，支持物联网应用开发、运行时共享和开放互联互通，保障物联网相关系统的可靠部署与可靠管理等内容；另一方面，由于物联网应用复杂度和应用的规模还处于初级阶段，物联网中间件支持大规模物联网应用还存在环境复杂多变、异构物理设备、远距离多样式无线通信、大规模部署、海量数据融合、复杂事件处理、综合运营管理等诸多仍未克服的困难。

四、物联网的应用与发展

（一）物联网的应用分析

物联网具有行业应用的特征，具有很强的应用渗透性，可以运用到各行各业，大致可以分为 3 类：行业应用、大众服务、公共管理。具体细分，主要有城市居住环境、智能交通、消防、智能建筑、家居、生态环境保护、追溯、智能工业控制、智能电力、智能水利、精准农业、公共管理、智慧校园、公共安全、智能安防、军事安全等应用。

1. 智能工业

工业是物联网应用的重要领域，把具有环境感知能力的各类终端、基于泛在技术的计算模式、移动通信等融入工业生产的各个环节，将劳动力从烦琐和机械的操作中解放出来，可大幅提高工业制造效率，改善产品质量，降低产品成本和资源消耗，将传统工业提升到智能工业。物联网在工业领域的应用主要集中在以下几个方面：

（1）制造业供应链管理。物联网可以应用于企业原材料采购、库存、销售等领域，通过完善和优化供应链管理体系，提高供应链效率，降低成本。

（2）生产过程工艺优化。物联网通过对生产线过程检测、实时参数采集、生产设备监控、监测材料消耗，从而使生产过程的智能监控、智能控制、智能诊断、智能决策、智能维护水平不断提高。

（3）产品设备监控管理。通过各种传感技术与制造技术的融合，可以实现对产品设备的远程操作、设备故障诊断的远程监控。

（4）环保监测及能源管理。物联网与环保设备进行融合可以实现对工业生产过程中产生的各种污染源及污染治理各环节关键指标实现实时监控管理。

（5）工业安全生产管理。把感应器嵌入和装备到矿山设备、油气管道、矿工设备中，可以感知危险环境中工作人员、设备机器、周边环境等方面的安全状态信息，将现有分散、独立、单一的网络监管平台提升为系统、开放、多元的综合网络监管平台，实现实时感知、准确辨识、快捷响应、有效控制。

2. 智能农业

智能农业运用遥感遥测、全球定位系统、地理信息系统、计算机网络和农业专家信息系统等技术，与土壤快速分析、自动灌溉、自动施肥给药、自动耕作、自动收获、自动采后处理和自动储藏等智能化农机技术相结合，在微观尺度上直接与农业生产活动、生产管理相结合，创造新型的农业生产方式。物联网使农业生产的精细化、远程化、虚拟化、自动化成为可能，可以实现农业相关信息资源的收集、检测和分析，为农业生产者、农业生产流通部门、政府管理部门提供及时、有效、准确的资源管理和决策支持服务。物联网在农业领域的应用主要集中在以下几个方面：

（1）实现农产品的智能化培育控制。通过使用无线传感器网络和其他智能控制系统可以实现对农田、温室及饲养场等生态环境的监测，及时、精确地获取农产品信息，帮助农业人员及时发现问题，准确锁定发生问题的位置，并根据参数变化适时调控诸如灌溉系统、保温系统等基础设施，确保农产品健康生长。

（2）实现农产品生产过程的智能化监控。物联网使农产品的流通过程及产品信息的可视化、透明化成为现实，如利用传感器对农产品生长过程进行全程监控和数据化管理；结合 RFID 电子标签对农产品进行有效、可识别的实时数据存储和管理。

（3）增强农业的生态功能。物联网可实现农产品生产规模化与精细化的协调，使规模化农产品可以精细化培育，规模化发展，在提高产量的同时保持多样性，实现农业的生态功能。

（4）食品安全追溯。农产品安全智能监控系统用于对农产品生产的全程监控，实现从原材料到产成品，从产地到餐桌的全程供应链可追溯系统。

（5）农业设施智能管理系统。主要包括农业设施工况监测、远程诊断和服务调度，以及智能远程操控实现无人作业等。

（6）通过物联网对农用土地资源、水资源、生产资料等信息的收集和处理等，以便为政府、企业及农民进行有效的农业生产规划提供客观合理的信息资料。

3. 智能物流

智能物流是指货物从供应者向需求者的智能移动过程，包括智能运输、智能仓储、智能配送、智能包装、智能装卸及智能信息的获取、加工和处理等多项基本活动。一方面提供最佳的服务；另一方面消耗最少的资源，形成完备的智能社会物流管理体系。

物联网在物流业的发展由来已久，许多现代物流系统已经具备了信息化、数字化、网络化、集成化、智能化、柔性化、敏捷化、可视化、自动化等先进技术特征。很多物流系统和网络采用了最新的红外、激光、无线、编码、自动识别、定位、无接触供电、光纤、数据库、传感器、RFID、卫星定位等高新技术。

例如，在物流过程的可视化智能管理网络系统方面，采用基于 GPS 卫星导航定位技术、RFID 技术、传感技术等多种技术，对物流过程实现了实时的车辆定位、运输物品监控、在线调度、配送可视化等管理任务。

另外，利用传感技术、RFID 技术、声、光、机、电、移动计算等各项先进技术，建立全自动化的物流配送中心，建立物流作业智能控制和自动化操作的网络，可实现物流与生产联动，实现商流、物流、信息流、资金流的全面协同，实现整个物流作业与生产制造的自动化、智能化。

物联网在物流业的应用实质是与物流信息化进行整合，将信息技术的单点应用逐步整合成一个体系，整体推进物流系统的自动化、可视化、可控化、智能化、系统化、网络化的发展，最终形成智慧物流系统。

4. 智能交通

智能交通系统（Intelligent Transport Systems，ITS）是一种将先进的信息技术、数据通信传输技术、电子传感技术及计算机软件处理技术等进行有效地集成，运用于整个地面交通管理系统而建立在大范围内、全方位发挥作用的，高效、便捷、安全、环保、舒适、实时、准确的综合交通运输管理系统，同时也是一种提高交通系统的运行效率、减少交通事故、降低环境污染，信息化、智能化、社会化、人性化的新型交通运输系统。

智能交通已经研究多年，物联网技术的到来为智能交通的发展带来了新的动力。而最近迅速发展的"车联网"就是物联网结合智能交通发展的新范例，突出表现智能交通的发展将向以热点区域为主、以车为管理对象的管理模式转变。

作为智能交通的重要组成部分，车联网一般由车载终端、控制平台、服务平台和计算分析等4个部分组成。在车联网中，车载终端是非常重要的组成部分，它和汽车电子相结合，具有双向通信和定位功能。车联网将以智能技术和"云计算"技术作为支撑建立智能交通监控中心的数据管理、服务平台，以智能车路协同技术和区域交通协同联动控制技术实现智能控制。以车载移动计算平台和全路网动态信息服务为双向通信的移动传感车载终端，加上强大的数据存储、数据处理、决策支持的软件和数据库技术以及传感网、互联网、泛在网的网络环境下，对路况环境和车辆实施实时智能监控和智能管理。

另外，车联网可以根据网上交通流量、车辆速度、事故、天气、市政施工等情况进行精细统计分析，通过移动计算和中央计算实施制定管制预案和疏解方案，通过汽车电子信息网络，将指令或通告发送给汽车终端或现场指挥人员，对驶入热点区域的汽车进行差别计价收费，从而对交通流量进行控制调节和调度，达到畅通安全的目的。

5. 智能电网

智能电网就是电网的智能化（智电电力），也被称为"电网2.0"，它是建立在集成的、高速双向通信网络的基础上，通过先进的传感和测量技术、先进的设备技术、先进的控制方法，以及先进的决策支持系统技术的应用，实现电网的可靠、安全、经济、高效、环境友好和使用安全的目标，其主要特征包括自愈、激励和保护用户、抵御攻击、提供满足21世纪用户需求的电能质量、容许各种不同发电形式的接入、启动电力市场以及资产的优化高效运行。物联网技术的到来支撑了智能电网的发展，在电力设施监测、智能变电站、配网自动化、智能用电、智能调度、远程抄表等方面发挥重要作用，促进安全、稳定、可靠的智能电力网络的建设。

6. 智能环保

智能环保是"数字环保"概念的延伸和拓展，它是借助物联网技术，把感应器和装备嵌入到各种环境监控对象（物体）中，通过超级计算机和云计算将环保领域物联网整合起来，可以实现人类社会与环境业务系统的整合，以更加精细和动态的方式实现环境管理和决策的智慧。物联网技术主要作用于污染源监控、水质监测、空气监测、生态监测等方面。同时，物联网技术也运用于建立智能环保信息采集网络和信息平台。

7. 智能安防

智能安防技术，指的是服务的信息化、图像的传输和存储技术，其随着科学技术的发展与进步和21世纪信息技术的腾飞已迈入了一个全新的领域，智能化安防技术与计算机之间的界限正在逐步消失。物联网技术主要作用于社会治安监控、危化品运输监控、食品安全监控，重要桥梁、建筑、轨道交通、水利设施、市政管网等基础设施安全监测、预警和应急联动等。

8. 智能家居

智能家居是以住宅为平台，利用综合布线技术、网络通信技术、安全防范技术、自动控制技术、音视频技术将家居生活有关的设施集成，构建高效的住宅设施与家庭日程事务的管理系统，提升家居安全性、便利性、舒适性、艺术性，并实现环保节能的居住环境。物联网技术主要作用于家庭网络、家庭安防、家电智能控制、能源智能计量、节能低碳、远程教育等。

（二）物联网的发展

中国物联网之所以发展迅速就是因为可应用范围广泛、需求量大。

目前已经从公共管理、社会服务渗透到企业市场、个人家庭，这个过程是呈现递进的趋势的，也表明物联网的技术越来越成熟。不过，就目前物联网在我们国家的发展状况来看，产业链的形成依旧处于初级阶段，概念也不够成熟。最主要的是缺少一个完善的技术标准体系，整体的产业发展还在酝酿。在这之前 RFID 技术希望能够突破物流零售领域，但受到多种因素的影响而一直没能实现突破目标。主要是由于物流零售的产业链条过长、具体过程复杂、交易规模大、成本高，难以降低成本、难以获取大量的利润，这也是整个市场发展较慢的原因。而物联网能够满足公共管理服务的需求，政府应该大力推动物联网的发展。首先要把物联网带进市场，提出示范项目，之后物联网的涉及范围会越来越广，能够解决公共管理服务市场出现的问题、提出具体的解决方案，最终形成一个完整的产业链条，把整个市场集合起来带动大型企业的发展。物联网在各个行业的发展应用成熟后就能启动服务项目，完善具体的业务流程，最终形成一个完整的市场。

总结出更加成熟的应用方案，再把这些成熟的应用方案转化成标准体系，只有提出大的行业标准之后才能提出具体的技术标准，在不断的推进中形成完整的标准体系。物联网在发展的过程中会涉及多个行业、多个领域，应用不同的技术，总的来说，涉及的范围非常广，如果只制定一套标准，是不可能适用在所有的行业中的。所以说互联网产业提出的标准必须覆盖面广，并且能够随着市场的发展逐渐改善。在这过程中，单一的技术不能为标准注入新鲜的活力，标准应该是有开放性的，要根据市场的大小不断地调整，这样才能够可持续发展。物联网在应用的过程中范围不断地扩大，哪一个行业的市场份额越多，与它相关的标准就越容易被人们认同。

随着应用的范围不断扩大，应用技术不断地成熟，物联网在发展的过程中将会创造更多新的技术平台。我们可以说互联网的创新就是集合性的创新，因为一个单独的行业、单独的企业无法研发出成熟的技术，提出完整的方案，要想研发出技术成熟、方案完整的应用，应该和其他的行业企业联合起来，合作研发。也就是设备商提出具体的方案、运营商合作协同实现方案。随着技术产品的成熟完善，应用的范围也在不断地扩大，支持的设备也更多，能提供更多的服务，这也是物联网发展成熟的结果。相信在未来将会有更多的公共平台产生，而移动终端网络运营商等一些服务商都要在竞争的过程中重新寻找自己的优势，为自己定位。

受物联网的影响，与传统的商业模式相比，新的商业模式有很大的区别。在新模式下，技术和人的行为结合在一起。要知道从 1999 年开始，我们国家的物联网技术就已经走在世界先列，中国人深受传统思想文化的影响，逻辑性强、艺术思想灵活、个性化特征明显。相信在未来，我们国家的物联网将会在世界的范围内创造新的商业模式。

第三节 3D 打印的应用

一、3D 打印的概念及材料

（一）3D 打印的概念

3D 打印，即增材制造，是一种基于三维 CAD 模型数据，通过增加材料逐层制造的方式进行产品制造的新工艺，其广泛应用于航空航天、生物医疗、汽车工业、商品制作等生产生活的各个领域。近年来，国内各界掀起了关注 3D 打印的热潮。《中国制造 2025 战略》中也多次强调指出要培育 3D 打印产业发展，并将 3D 打印技术列为我国未来智能制造的重点技术。

（二）3D 打印材料与设备

3D 打印设备制造商主要集中在美国、德国、以色列、日本和瑞典等，以美国为主导。

其中，美国的 Stratasys 和 3D Systems 主流工艺 90% 的产品线。2011 年，3D Systems 公司收购了 ZCorporation 公司。2012 年，Stratasys 公司并购了以色列 Objet 公司，完成了资源整合。经过近 30 年的发展，3D 打印的技术类型也越来越丰富，在最初的基础上已经衍生出几十种打印技术。目前的 3D 打印技术不仅可以使用光敏树脂、ABS 塑料等原料进行打印，还可以使用铝粉、钛粉等金属粉末以及氧化铝、碳纤维等陶瓷粉末为原料进行打印；甚至还出现了以活细胞为原料的生物 3D 打印技术，这种技术目前已经在组织工程领域小范围使用，不同原材料所采用的 3D 打印成型工艺不同。

1. 高分子材料 3D 打印

适用于高分子材料 3D 打印的工艺有立体平版印刷技术（SLA）、选择性热烧结（SHS）、熔融沉积式成型（FDM）等。SLA 工艺是由 Charles Hull 于 1984 年获得美国专利并被 3D Systems 公司商品化，目前被公认为世界上研究最深入、应用最早的一种 3D 打印方法。它的基本原理是将液态光敏树脂倒进一个容器，液面上置有一台激光器，当电脑发出指令，激光器发射紫外光，紫外光照射液面特定位置，这一片形状的光敏树脂即发生固化。液态光敏树脂的液面在打印的过程中随固化的速度上升，使得紫外光照射的地方始终是液态树脂，最终经过层层累积，形成一定形状。

目前可用于该工艺的材料主要为感光性的液态树脂，即光敏树脂。

SHS 打印技术最早亮相于 2011 年欧洲模具展，它类似于激光烧结，但在打印过程中不使用激光，而是一种热敏打印头。3D 打印机在粉末床上铺上一薄层塑料粉末，热敏打印头开始来回移动，并以打印头的热量融化对象区域。然后 3D 打印机再铺上一层新的粉末，热敏打印头继续对其加热，就这样逐层烧结，形成最终的 3D 打印对象。打印产品被未融化的粉末包围着，未使用的粉末 100% 可回收，而且不需要额外的辅助支撑材料。

FDM 工艺以美国 Stratasys 公司开发的 FDM 制造系统应用最为广泛，其基本原理是加热喷头在计算机的控制下，根据产品零件的截面轮廓信息，做 X–Y 平面运动，热塑性丝状材料由供丝机送至热熔喷头，并在喷头中加热和熔化成半液态，然后被挤压出来，有选择性地涂覆在工作台上，快速冷却后形成一层大薄片轮廓。一层截面成型完成后工作台下降一定高度，再进行下一层的熔覆，如此循环，最终形成三维产品零件。这种技术可以用于大体积物品的制造，成本也较低，设备技术难度较低；缺点是所生产的物品常常纵向的力学性能远小于横向的力学强度，且打印速度缓慢，产品表面质量也有待进一步提高。目前可用于该工艺的材料主要为便于熔融的低熔点材料，其中应用最为广泛的是 ABS、PC、PPSF、PLA 等。

2. 金属 3D 打印

适用于金属 3D 打印的工艺主要包括选择性激光烧结成型技术（SLS）、选择性激光熔化成型技术（SLM）、电子束熔化技术（EBM）、激光直接烧结技术（DMLS）等。

SLS 技术是由美国得克萨斯大学奥汀分校的 Dechard 于 1989 年研制成功，其原理是预先在工作台上铺一层粉末材料（金属粉末或非金属粉末），激光在计算机控制下，按照界面轮廓信息，对实心部分粉末进行烧结，然后不断循环，层层堆积成型。与 SLM 技术不同，在打印金属粉末时，SLS 技术在实施过程中不会将温度加热到使金属熔化。SLM 技术是由德国 Fraunholfer 学院于 1995 年提出的，其基本原理是激光束快速熔化金属粉末，形成特定形状的熔道后自然凝固。SLM 技术所使用的材料多为单一组分金属粉末，包括奥氏体不锈钢、镍基合金、钛基合金、钴铬合金和贵重金属等。理论上只要激光束的功率足够大，可以使用任何材料进行打印。其优点是表面质量好、具有完全冶金结合、精度高、所使用的材料广泛。主要缺点是打印速度慢，零件尺寸受到限制，后处理过程比较烦琐。目前该技术已较广泛地应用在航空航天、微电子、医疗、珠宝首饰等行业。

EBM 技术是一种较新的可以打印金属材料的 3D 打印技术。它与 SLS 或 SLM 技术最大的区别在于使用的热源不同，SLS 或 SLM 技术以激光作为热源，而 EBM 技术则以电子束为热源。EBM 技术在打印速度方面具有显著优势，所得工件残余应力也较小，但设备比较昂贵，耗能较多。

DMLS 技术是通过在基材表面添加熔覆材料，并利用高能密度的激光束使之与基材表面薄层一起熔凝的方法，一层一层将金属面堆积起来，达到金属部件直接成型。特点是激光熔覆层与基体为冶金结合，结合强度不低于原基体材料的 95%，并且对基材的热影响较小，引起的变形也小。适用于镍基、钴基、铁基合金、碳化物复合材料等。

3. 陶瓷 3D 打印

适用于陶瓷 3D 打印的工艺主要是三维打印技术（3DP）。3DP 技术与设备是由美国麻省理工学院（MIT）开发与研制的，使用的打印材料多为粉末材料，如陶瓷粉末等，这些粉末通过喷头喷涂黏结剂将零件的截面"印刷"在材料粉末上面。

4. 生物 3D 打印

适用于生物 3D 打印的工艺主要是细胞打印技术（CBP）。CBP 是由美国克莱姆森大学的 Thomas Boland 教授 2000 年首次提出的。该技术突破了传统组织工程技术空间分辨率低的局限性，可精确控制细胞的分布。在"细胞打印"过程中，细胞（或细胞聚集体）与溶胶（水凝胶的前驱体）同时置于打印机的喷头中，由计算机控制含细胞液滴的沉积位置，在指定的位置逐点打印，在打印完一层的基础上继续打印另一层。

二、3D 打印市场规模

中国 3D 打印产业已经发展 20 年左右，如今已然成为国内各大企业争相投资的热点，并被多家媒体和业界人士标榜为"第三次工业革命"的领头羊。然而"盛名之下，其实难副"，在 3D 产业发展如火如荼的今天，中国 3D 打印产业仍处于产业发展的初始阶段。

目前，国内的 3D 打印主要集中在家电及电子消费品、模具检测、医疗及牙科正畸、文化创意及文物修复、汽车及其他交通工具、航空航天等领域。

三、3D 打印应用领域

3D 打印应用的领域广泛，3D 打印在下游应用行业和具体用途领域的分布反映了这一技术具有的优势和特点，同时也反映了这一技术的局限和在发展过程中尚须完善的地方。目前，应用领域排名前三的是汽车、消费产品和商用机器设备，分别占市场份额的 31.7%、18.4% 和 11.2%，可以预见，3D 打印在航空航天、医疗、汽车、文创教育等领域的发展空间巨大。

（一）航空航天领域

航空工业应用的 3D 打印主要集中在钛合金、铝锂合金、超高强度钢、球第三位，占全球军用飞机总量的 6%。第四代战机、大型运输机、航母舰载机等新机型已成功试飞，军用飞机未来几年将面临更新换代的需求高峰期。然而，在现阶段，3D 打印技术对航空业的贡献，相对于每年约 5000 亿美元的行业产值而言显得微乎其微。主要应用包括：①无人飞行器的结构件加工；②生产一些特殊的加工、组装工具；③涡轮叶片、挡风窗体框架、旋流器等零部件的加工等。今后，3D 打印技术在未来航空领域的应用主要是在 3D 打印零部件的设计和私人飞行器的订制化发展。

（二）医疗领域

3D 打印相比传统制造业，一个区别在于其"个性化"特征。3D 打印最适合临床医学，因为每个病人要用的"零部件"，都必须个性化订制。3D 打印技术的引入，降低了订制化生产的医疗成本。近些年来，这一技术在医疗领域的使用比例持续上升。3D 打印技术在医疗领域的主要应用有以下方面：①修复性医学中的人体移植器官制造，假牙、骨骼、肢体等；②辅助治疗中使用的医疗装置，如齿形矫正器、助听器；③手术和其他治疗过程中使用的辅助装置，如在脊椎手术中，用于固定静脉的器械装置。

（三）汽车领域

随着我国经济的发展，我国目前已经是全球最大的汽车生产国和消费国，未来还有进一步的增长空间，这为 3D 打印在汽车行业的应用发展提供了广阔前景。3D 打印技术生产的零部件在材料成形阶段具有很大的自由度，其生产的零部件生产耗时短并且品质有保证。目前，3D 打印技术主要应用于需求频繁的小批量订制零部件或复杂零部件，如前期开发、整车验证和测试、概念车及工具制造和操作设备领域。3D 打印技术应用于汽车领域的潜力巨大，未来将应用于量产车型、个性化订制车型及零配件供应等多个方面。

（四）文创教育领域

3D 打印技术也可应用于传统文物保护与修复、生活用品的个性化订制、电影道具的快速生产等多个领域，例如 3D 打印技术以其"个性化订制"和"采集数据信息无须实际接触文物"等特点，已经可以被运用于文物修复和复制中，成为文物保护意识下最大降低修复与复制中文物二次损坏的良好措施和手段之一。3D 打印与传统雕塑相结合，节省了大量的人力物力，短短几个月就可以打印出一套大型雕塑。

3D 打印技术作为全球第三次工业革命的代表技术之一，已经越来越广泛地应用在生产生活的各个方面中。目前中国 3D 打印技术发展面临诸多挑战，总体处于新兴技术的产业化初级阶段，主要表现在产业规模化程度不高、技术创新体系不健全、产业政策体系尚未完善、行业管理亟待加强、教育和培训制度亟须加强等几个方面。尽管如此，无论是工业应用，还是个人消费领域，3D 打印都存在广阔的发展前景。

四、我国 3D 打印设备行业发展机遇分析

（一）行业生态体系加速成形

随着行业的发展和应用的深入，围绕增材制造设备、软件、材料、工艺及相关方向逐步形成了行业生态体系，包含增材制造设备的研发、生产，材料的研发、制备，以及去除、回收等工艺及装备，后续加工、精加工、热处理等后处理，与传统加工技术及装备的结合，辅助设计软件、工程处理软件、仿真模拟软件、智能处理软件、云管理平台，以及工业化生产和调度的制造执行系统等，各方面充分协同，形成了更系统化的解决方案，推动产业发展。

（二）行业应用场景不断丰富，潜力巨大

近年来，增材制造的应用已在航空航天、汽车、医疗、模具等多个行业领域内取得了重大进展，并逐步扩展到个性化穿戴等与个体联系紧密的领域。相对传统制造业庞大的应用场景，增材制造的应用场景仍有很大潜力待挖掘，未来随着增材制造在更多领域进行推广并在各行业领域内进一步深度普及，增材制造将获得更广阔的增量市场。

（三）行业应用不断深化

随着增材制造技术，尤其是金属增材制造技术的进步，行业开始摆脱只能"造型"的限制，而是与众多传统加工制造技术手段一样，成为现代制造的重要工艺，直接生产终端零部件。航空航天、医疗、汽车、模具等工业领域内，开始采用多台增材制造设备作为生产工具来提供批量化的生产服务，与传统制造融为一体，缩短产品生产周期，降低生产成本和提高产品生产效率。

参考文献

[1] 刘隽良．信息安全技术大讲堂脑洞大开渗透测试另类实战攻略［M］．北京：机械工业出版社，2023．

[2] 徐震，李宏佳，汪丹．网络空间安全技术丛书移动终端安全架构及关键技术［M］．北京：机械工业出版社，2023．

[3] 罗振辉．网络安全与数据合规法律实务［M］．北京：中国法制出版社，2023．

[4] 王广元，温丽云，李龙．计算机信息技术与软件开发［M］．汕头：汕头大学出版社，2022．

[5] 赵满旭，李霞．大学计算机信息素养［M］．西安：西安电子科学技术大学出版社，2022．

[6] 杨东芳，白鑫．新编大学计算机实践指导［M］．北京：中国铁道出版社，2022．

[7] 曾党泉，黄炜钦，郭一晶．计算机文化基础［M］．北京：中国铁道出版社，2022．

[8] 何小平，赵文．计算机网络应用［M］．北京：中国铁道出版社，2022．

[9] 张虹霞．计算机网络安全与管理实践［M］．西安：西安电子科学技术大学出版社，2022．

[10] 商书元．信息技术导论［M］．2版．北京：中国铁道出版社，2022．

[11] 张跃，闫姜桥，吴成龙．信息科学技术专著丛书基于视觉信息的目标检测与跟踪［M］．北京：北京邮电大学出版社，2022．

[12] 肖贵元，罗少甫，杨光．信息技术基础学习指导［M］．重庆：重庆大学出版社，2022．

[13] 魏化永，陆晓君．信息技术专业英语［M］．合肥：中国科学技术大学出版社，2022．

[14] 唐建军．大学信息技术基础实验［M］．北京：北京理工大学出版社，2022．

[15] 王浩，王咏梅．无线传感网络应用项目化教程微课版计算机及电子信息类专业新形态系列教材［M］．北京：中国铁道出版社，2022．

［16］李彩玲．计算机应用技术实践与指导研究［M］．北京：北京工业大学出版社，2022.

［17］芮廷先．电子支付与信息安全［M］．上海：上海财经大学出版社，2022.

［18］董谖．基于深度学习的底层计算机视觉算法的研究与实现［M］．北京：北京邮电大学出版社，2022.

［19］杨树杰，郝昊，陈星延．信息科学技术专著丛书网络化系统分布式状态自适应估计理论及其应用［M］．北京：北京邮电大学出版社，2022.

［20］赵志浩．建筑信息模型 BIM 技术基础［M］．郑州：黄河水利出版社，2022.

［21］钱凤臣．数据链技术［M］．西安：西安电子科学技术大学出版社，2022.

［22］张敏．海洋探测技术实践［M］．哈尔滨：哈尔滨工业大学出版社，2022.

［23］王兴亮．数字通信原理与技术［M］．5 版．西安：西安电子科学技术大学出版社，2022.

［24］黄亚军，韩国峰，韩玉红．现代档案信息化管理与建设研究［M］．长春：吉林人民出版社，2022.

［25］郭明强，黄颖，容东林．网络地理信息服务开发实践［M］．武汉：中国地质大学出版社，2022.

［26］杨武军，郭娟．现代互联网技术与应用［M］．北京：机械工业出版社，2022.

［27］余萍．"互联网+"时代计算机应用技术与信息化创新研究［M］．天津：天津科学技术出版社，2021.

［28］潘天红，陈娇．计算机控制技术［M］．北京：机械工业出版社，2021.

［29］王红，张文华，胡恒基．计算机基础［M］．北京：北京理工大学出版社，2021.

［30］聂军．计算机导论［M］．北京：北京理工大学出版社，2021.

［31］朱义勇，宋莉．战场信息管理［M］．北京：国防工业出版社，2021.

［32］王晓燕，张桂霞，张华忠．大学计算机［M］．北京：北京理工大学出版社，2021.

［33］季莹莹，刘铭，马敏燕．计算机网络安全技术［M］．汕头：汕头大学出版社，2021.